跟高手全面学会 电工电子 技术

轻松掌握
维修电工
技能

张伯龙 主 编

曹 峥 寇海军 副主编

U0319947

化学工业出版社

·北京·

本书从实用角度出发，结合最新的职业标准和规范，对维修电工应掌握的基础知识和实际操作技能进行了全面的介绍，书中还兼顾新技术、新电气设备的应用，结合应用实例进行了详细的说明。全书主要内容包括：电气图的识读和常用电工工具与材料、常用的低压电器、直流电动机、单相异步电动机、三相异步电动机、伺服电机控制电路与电气设备故障检修方法，机床电气线路检修，常用电子电路与电力半导体器件，直流电机调速电路与调速器的应用，PLC 的知识及部分机床电气控制电路和改造程序。

本书可供电气技术人员、电气工人、维修电工人员、工厂及农村电工以及电气爱好者阅读，也可供再就业培训、职业高职高专和中等教育以及维修短训班作教材使用。

图书在版编目（CIP）数据

轻松掌握维修电工技能/张伯龙主编. —北京：
化学工业出版社，2014.4
（跟高手全面学会电工电子技术）
ISBN 978-7-122-19854-9

Ⅰ. ①轻…　Ⅱ. ①张…　Ⅲ. ①电工-维修　Ⅳ.
①TM07

中国版本图书馆 CIP 数据核字（2014）第 034287 号

责任编辑：刘丽宏　　　　　　　　　　　文字编辑：陈　喆
责任校对：宋　玮　　　　　　　　　　　装帧设计：刘丽华

出版发行：化学工业出版社（北京市东城区青年湖南街 13 号　邮政编码 100011）
印　　装：化学工业出版社印刷厂
787mm×1092mm　1/16　印张 15¾　字数 430 千字　2015 年 1 月北京第 1 版第 1 次印刷

购书咨询：010-64518888（传真：010-64519686）　售后服务：010-64518899
网　　址：http://www.cip.com.cn
凡购买本书，如有缺损质量问题，本社销售中心负责调换。

定　　价：49.00 元

前言 ‹‹‹——

随着科学技术的日新月异，电工电子技术不断融合，电工、电子技术已成为日常生活和工业、科技不可或缺的一部分，只要涉及到用电的地方，就有电工、电子技术的存在。同时大量新工艺、新技术的电子电气产品不断涌现，不仅带动了电子电气工业生产、维修等行业的发展，也为社会创造了许多就业机会。

"家有万贯，不如一技在身"。很多人非常想学好电工电子技术，但由于种种原因，常常望而却步。为了让初学者能轻松掌握电工或电子技术，快速上岗，胜任工作，让有技术基础的人员能全面学会电工电子技术，争当技术能手、高手，我们组织电工电子领域有丰富实践经验的技术高手编撰了这套《跟高手全面学会电工电子技术》丛书（以下简称《丛书》）。

《丛书》基础起点低，语言通俗易懂，力求用图、表说话，分册涵盖了从电工基础识图、高低压电工到电子技术、电气维修等相关实用技术内容，主要包括《轻松掌握家装电工技能》、《轻松掌握汽车维修电工技能》、《轻松掌握维修电工技能》、《轻松掌握高压电工技能》、《轻松掌握低压电工技能》、《轻松掌握电动机维修技能》、《轻松看懂电动机控制电路》、《轻松看懂电子电路图》、《轻松掌握电子元器件识别、检测与应用》、《轻松掌握电梯安装与维修技能》，帮助读者轻松、快速、高效掌握电工电子相关知识和技能。

本书为《轻松掌握维修电工技能》分册。

本书从实用角度出发，结合最新的职业标准和规范，对维修电工应掌握的基础知识和实际操作技能进行了全面的介绍，书中还兼顾新技术、新电气设备的应用，结合应用实例进行了详细的说明。全书主要内容包括：电气图的识读和常用电工工具与材料、常用的低压电器，直流电动机、单相异步电动机、三相异步电动机、伺服电机控制电路与电气设备故障检修方法，机床电气线路检修，常用电子电路与电力半导体器件，直流电机调速电路与调速器的应用，PLC的知识及部分机床电气控制电路和改造程序。

本书包含维修电工常用的知识和技能，剔除了烦琐的推理及修饰性语言，资料翔实、通俗易懂，具有较强的针对性和实用性。可供电气技术人员、电气工人、维修电工人员、工厂及农村电工以及电气爱好者阅读，也可供再就业培训、职业高职高专和中等教育以及维修短训班作教材使用。

本书由张伯龙主编、曹峥、寇海军副主编。参加本书编写的还有马妙霞、张克亮、徐桂菊、张冉、杨智利、申英霞、贺静、孙险峰，全书由张伯虎审核。

由于编者水平有限，书中不足之处难免，敬请批评指正。

编　者

目录 <<<——

维修电工基础知识

第一节　电气图的识读

一、电气图的组成

电气图一般由电路、技术说明和标题栏三部分组成。

1. 电路

电路是电流的通路，是为了某种需要由某些电气设备或电气元件按一定方式组合起来的。把这种电路画在图纸上，就是电路图。

电路的结构形式和所能完成的任务是多种多样的，就构成电路的目的来说一般有两个，一是进行电能的传输、分配与转换；二是进行信息的传递和处理。如图 1-1 所示，发电机是电源，是供应电能的设备。在发电厂内把其能量转换为电能。电灯、电动机、电磁炉等都是负载，是使用电能的设备，它们分别把电能转换为光能、机械能、热能等。变压器和电线是中间环节，起传输和分配电能的作用。

电路是电气图的主要构成部分。由于电气元件的外形和结构有很多种，因此必须使用国家标准的图形符号和文字符号来表示电气元件的不同种类、规格以及安装方式。此外，根据电气图的不同用

图 1-1　电路示意图

途，要绘制成不同形式的图。有的绘制原理图，以便了解电路的工作过程及特点。对于比较复杂的电路，还要绘制安装接线图。必要时，还要绘制分开表示的接线图（俗称展开接线图）、平面布置图等，以供生产部门和用户使用。

2. 技术说明

电气图中的文字说明和元件明细表等称为技术说明。文字说明的目的是注明电路的某些要点及安装要求，一般写在电路图的右上方；元件明细表主要用来列出电路中元件的名称、符号、规格和数量等，一般以表格形式写在标题栏的上方，其中的序号自下而上编排。

3. 标题栏

标题栏画在电路图的右下角，主要注有工程名称、图名、设计人、制图人、审核人、批准人的签名。标题栏是电气图的重要技术档案，栏目中签名人对图中的技术内容是负有责任的。

二、 电气常用图形符号和文字符号

电气常用文字符号及图形符号新旧标准对照见表1-1。

表 1-1 电气常用文字符号及图形符号新旧标准对照

编号	名　称	新　国　标		旧　国　标	
		图形符号 （GB 4728—84）	文字符号 （GB 7159—87）	图形符号 （GB 312—64）	文字符号 （GB 315—64）
1	直流	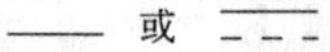 —— 或 - - -		 ——	
	交流	 ∿		 ∿	
	交直流	 ≈		 ≈	
2	导线的连接	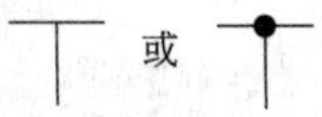 ⊤ 或 ●		 ●	
	导线的多线连接	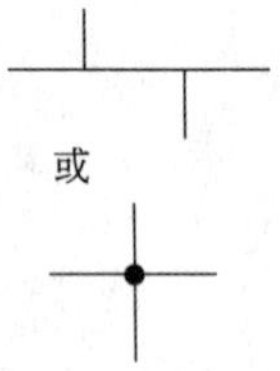 或		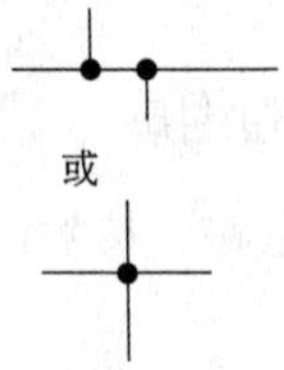 或	
	导线的不连接	 ┼		 ┼	
3	接地一般符号	 ⏚		 ⏚	
4	电阻的一般符号	优选型 其他型 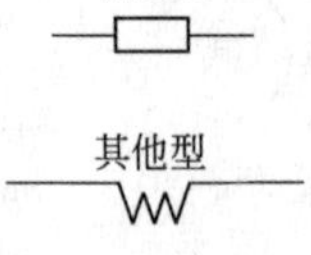	R	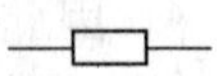	R
5	电容器一般符号	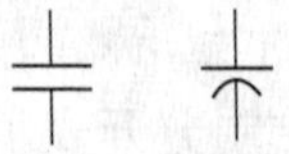 优选型　其他型	C	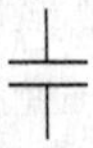	C
	极性电容器	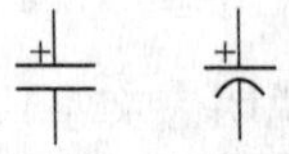 优选型　其他型		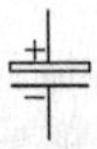	
6	半导体二极管	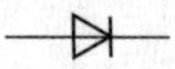 ▷	VD	 ▶	D

续表

编号	名　称	新　国　标		旧　国　标	
		图形符号 (GB 4728—84)	文字符号 (GB 7159—87)	图形符号 (GB 312—64)	文字符号 (GB 315—64)
7	熔断器		FU		RB
8	换向绕组	B_1 B_2		H_1 H_2	HQ
	补偿绕组	C_1 C_2		BC_1 BC_2	BCQ
	串励绕组	D_1 D_2		C_1 C_2	CQ
	并励或 他励绕组	E_1 并励 E_2 F_1 他励 F_2		B_1 B_2 并励	BQ
				T_1 T_2 他励	TQ
	电枢绕组				SQ
9	发电机	G	G	F	F
	直流发电机	G	GD	F	ZF
	交流发电机	G	GA	F	JF
10	电动机	M	M	D	D
	直流电动机	M	MD	D	ZD
	交流电动机	M	MA	D	JD
	三相笼型异步 电动机	M 3	M		D
	三相绕线型异步 电动机	M 3~	M		D
	串励直流电动机	M	MD		ZD
	他励直流电动机	M			

续表

编号	名　称	新　国　标		旧　国　标	
		图形符号 (GB 4728—84)	文字符号 (GB 7159—87)	图形符号 (GB 312—64)	文字符号 (GB 315—64)
10	并励直流 电动机		MD		ZD
	复励直流 电动机				
11	单相变压器		T		B
	控制电路电源 用变压器	或	TC		
	照明变压器		T		ZB
	整流变压器				ZLB
	三相自耦 变压器		T		ZDB
12	单极开关	或	QS	或	K
	三极开关				
	刀开关				
	组合开关				
	手动三极开关 一般符号				
	三极隔离开关				
	限 位 开 关				
13	动合触点		SQ		XWK

续表

编号	名 称	新 国 标		旧 国 标	
		图形符号 (GB 4728—84)	文字符号 (GB 7159—87)	图形符号 (GB 312—64)	文字符号 (GB 315—64)
限 位 开 关					
13	动断触点		SQ		XWK
	双向机械操作				
按 钮					
14	带动合触点的按钮		SB		QA
	带动断触点的按钮				TA
	带动合和动断 触点的按钮				AN
接 触 器					
15	线圈		KM		C
	动合（常开）触点				
	动断（常闭）触点				

续表

编号	名　称	新　国　标		旧　国　标	
		图形符号 (GB 4728—84)	文字符号 (GB 7159—87)	图形符号 (GB 312—64)	文字符号 (GB 315—64)
	继　电　器				
16	动合（常开）触点		符号同 操作元件		符号同 操作元件
	动断（常闭）触点				
	延时闭合的 动合触点	或		或	
	延时断开的 动合触点	或		或	
	延时闭合的 动断触点	或		或	SJ
	延时断开的 动断触点	或	KT	或	
	延时闭合和延时断开 的动合触点				
	延时闭合和延时断开 的动断触点				
	时间继电器线圈 （一般符号）				ST
	中间继电器线圈	或	KA		ZJ

续表

编号	名　　称	新　国　标		旧　国　标	
		图形符号 (GB 4728—84)	文字符号 (GB 7159—87)	图形符号 (GB 312—64)	文字符号 (GB 315—64)
继　电　器					
16	欠电压继电器线圈	$U<$	KV	$V<$	QYJ
	过电流继电器的线圈	$I>$	KI	$I>$	QLJ
17	热继电器热元件		FR		RJ
	热继电器的常闭触点			或	
18	电磁铁		YA		DCT
	电磁吸盘		YH		DX
	接插器件		X		CZ
	照明灯		EL		ZD
	信号灯		HL		XD
	电抗器	或	L		DK
限　定　符　号					
19		⊸ —— 接触器功能 ▽ —— 位置开关功能		⊣ —— 隔离开关功能 ⌣ —— 负荷开关功能	
操作件和操作方法					
20		⊢-- ——— 一般情况下的手动操作 Ϝ-- ——— 旋转操作 Ε-- ——— 推动操作			

三、电气图的基本表示方法

1. 电气元件

（1）电气元件的表示方法　同一个电气设备及元件在不同的电气图中往往采用不同的图形符号来表示。如对概略图、位置图，往往用方框符号或简单的一般符号来表示；对电路图和部分接线图，常采用一般图形符号来表示；对于驱动和被驱动部分间具有机械连接关系的电气元件（如继电器、接触器的线圈和触点），以及同一个设备的多个电气元件，可采用集中布置、半集中布置、分开布置法来表示。

集中布置法是把电气元件、设备或成套装置中一个项目各组成部分的图形符号在电气图上集中绘制在一起的方法，各组成部分用机械连接线（虚线）连接，连接线必须是一条直线。

一般为了使电路布局清晰，便于识别，通常将一个项目的某些部分的图形符号分开布置，并用机械连接符号表示它们之间关系，这种方法称为半集中布置法。

有时为了使设备和装置的电路布局更清晰，便于识别，把一个项目图形符号的各部分分开布置，并采用项目代号表示它们之间关系，这种方法称为分开布置法。

图 1-2 所示为这三种布置方法的示例，其中接触器 KM 的线圈和触点分别集中布置 [如图 1-2（a）所示]、半集中布置 [如图 1-2（b）所示] 和分开布置 [如图 1-2（c）所示]。采用分开布置法的图与采用集中或半集中布置法的图给出的内容要相符，这是最基本的原则。

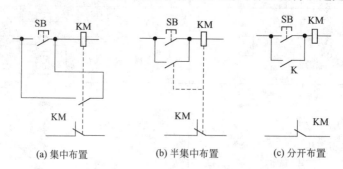

| (a) 集中布置 | (b) 半集中布置 | (c) 分开布置 |

图 1-2　设备和元件的布置

因为采用分开布置法的电气图省去了项目各组成部分的机械连接线，所以造成查找某个元件的相关部分比较困难。因此，为识别元件各组成部分或寻找它们在图中的位置，除了要重复标注项目代号外，还需要采用引入插图或表格等方法来表示电气元件各部分的位置。

（2）电气元件工作状态的表示方法　在图中元件均需按自然状态表示。所谓"自然状态"，是指电气元件或设备的可动部分处于未得电、未受外力或不工作的状态或位置。例如：

a. 接触器和电磁铁的线圈未得电时，铁芯未被吸合，因而其触点处于尚未动作的位置。

b. 断路器和隔离开关处在断开位置。

c. 零位操作的手动控制开关在零位状态，不带零位的手动控制开关在图中规定的位置。

d. 机械操作开关、按钮处在非工作状态或不受力状态时的位置。

e. 保护用电器处在设备正常工作状态时的位置，如热继电器处在双金属片未受热而未脱扣时的位置。

（3）电气元件触点位置的表示方法

a. 对于继电器、接触器、开关、按钮等元件的触点，其触点符号通常规定为"左开右闭、下开上闭"，即当触点符号垂直布置时，动触点在静触点左侧为动合（常开）触点，而在右侧为动断（常闭）触点；当触点符号水平布置时，动触点在静触点下侧为动合（常开）触点，而在上侧为动断（常闭）触点。

b. 万能转换开关、控制器等人工操作的触点符号一般用图形、操作符号以及触点闭合表来表示。例如，5 个位置的控制器或操作开关可用图 1-3 所示的图形表示。以 "0" 代表操作手柄在中间位置，两侧的罗马数字表示操作位置数，在该数字上方可标注文字符号来表示向前、向后、自动、手动等操作，短画表示手柄操作触点开闭位置线，有黑点 "·" 者表示手柄转向此位置时触点接通，无黑点者表示触点不接通。复杂开关需另用触点闭合表来表示。多于一个以上的触点分别接于各电路中，可以在触点符号上加注触点的线路号或触点号。一个开关的各触点允许不画在一起。可用表 1-2 所示的触点闭合表来表示。

表 1-2　触点闭合表

触　　点	向 后 位 置		中 间 位 置	向 前 位 置	
	2	1	0	1	2
1-2	—	—	+	—	—
3-4	—	+	—	+	—
4-6	+	—	—	—	+
2-8	—	—	+	—	—

（4）电气元件技术数据及标志的表示方法

① 电气元件技术数据的表示方法　电气元件的技术数据一般标在其图形符号附近。当连接线为水平布置时，尽可能标注图形符号的下方，如图 1-4（a）所示；垂直布置时，标注在项目代号右方，如图 1-4（b）所示。技术数据也可以标注在电机、仪表、集成电路等的方框符号或简化外形符号内，如图 1-4（c）所示。

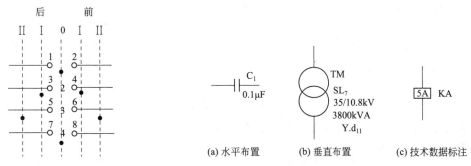

图 1-3　多位置控制器或操作开关的表示方法　　图 1-4　电气元件技术数据的表示方法

② 标志的表示方法　当电气元件的某些内容不便于用图示形式表达清楚时，可采用标志方法放在需要说明的对象旁边。

2. 连接线的一般表示方法

电气图上各种图形符号之间的相互连线，被称为连接线。

（1）导线的一般表示方法

① 导线的一般表示符号　如图 1-5（a）所示，可用于表示单根导线、导线组，也可以根据情况通过图线粗细、图形符号及文字、数字来区分各种不同的导线，如图 1-5（b）所示的母线及图 1-5（c）所示的电缆等。

② 导线的根数表示方法　如图 1-5（d）所示，根数较少时，用斜线（45°）数量代表导线根数；根数较多时，用一根小短斜线旁加注数表示。

③ 导线特征的标注方法　如图 1-5（e）所示，导线特征通常采用字母、数字符号标注。

（2）图线和粗细　主电路图、主接线图等采用粗实线；辅助电路图、二次接线图等则采用细实线，而母线通常要比粗实线宽 2～3 倍。

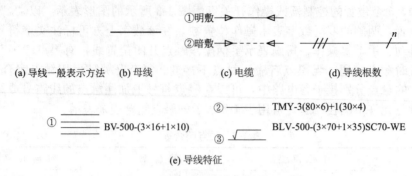

(a) 导线一般表示方法　(b) 母线　　　　(c) 电缆　　　　　(d) 导线根数

(e) 导线特征

图 1-5　导线的一般表示方法及示例

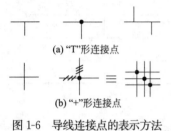

(a) "T"形连接点

(b) "+"形连接点

图 1-6　导线连接点的表示方法

（3）导线连接点的表示　"T"形连接点可加实心圆点"·"，也可不加实心圆点，如图 1-6（a）所示。对"+"形连接点，则必须加实心圆点，如图 1-6（b）所示。

（4）连接线的连续表示法和中断表示法

① 连接线的连续表示法　它是将表示导线的连接线用同一根图线首尾连通的方法。连续线一般用多线表示。当图线太多时，为便于识图，对于多条去向相同的连接线用单线法表示。

当多条线的连接顺序不必明确表示时，可采用图 1-7（a）所示的单线表示法，但单线的两端仍用多线表示；当导线组的两端位置不同时，应标注相对应的文字符号，如图 1-7（b）所示。

当导线汇入用单线表示的一组平行连接线时，汇接处用斜线表示，其方向应易于识别连接线进入或离开汇总线的方向，如图 1-7（c）所示；当需要表示导线的根数时，可按图 1-7（d）所示来表示。

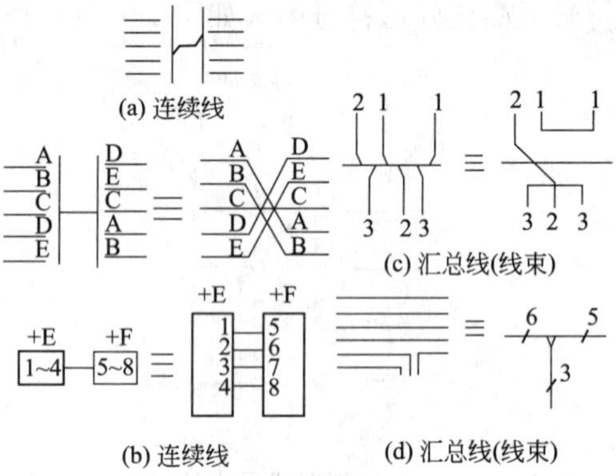

② 连接线的中断表示法　去向相同的导线组，在中断处的两端标以相应的文字符号或数字编号，如图 1-8（a）所示。

两设备或电气元件之间的连接线，如图 1-8（b）所示，用文字符号及数字编号表示中断。

连接线穿越图线较多的区域时，将连接线中断，在中断处加相应的标记，如图 1-8（c）所示。

(a) 连续线

(b) 连续线

(c) 汇总线(线束)

(d) 汇总线(线束)

图 1-7　单线表示法

（5）连接线的多线、单线和混合表示法　按照电路图中图线的表达根数不同，连接线可分为多线、单线和混合表示法。

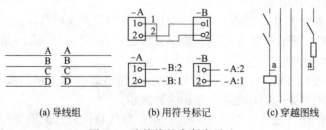

(a) 导线组　　　　(b) 用符号标记　　　(c) 穿越图线

图 1-8　连接线的中断表示法

每根连接线各用一条图线表示的方法，称为多线表示法，其中大多数是三线；两根或两根以上（大多数是表示三相系统的三根线）连接线用一条图线表示的方法，称为单线表示法；在同一图中，单线和多线同时使用的方法，称为混合表示法。

图1-9所示为三相笼型异步电动机Y-△减压启动电路的多线、单线、混合线表示法的电气控制电路图。图1-9（a）所示为多线表示法，描述电路工作原理比较清楚，但图线太多显得乱些；图1-9（b）所示为单线表示法，图面简单，缺点是对某些部分（如△连接）描述不够详细；图1-9（c）所示为混合表示法，兼有两者的优点，在复杂图形情况下被采用。

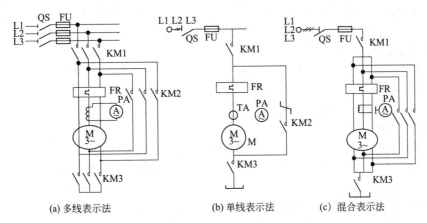

(a) 多线表示法　　　　(b) 单线表示法　　　　(c) 混合表示法

图1-9　在电路中连接线的表示方法

QS—隔离开关；FU—熔断器；KM1、KM2、KM3—接触器；FR—热继电器；

TA—电流互感器；PA—电流表；M—电动机

四、 识读电气图的基本要求和步骤

1. 看图的基本要求

（1）从简单到复杂，循序渐进看图　初学者要本着从易到难、从简单到复杂的原则看图。一般来讲，照明电路比机床控制电路要简单，电机主电路比控制电路简单。复杂的电路都是简单电路的组合，从看简单的电路图开始，搞清每一电气符号的含义，明确每一电气元件的作用，理解电路的工作原理，为看复杂电气图打下基础。

（2）要学好电工学、电工技术的基础知识　电工学讲的主要就是电路和电器。电路又可分为主电路、主接线电路以及辅助电路、二次接线电路。主电路是电源向负载输送电能的电路。主电路一般包括发电机、开关、熔断器、接触器主触点、电力电子器件和负载（如电动机、电灯等）。辅助电路是对主电路进行控制、保护以及指示的电路。辅助电路一般包括继电器、指示灯、控制开关和接触器辅助触点等。

电器是电路不可缺少的组成部分。在供电电路中，最常用到隔离开关、断路器、负荷开关、熔断器等，在机床等机械设备的电气控制电路中，常用到继电器、接触器和控制开关等。读者应了解这些电气元件的性能、结构、原理、相互控制关系以及在整个电路中的地位和作用。

在实际生产中，所有电路如输变配电、机床电路、照明、电子电路等，都是建立在电工、电子技术理论基础之上的。因此，要想准确、迅速地看懂电气图，必须具备一定的电工、电子技术基础知识，进而分析电路，理解图纸所包含的内容。

（3）熟记图形符号和文字符号　图形符号和文字符号很多，要做到熟记会用。我们可首先熟读会背各专业共用的图形符号，然后逐步扩大，掌握更多的符号，就能读懂不同专业的电气图。

（4）掌握各类电气图的典型电路　典型电路一般是最常见、常用的基本电路。如异步电动机中的制动和正反转控制电路、行程限位控制电路、电子电路中的整流电路和放大电路，都是典型电路。

不管多么复杂的电路，都是由典型电路派生而来的，或者是由若干典型电路组合而成的。

掌握熟悉各种典型电路，有利于对复杂电路的理解，能较快地分清主次环节，抓住主要内容，从而看懂较复杂的电气图。

（5）了解各类电气图的绘制特点　各类电气图都有各自的绘制方法和绘制特点。了解电气图的主要特点及绘制电气图的规则，并利用其规律，就能提高看图效率。

（6）把电气图与主体工程图对应起来看　电气施工往往与主体工程，配合进行。如电气设备的布置与土建平面布置、立面布置有关；线路走向与建筑结构的梁、柱、门窗、楼板的位置和走向有关，还与管道的规格、用途、安装方法等有关。特别是一些暗敷线路、电气设备基础及各种电气预埋件，更与土建工程密切相关。因此，阅读某些电气图还要与有关的土建图、管路图及安装图对应起来看。

（7）了解涉及电气图的有关标准和规程　看图的主要目的是用来指导实际的工作。有些技术要求在有关的国家标准或技术规程、技术规范中已作明确的规定，因而在读电气图时，必须了解这些相关标准、规程、规范，才能真正读懂图。

2. 看图的一般步骤

（1）看图纸说明　拿到图纸后，首先要仔细阅读图纸的主标题栏和有关说明，如技术说明、电气元件明细表、施工说明书等，结合自己的电工知识，对该电气图便有一个明确的认识，从而整体上理解图纸的内容。

（2）看概略图和框图　由于概略图和框图只是概略表示系统的基本组成及其主要特征，概略图和框图多采用单线图。

（3）看电路图是看图的重点和难点　电路图是电气图的核心，是最重要部分。看电路图首先要看有哪些图形符号和文字符号，了解电路图各组成部分的作用、分清主电路和辅助电路；按照先看主电路、再看辅助电路的顺序进行。

看主电路时，通常要从下往上看，即先从用电设备开始，经控制电气元件，依次往电源端看；看辅助电路时，则自上而下、从左至右看，即先看主电源，再顺次看各条支路，分析各条支路电气元件的工作情况及其对主电路的控制关系，注意电气与机械机构的连接关系。

通过看主电路，搞清负载是如何取得电源的，电源线经过哪些元件到达负载和为什么要通过这些元件；通过看辅助电路，应搞清辅助电路的构成，各电气元件之间的相互联系和控制关系及其动作情况等。同时，要了解辅助电路和主电路之间的相互关系，进而搞清楚整个电路的工作原理。

（4）电路图与接线图对照起来看　接线图和电路图互相对照，方便搞清楚接线图。读接线图时，要根据端子标志和回路标号从电源端顺次查下去，搞清楚线路走向、电路的连接方法及各电器元件如何连接。

配电盘内、外电路相互连接必须通过接线端子板。因此，看接线图时，必须搞清楚端子板的接线情况。

第二节　常用电工工具与材料

一、维修电工常用工具

1. 验电笔

验电笔的检测电压范围是 60～500V。验电笔如图 1-10 所示。

作用原理：当拿着验电笔测试带电体时，带电体经验电笔、人体与大地形成回路。若是交流电压，氖灯两极发光，若是直流电则只有一极发光。

提示：a. 使用验电笔一般应穿绝缘鞋。

b. 有些设备，特别是测试仪表，工作时外壳往往因感应带电，用验电笔测试有电，但不一定会造成触电危险。

c. 对于 36V 以下的安全电压带电体，验电笔往往无效。

图 1-10　验电笔

2. 螺钉旋具

螺钉旋具如图 1-11 所示。

一字形螺钉旋具，常用尺寸有 100mm、150mm、200mm、300mm 和 400mm 5 种。十字形螺钉旋具，有 4 种规格：Ⅰ号适用直径为 2～2.5mm、Ⅱ号为 3～5mm、Ⅲ号为 6～8mm、Ⅳ号为 10～12mm。多用螺钉旋具目前仅有 230mm 一种。

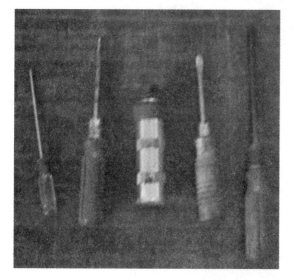

图 1-11　螺钉旋具

提示：电工不可使用金属杆直通柄顶的螺钉旋具，否则使用时容易造成触电事故。

3. 钢丝钳

钢丝钳有铁柄和绝缘柄两种，如图 1-12 所示。绝缘柄为电工钢丝钳，其工作电压为 500V，常用的有 150mm、1105mm 和 200mm 3 种。

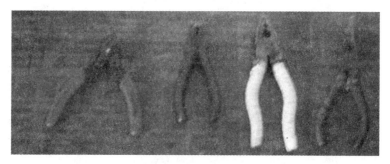

图 1-12　钢丝钳

提示：不得用刀口同时剪切相线和零线，以免发生短路。

4. 剥线钳及卡簧钳

剥线钳是用于剥除电线、电线端中橡皮或塑料的专用工具，如图 1-13（a）所示。卡簧钳主要用于拆卸各种卡簧，如图 1-13（b）所示。

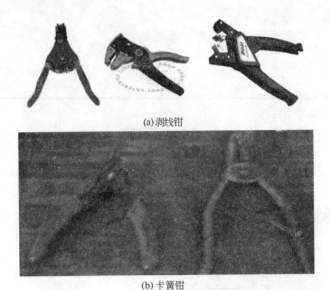

(a)剥线钳

(b)卡簧钳

图 1-13　剥线钳及卡簧钳

剥线钳的手柄是绝缘的，工作电压为 500V，规格为 130mm、160mm、180mm 及 200mm 4 种。

5. 手电钻及钻头

手电钻一般采用电压为 220V 或 36V 的交流电，在潮湿环境中应采用电压为 36V 的手电钻。手电钻及标准钻头如图 1-14 所示。

图 1-14　手电钻及标准钻头

6. 电烙铁

电烙铁主要用于焊接各种导线接头。电烙铁外形如图 1-15 所示。

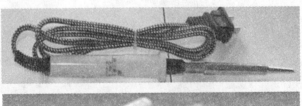

图 1-15　电烙铁

7. 扳手

主要有活扳手、开口扳手、内六角扳手、外六角扳手、梅花扳手等，如图 1-16 所示。扳手主要用于紧固和拆卸电动机的螺钉和螺母。

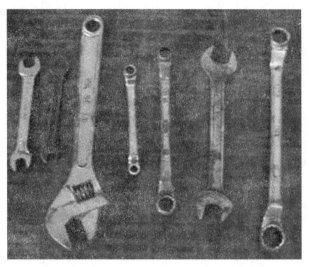

图 1-16　常见的扳手

8. 电工刀

电工刀是用来剖削和切割电工器材的常用工具，其外形如图 1-17 所示。

图 1-17　电工刀及使用

电工刀的使用：在切削导线时，刀口必须朝人身外侧。

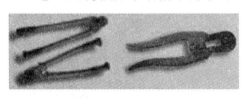

图 1-18　手动压接钳

9. 手动压接钳

手动压接钳（如图 1-18 所示）可用于接线接头与接线端子的连接，可简化烦琐的焊接工艺，提高接合质量。

10. 游标卡尺

游标卡尺外形如图 1-19 所示。读取游标卡尺测量值的读数分以下 3 步进行。

图 1-19　游标卡尺

a. 读整数：游标零线左边尺身上的第一条刻线是整数的毫米值。

b. 读小数：在游标上找出一条刻线与尺身刻度对齐，从副尺上读出小数值。

c. 将上述两值相加，即为游标卡尺的测得尺寸。

二、维修电工常用仪表

1. 机械式万用表的结构及使用

普通机械式万用表由表头（磁电式）、挡位转换开关、机械调零钮、调零电位器、表笔、插座等构成。按旋转开关的不同形式可将机械式万用表分为两类：一类为单旋转开关型，如 MF9 型、MF10 型、MF47 型、MF50 型等；另一类为双旋转开关型，常用的为 MF500 型。下面以常用的 MF47 型万用表为例介绍其使用方法。

MF47 型万用表的外形如图 1-20 所示。

（1）电路部分 万用表由 5 部分电路组成，由电路原理图可知它们分别是表头或表头电路（用于指示测量结果）、分压电路（用于测量交、直流电压）、分流电路（用于测量直流电流）、电池调零电位器等（用于测量电阻）、测量选择电路（用于选择挡位量程）。

（2）表头 表头采用磁电式微安表作为表头。表头的内部由上下游丝及磁铁等组成。当微小的电流通过表头时，会产生电磁感应，线圈在磁场的作用下转动，并带动指针偏转。指针偏转角度的大小取决于通过表头电流的大小。由于表头线圈的

图 1-20　MF47 型万用表的外形

线径比较细，所以允许通过的电流很小，实际应用中为了能够满足较大量程的需要，在万用表内部没有分流及降压电路来完成对各种物理量的测量。

（3）表盘 如图 1-20 所示，第 1 条刻度线为电阻挡的读数线，它的右端为"0"，左端为"∞（无穷大）"，且刻度线是不均匀的，读数时应该从右向左读，即指针越靠近左端电阻值越大。第 2、3 条刻度线是交流电压、直流电压及各直流电流的读数线，左端为"0"，右端为最大读数。根据量程转换开关的不同，即使指针摆到同一位置时，其所指示的电压、电流的数值也不相同。第 4 条刻度线是交流电压的读数线，是为了提高小电压读数的精度而设置的。第 5 条刻度线是测量晶体管放大倍数（h_{FE}）的读数线。第 6、7 条刻度线分别是测量负载电流和负载电压的读数线。第 8 条刻度线为音频电平（dB）的读数线。

MF47 型万用表设有反光镜片，可减小视觉误差，如图 1-20 所示。

（4）转换开关的读数

a. 测量电阻：转换开关拨至 $R \times 1 \sim R \times 10k$ 挡位。

b. 测交流电压：转换开关拨至 $10 \sim 1000V$ 挡位。

c. 测直流电压：转换开关拨至 $0.25 \sim 1000\underline{V}$ 挡位。若测高电压，则将表笔插入 2500V 插孔即可。

d. 测直流电流：转换开关拨至 $0.25 \sim 247mA$ 挡位。若测量大的电流，应把正（红）表笔插入"+5A"孔内，此时负（黑）表笔还应插在原来的位置。

e. 测晶体管放大倍数，挡位开关先拨至 ADJ 调整调零，使指针指向右边零位，在将挡位开关拨至 h_{FE} 挡，将晶体管插入 NPN 或 PNP 插座，读第 5 条刻度线的数值，即为 2 极放大倍灵敏值。

f. 测负载电流 I 和负载电压 U，使用电阻挡的任何一个挡位均可。

g. 音频电平 dB 的测量，应该使用交流电压挡。

（5）万用表的使用

a. 使用万用表之前，应先注意指针是否指在"∞（无穷大）"的位置，如果指针不正对此位置，应用螺钉旋具调整机械调零钮，使指针正好处在无穷大的位置。注意：此调零钮只能调半圈，否则有可能会损坏，以致无法调整。

b. 在测量前，应首先明确测试的物理量，并将转换开关拨至相应的挡位上，同时还要考虑好表笔的接法，然后再进行测试，以免因误操作而造成万用表的损坏。

c. 一般测量，将红表笔插入"＋"孔内，黑表笔插入"－"或"＋"插孔内。如需测大电流、高电压，可以将红表笔分别插入 2500V 或 5A 插孔。

d. 测电阻：在使用电阻各不同量程之前，都应先将红、黑表笔对接，调整调零电位器，让指针正好指在零位，然后再进行测量，否则测得的阻值误差太大。

提示：每换一次挡，都要进行一次调零，再将表笔接在被测物的两端，就可以测量电阻值了。

电阻值的读法：将开关所指的数与表盘上的读数相乘，就是被测电阻的阻值。例如：用 $R \times 100$ 挡测量一只电阻，指针指在"10"的位置，那么这只电阻的阻值是 $10 \times 100\Omega = 1000\Omega = 1k\Omega$；如果指针指在"1"的位置，其电阻值为 100Ω；若指在"100"的位置，则电阻值为 10 kΩ，以此类推。

e. 测电压：测量电压时，应将万用表调到电压挡，并将两表笔并联在电路，测量交流电压时，表笔可以不分正负极；测量直流电压时红表笔接电源的正极，黑表笔接电源的负极，如果接反，指针会向相反的方向摆动。如果测量前不能估计出被测电路电压的大小，应用较大的量程去试测，如果指针摆动很小，再将转换开关拨到较小的量程；如果指针迅速摆到零位，应该马上把指笔从电路中移开，加大量程后再去测量。

提示：测量电压时，应一边观察指针的摆动情况，一边试着用表笔进行测量，以防电压太高把指针打弯或把万用表烧毁。

f. 测直流电流：将表笔串联在电路中进行测量（将电路断开），红表笔接电路的正极，黑表笔接电路的负极。测量时应该先用高挡位，如果指针摆动很小，再换低挡位。如需测量大电流，应该用扩展挡。注意：万用表的电流挡是最容易被烧毁的，在测量时千万注意。

g. 测晶体管放大倍数（h_{FE}）：先把转换开关转到 ADJ 挡（无 ADJ 挡位则可用 $R \times 1k$ 挡）调好零位，再把转换开关转到 h_{FE} 挡进行测量。将晶体管的 b、c、e 3 个极分别插入万用表上的 b、c、e 3 个插孔内，PNP 型晶体管插入 PNP 位置，读第 4 条刻度线上的数值；NPN 型晶体管插入 NPN 位置，读第 5 条刻度线的数值。以上数值均按实数读。

h. 穿透电流的测量：按照"测晶体管放大倍数（h_{FE}）"的方法将晶体管插入对应的孔内，但晶体管的"b"极不插入，这时指针将有一个很小的摆动，根据指针摆动的大小来估测"穿透电流"的大小，表针摆动幅度越大，穿透电流越大，否则就小。

由于万用表 CUF、LUH 刻度线及 dB 刻度线应用得很少，在此不再赘述可参见使用说明。

(6) 万用表使用注意事项

a. 不能在红、黑表笔对接时或测量时旋转转换开关，以免旋转到 hFE 挡位时，指针迅速摆动，将指针打弯，并且有可能烧坏万用表。

b. 在测量电压、电流时，应该选用大量程的挡位先测量一下，然后再选择合适的量程进行测量。

c. 不能在通电的状态下测量电阻，否则会烧坏万用表。测量电阻时，应断开电阻的一端进行测试，这样准确度高，测完后再焊好。

d. 每次使用完万用表，都应该将转换开关调到交流最高挡位，以防止由于第 2 次使用不注意或外行人乱动烧坏万用表。

e. 在每次测量之前，应该先看转换开关的挡位。严禁不看挡位就进行测量，这样有可能损坏万用表，这是一个从初学时就应养成的良好习惯。

f. 万用表不能受到剧烈振动，否则会使万用表的灵敏度下降。

g. 使用万用表时应远离磁场，以免影响表的性能。

h. 万用表长期不用时，应该把表内的电池取出，以免腐蚀表内的元器件。

(7) 机械式万用表常见故障 以 MF47 型万用表为例进行介绍。

① 磁电式表头故障

a. 摆动表头，指针摆幅很大且没有阻尼作用。故障为可动线圈断路、游丝脱焊。

b. 指示不稳定。此故障为表头接线端松动或可动线圈引出线、游丝、分流电阻等脱焊或接触不良。

c. 零点变化大，通电检查误差大。此故障可能是轴承与轴承配合不当；轴尖磨损比较严重，致使摩擦误差增加；游丝严重变形；游丝太脏而粘圈；游丝弹性疲劳；磁间隙中有异物等。

② 直流电流挡故障

a. 测量时，指针无偏转，此故障多为：表头回路断路，使电流等于零；表头分流电阻短路，从而使绝大部分电流通不过表头；接线端脱焊，从而使表头中无电流流过。

b. 部分量程（常见的是 $R \times 1$ 挡）不通或误差大，是由分流电阻断路、短路或变值所引起的。

c. 测量误差大，原因是分流电阻变值。当分流电阻变值时，若阻值变大，导致正误差超差；若阻值变小，导致负误差。

d. 指示无规律，量程难以控制。原因多为量程转换开关位置窜动（调整位置，安装正确后即可解决）。

③ 直流电压挡故障

a. 指针不偏转，指示值始终为零。原因是分压附加电阻断线或表笔断线。

b. 误差大。原因是附加电阻的阻值增加引起指示值的正误差，阻值减小引起指示值的负误差。

c. 正误差超差并随着电压量程变大而变得严重。表内电压电路元件因受潮而漏电，电路元件或其他元器件漏电，印制电路板因受污、受潮、击穿、电击碳化等引起漏电。修理时，刮去烧焦的纤维板，清除粉尘，用酒精清洗电路板后进行烘干处理。严重时，应用小刀割铜箔与铜箔之间电路板，从而使绝缘良好。

d. 不通电时指针有偏转，小量程时更为明显。其故障原因是由于受潮和污染严重，使电压测量电路与内置电池形成漏电回路。处理方法同上。

④ 交流电压、电流挡故障

a. 置于交流挡时，指针不偏转、示值为零或很小，多是由整流元件短路、断路或引脚脱焊引起的。检查整流元件，如有损坏要进行更换，有虚焊时应重焊。

b. 置于交流挡时，指示值减少一半。此故障是由整流电路故障引起的，即全波整流电路局部失效而变成半波整流电路使输出电压降低。更换整流元件，故障即可排除。

c. 置于交流电压挡时，指示值超差。此故障是由串联电阻阻值变化超过元件允许误差而引起的。当串联电阻阻值降低、绝缘电阻阻值降低、转换开关漏电时，将使指示值偏高。相反，当串联电阻阻值变大时，将使指示值偏低而超差。应采用更换元件、烘干和修复转换开关的办法排除故障。

d. 置于交流电流挡时，指示值超差。此故障是由分流电阻阻值变化或电流互感器发生匝间短路引起的，更换元器件或调整修复元器件即可排除故障。

e. 置于交流挡时，指针抖动。该故障是表头的轴尖配合太松、修理时指针安装不紧、转动部分质量改变等，由于其固有频率刚好与外加交流电频率相同，从而引起的共振。尤其是当电路中的旁路电容变质失效而无滤波作用时更为明显。排除故障的办法是修复表头或更换旁路电容。

⑤ 电阻挡故障

a. 电阻常见故障是各挡位电阻损坏（原因多为使用不当，用电阻挡误测电压造成）。使用前，用手握两表笔，一般情况下，如果指针摆动则表示对应挡电阻烧坏，应予以更换。

b. $R \times 1$ 挡两表笔短接之后，调节调零电位器不能使指针偏转到零位。此故障多是由于万用表内置电池电压不足，或电极触簧受电池漏液腐蚀生锈造成接触不良而引起的。此类故障在仪表长期不更换电池的情况下出现最多。如果电池电压正常、接触良好，调节调零电位器指针偏转不稳定，无法调到欧姆零位，则多是调零电位器损坏。

c. 在 $R \times 1$ 挡可以调零，其他量程挡不能调到零位，或只是 $R \times 10k$、$R \times 100k$ 挡调不到

零。出现故障的原因是分流电阻阻值变小或者高阻量程的内置电池电压不足。更换电阻元件或叠层电池，故障就可排除。

d. 在 $R\times 1$、$R\times 10$、$R\times 100$ 挡测量误差大。在 $R\times 100$ 挡调零不顺利，即使调到零，但经过几次测量后，零位调节又变得不正常。出现这种故障因为是量程转换开关触点上有黑色污垢，使接触电阻增加且不稳定。擦洗各挡开关触点，直至露出银白色为止，从而保证其接触良好，可排除故障。

e. 表笔短路，表头指示不稳定。故障原因多是线路中有假焊点、电池接触不良或表笔引线内部断线。修复时应从最容易排除的故障做起，即先保证电池接触良好，表笔正常。如果表头指示仍然不稳定，就需要寻找线路中假焊点加以修复。

f. 在某一量程挡测量电阻时严重失准，而其余各挡正常。这种故障往往是由于量程转换开关所指的表箱内对应电阻已经烧毁或断线所致。

g. 指针不偏转，电阻指示值总是无穷大。故障原因大多是表笔断线、转换开关接触不良、电池电极与引出簧片之间接触不良、电池日久失效已无电压以及调零电位器断路。找到具体原因之后进行针对性的修复或更换内置电池，故障即可排除。

（8）机械式万用表的选用　万用表的型号很多，而且不同型号之间功能也存在差异，因此在选购万用表时，通常要注意以下几个方面。

a. 用于检修无线电等弱电子设备时，选用的万用表一定要注意以下 3 个方面。

• 万用表的灵敏度不能低于 $20\mathrm{k}\Omega/\mathrm{V}$，否则在测试直流电压时，万用表对电路的影响太大，而且测试数据也不准确。

• 外形选择。需要上门修理时，应选外形稍小一些的万用表，如 U201 型等。如果不上门修理，可选择 MF47 型或 MF50 型万用表。

• 频率特性选择。方法是用直流电压挡测高频电路（如彩色电视机的行输出电路电压）看是否显示标称值，如是则频率特性高；如指示值偏高则频率特性差（不抗峰值），此表不能用于高频电路的检测（最好不要选择此种）。

b. 检修电力设备（如检修电动机、空调、冰箱等）时，选用的万用表一定要有交流电流测试挡。

c. 检查表头的阻尼平衡。首先进行机械调零，将表在水平、垂直方向来回晃动，指针不应该有明显的摆动；将表水平旋转和竖直放置时，指针偏转不应该超过一小格；将指针旋转 360°时，指针应该始终在零位附近均匀摆动。如果达到了上述要求，则说明表头在平衡和阻尼方面达到了标准。

2. 数字万用表结构及使用

数字万用表是利用模拟/数字转换原理，将被测量的模拟电量参数转换成数字电量参数，并以数字形式显示的一种仪表。它具有比机械式万用表的精度高、速度快、输入阻抗高、对电路影响小、读数方便准确等优点。数字万用表外形如图 1-21 所示。

（1）数字万用表的使用　首先打开电源，将黑表笔插入"COM"插孔，红表笔插入"V·Ω"插孔。

① 电阻测量　将转换开关调节到 Ω 挡，将表笔测量端接于电阻两端，即可显示相应指示值。如显示最大值"1"（溢出符号），必须向高电阻值的

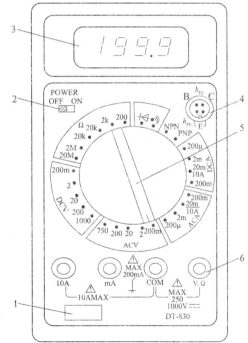

图 1-21　数字万用表外形
1—铭牌；2—电源开关；3—LCD 显示器；
4—h_{FE} 插孔；5—量程转换开关；6—输入插孔

挡位调整，直到显示有效值为止。

为了保证测量的准确性，在路测量电阻时，最好断开电阻的一端，以免测量电阻时会在电路中形成回路，影响测量结果。

提示： 不允许在通电的情况下进行在线测量，测量前必须先切断电源，并将大容量电容放电。

②"DCV"——直流电压测量　表笔必须与测试端可靠接触（并联测量）。原则上由高电压挡位逐渐往低电压挡位调节测量，直到该挡位示值的 $1/3\sim2/3$ 为止，此时的指示值才是一个比较准确的值。

提示： 严禁用小电压挡位测量大电压。不允许在通电状态下调整转换开关。

③"ACV"——交流电压测量　表笔必须与测试端可靠接触（并联测量）。原则上由高电压挡位逐渐往低电压挡位调节测量，直到该挡位指示值的 $1/3\sim2/3$ 为止，此时的指示值才是一个比较准确的值。

提示： 严禁以小电压挡位测量大电压。不允许在通电状态下调整转换开关。

④ 二极管测量　将转换开关调至二极管挡位，黑表笔接二极管负极，红表笔接二极管正极，即可测量出正向压降值。

⑤ 晶体管电流放大系数 h_{EF} 的测量　将转换开关调至"h_{FE}"挡，根据被测晶体管选择"PNP"或"NPN"位置，将晶体管正确地插入测试插座即可测量到晶体管的"h_{FE}"值。

⑥ 开路检测：将转换开关调至有蜂鸣器符号的挡位，表笔测试端可靠地接触测试点，若两者低于 $20\Omega\pm10\Omega$，蜂鸣器就会响，表示该线路是通的，否则表示该线路不通。

提示： 不允许在被测量电路通电的情况下进行检测。

⑦"DCA"——直流电流测量　200mA 时红表笔插入 mA 插孔，表笔测试端必须与测试点可靠接触（串联测量）。原则上由高电流挡位逐渐往低电流挡位调节测量，直到该挡位指示值的 $1/3\sim2/3$ 为止，此时的指示值才是一个比较准确的值。

提示： 严禁以小电流挡位测量大电流。不允许在通电状态下调整转换开关。

⑧"ACA"——交流电流测量　200mA 时红表笔插入 mA 插孔，表笔测试端必须与测试点可靠接触（串联测量）。原则上由高电流挡位逐渐往低电流挡位调节测量，直到该挡位指示值的 $1/3\sim2/3$ 为止，此时的指示值才是一个比较准确的值。

提示： 严禁以小电流挡位测量大电流。不允许在通电状态下调整转换开关。

（2）数字万用表常见故障与检修

① 仪表无显示　首先检查电池电压是否正常（一般用的是 9V 电池，新的也要测量）。其次检查熔丝是否正常，若不正常，予以更换；检查稳压电路是否正常，若不正常，予以更换；限流电阻是否开路，若开路，予以更换。再检查电路板上的电路是否有腐蚀或短路、断路现象（特别是主电源电路线），若有，则应清洗电路板，并及时做好干燥和焊接工作。如果一切正常，测量显示集成电路的电源输入引脚，测试电压是否正常。若正常，则该集成电路损坏，必须更换该集成电路；若不正常，则检查其他有没有短路点。若有，则要及时处理好；若没有或处理好后还不正常，那么该集成电路已经内部短路，必须更换。

② 电阻挡无法测量　首先从外观上检查电路板，在电阻挡回路中有没有连接电阻烧坏，若有，则必须立即更换；若没有，则要对每一个连接元件进行测量，有坏的及时更换；若外围都正常，则测量集成电路是否损坏，若损坏则必须更换。

③ 电压挡在测量高压时指示值不准，或测量稍长时间指示值不准甚至不稳定　此类故障大多是由于某一个或几个元件工作功率不足引起的。若在停止测量的几秒内，检查时会发现这些元件发烫，这是由于功率不足而产生了热效应所造成的，同时使元件变值（集成电路也是如此），必须更换该元件（或集成电路）。

④ 电流挡无法测量　多数是由于操作不当引起的，检查限流电阻和分压电阻是否烧坏，若烧坏，应予以更换。检查放大器的连线是否损坏，若损坏，则应重新连接好；若不正常，

则更换放大器。

⑤ 指示值不稳，有跳字现象　检查整体电路板是否受潮或有漏电现象，若有，则必须清洗电路板并作好干燥处理；输入回路中有无接触不良或虚焊现象（包括测试笔），若有，则必须重新焊接；检查有无电阻变质或刚测试后有无元件发生非正常的烫手现象，这种现象是由于其功率降低引起的，若有此现象，则应更换该元件。

⑥ 指示值不准　这种现象主要是由通路中的电阻值或电容失效引起的，应更换该电阻或电容；检查该通路中的电阻值（包括热反应中的电阻值），若电阻值变值或热反应变值，则应更换该电阻；检查 A/D 转换器的基准电压回路中的电阻、电容是否损坏，若损坏，则予以更换。

3. 绝缘电阻表

绝缘电阻表（又称绝缘电阻测定器）一般用于测量高阻值电容器、各种电气设备布线的绝缘电阻、电线的绝缘电阻和电机绕组的绝缘电阻。

绝缘电阻表有指针式绝缘电阻表和数字式绝缘电阻表两种。在此仅介绍常见的指针式绝缘电阻表。指针式绝缘电阻表在使用时必须摇动手柄，所以又称摇表。表盘上采用对数刻度，读数单位是兆欧，是一种测量高电阻的仪表。绝缘电阻表以其测试时所产生的直流电压高低和绝缘电阻测量范围大小来分类。常用的绝缘电阻表有两种：5050（ZC-3）型，直流电压 500V，测量范围 $0 \sim 500 M\Omega$；1010（ZC11-4）型，直流电压 1100V，测量范围 $0 \sim 1000 M\Omega$。选用绝缘电阻表时要依工作电压来选择，如 500V 以下的电气设备应选用 500V 的绝缘电阻表。

(1) 绝缘电阻表的结构和工作原理　指针式绝缘电阻表由磁电式比率计和一个手摇直流发电机组成，外形如图 1-22(a) 所示。磁电式比率计是一种特殊形式的磁电式电表，结构如图 1-22(b) 所示。它有两个转动线圈，但没有游丝，电流由柔软的金属线引进线圈。这两个线圈互成一定的角度，装在一个有缺口的圆柱形铁芯外面，并且与指针一起固定在同一轴上，组成了可动部分。固定部分由永久磁铁和有缺口的圆柱铁芯组成，磁铁的一个极与铁芯之间间隙不均匀。

绝缘电阻表的电气原理如图 1-22(c) 所示，虚线框内为表内电路，被测电阻 R 接在绝缘电阻表"线"和"地"端钮上。手摇发电机就是带动导线旋转，切割磁铁磁力线，产生稳定的、其值不因手摇速度不均匀而发生变化的高压直流电。手摇发电机发出的电流在 P 点分为两路：电流 I_2 经过附加电阻 $R_{2串}$ 和一个线圈（线圈电阻为 R_{C2}）；电流 I_1 经过被测电阻 R 和另一个线圈（电阻为 R_{C1}）。如果发电机端电压为 U，则有 $I_1 = U/(R + R_{C1})$、$I_2 = U/(R_{2串} + R_{C2})$。可见电流 I_1 的大小与被测电阻值 R 有关，而 I_2 与 R 无关。

两个通电线圈与空气隙中的磁通相互作用产生电磁力，由于两个线圈绕的方向相反，所以产生的两个转矩的方向相反，M_1 与被测电阻大小有关，是转动转矩，M_2 是反作用转矩。由于气隙不匀，气隙间磁场分布也不匀，因此 M_1 和 M_2 的大小不仅与流过线圈的电流有关，还与线圈所在的位置有关。随着偏转角度的不同，线圈中虽电流相同，但转矩并不相同。如果 I_1 和 I_2 保持一定，随偏转角度 β 的增大，气隙减小，磁场增强，M_1 和 M_2 也相应增大，但 M_1 增加得慢，M_2 增加得快。到一定角度时，$M_1 = M_2$，指针稳定不动。如果被测绝缘电阻 R 变小，I_1 增大，M_1 亦增大，指针要偏转一个更大的角度才能使 M_1 和 M_2 平衡。当绝缘电阻表两端钮断开时，被测电阻 $R = \infty$，$I_1 = 0$，$I_2 \neq 0$，则线圈在 M_2 作用下转到铁芯缺口处，此处磁场为零，M_2 也变为零，线圈停在 $\beta = 0$ 的位置，对应标尺上的"∞"。就这样，根据被测绝缘电阻 R 大小而引起 M_1 大小的变化，指针有不同的偏转。根据被测绝缘电阻 R 与指针偏转角 β 之间的函数关系，可以在仪表盘上直接标示出绝缘电阻数值。

由于绝缘电阻表内没有游丝，不转动手柄时，指针可以随意停在表盘的任意位置，这时的读数是没有意义的。因此，必须在转动手柄时读取数据。

(2) 绝缘电阻表的使用方法　使用绝缘电阻表测量绝缘电阻时，必须先切断电源，然后用绝缘良好的单股线把两表线（或端钮）连接起来，进行开路试验和短路试验。在两个测量表线开路时摇动手柄，指针应指向无穷大；如果把两个测量表线迅速短路一下，指针应摆向零线。如果不是这样，则说明表线连接不良或仪表内部有故障，应排除故障后再测量。

测量绝缘电阻时，要把被测电气设置上的有关开关接通，使其上所有电气元器件都与绝缘电阻表连接。如果有的电器元件或局部电路不和绝缘电阻表相通，则这个电气元件或局部电路就没被测量到。绝缘电阻表有 3 个接线柱，即接地柱 E、电路柱 L、保护环柱 G，其接线方法依被测对象而定。测量设备对地绝缘时，被测电路接于 L 柱上，将接地柱 E 接于地线上。测量电机与电气设备对外壳的绝缘时，将绕组引线接于 L 柱上，外壳接于 E 柱上。测量电动机的相间绝缘时，L 和 E 柱分别接于被测的两相绕组引线上。测量电缆芯线的绝缘电阻时，将芯线接于 L 柱上，电缆外皮接于 E 柱上，绝缘包扎物接于 G 柱上。有关测量接线如图 1-22 (d) 所示。

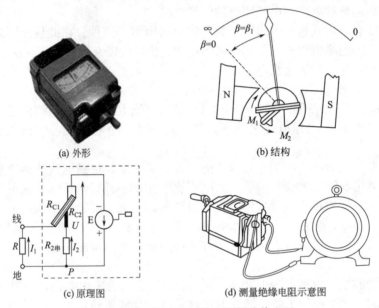

(a) 外形　　　　　　　　　　(b) 结构

(c) 原理图　　　　　　　　　(d) 测量绝缘电阻示意图

图 1-22　绝缘电阻表的结构与测量绝缘电阻

读数时，绝缘电阻表手柄的摇动速度为 120r/min 左右。

提示：由于绝缘材料的漏电或击穿，往往在加上较高的工作电压时才能表现出来，所以一般不能用万用表的电阻挡来测量绝缘电阻。

（3）绝缘电阻表使用注意事项

a. 绝缘电阻表接线柱与被测物体间的测量导线，不能使用双股并行导线或胶合导线，应使用绝缘良好的导线。

b. 绝缘电阻表的量程要与被测绝缘电阻值相适应，绝缘电阻表的电压值要接近或略大于被测设备的额定电压。

c. 用绝缘电阻表测量设备的绝缘电阻时，必须先切断电源。对于有较大容量的电容器，必须先放电后再测。

d. 测量绝缘电阻时，应使绝缘电阻表手柄的摇动速度在 120r/min 左右，一般以绝缘电阻表摇动 1min 时测出的读数为准，读数时要继续摇动手柄。

e. 由于绝缘电阻表输出端钮上有直流高压，所以使用时应注意安全，不要用手触及端钮。要在摇动手柄、发电机发电状态下断开测量导线，以防电气设备储存的电能对表放电。

f. 测量中若指针指示到零应立即停止摇动，如果继续摇动手柄，则有可能损坏绝缘电阻表。

4. 钳形表

钳形电流表又称钳形表，主要用来在不断开电路的情况下测量交、直流电流。有的钳形表还可以测交流电压。

（1）钳形表的分类　钳形表分为磁电式和电磁式两类。前者可测交流电流和交流电压，常用的有 T301 型和 T302 型；后者可测交流电流和直流电流，常用的有 MG20 型和 MG21型。图 1-23 所示为钳形表外形，其工作原理如图 1-24 所示。钳形表是根据电流互感器原理制成的。

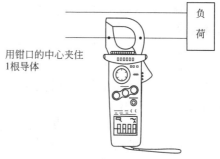

用钳口的中心夹住
1根导体

负荷

图 1-23　钳形表外形　　　　　　　　图 1-24　钳形表测量原理

（2）钳形表的使用方法和注意事项

a. 在进行测量时，按动手柄，钳口张开，将被测载流导线置于钳口中间，然后松开手柄，使铁芯闭合，表头就有指示了。

b. 使用时应先估计被测电流和电压的大小，选择合适的量程。若被测电流和电压大小未知，可拨到较大的量程，然后再根据被测电流和电压大小逐渐减小量程，使读数超过刻度的1/2，以便得到较准确的读数。

c. 为使读数准确，钳口两个面应保证很好的接合。如有杂物，可将钳口重新开合一次。如果开合时有声音存在，检查接合面上是否有污垢，可用溶剂擦干净。

d. 测量低压熔断器或低压母线电流时，应将邻近的各相用绝缘板隔离，以防钳口张开时可能引起的相间短路。

e. 测量交流电流、电压时应分别进行，不能同时测量。

f. 不能用于高压带电测量。

g. 测量完毕后，一定要把调节开关放在最大量程位置，以免下次使用时由于未经量程选择而造成仪表损坏。

h. 为了测量小于 5A 以下的电流时能得到较准确的读数，在条件允许时，可把导线多绕几圈放在钳口中进行测量，但实际电流取值应为读数除以放进钳口内的导线匝数。

（3）钳形表在几种特殊情况下的应用

a. 测量绕线转子异步电动机转子电流时，应选择电磁式钳形表，不能选用磁电式钳形表，主要是因为转子电流频率很低，仅有 2～3 Hz。

b. 用钳形表测量三相平衡负载电流时，钳口中放入两相导线时的指示值与放入一相导线时的指示值相同。

三相同时放入钳口中，指示值为 0，即 $\dot{I}_1+\dot{I}_2+\dot{I}_3=0$。当钳口中放入一相正接导线和一相反接导线时，表的指示值为 $\sqrt{3}I_1$。

5. 转速表

电工常用离心式手持转速表如图 1-25 所示，用于测量电动机的转速或线速度，不能测量瞬时速度。

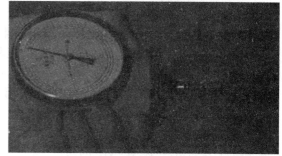

图 1-25　转速表的使用

三、 电工常用材料

1. 常用导电材料

导电材料大部分是金属,其特点是导电性好,有一定的机械强度,不易氧化和腐蚀,容易加工焊接。

(1) 铜 铜导电性好,有足够的机械强度,并且不易腐蚀,被广泛用于制造变压器、电动机和各种电器线圈。

铜根据材料的软硬程度,分为硬铜和软铜两种。在产品型号中,铜线的标志是"T","TV"表示硬铜,"TR"表示软铜。

(2) 铝 铝导线的导电系数虽比铜大,但它密度小,同样长度的两根导线,若要求它们的电阻值一样,铝导线的截面积比铜导线的截面积大 1.68 倍。

铝资源丰富,价格便宜,是铜材料最好的代用品。但铝导线焊接比较困难,铝也分为硬铝和软铝两种。电机、变压器线圈中的大部分是软铝。产品型号中,铝线的标志是"L","LV"表示硬铝,"LR"表示软铝。

(3) 电线电缆 电线电缆品种很多,按照它们的性能、结构、制造工艺及使用特点分为裸线、电磁线、绝缘线电缆和通信电缆 4 种。

① 裸线 这种产品只有导体部分,没有绝缘和护层结构。分为圆单线、软接线、型线和硬绞线 4 种,修理电机经常用到的是软接线和型线。

② 电磁线 应用于电机及电工仪表中,作为绕组或元件的绝缘导线。常用的电磁线为漆包线和绕包线。

2. 电热材料

电热材料用来制造各种电阻加热设备中发热元件。它作为电阻接到电路中,把电能变为热能,使加热设备的温度升高。

常用的电热材料为镍铬合金和铁铬铝合金。

(1) 镍铬合金 其特点是电阻系数高,加工性能好,高温时机械强度较弱,用后不变脆,适用于移动设备上。

(2) 铁铬铝合金 其特点是抗氧化性比镍铬合金好,价格便宜,但高温时机械强度较差,用后会变脆,适用于固定设备上。

3. 保护材料

电工常用保护材料为熔丝又称保险丝,常用的是铝锡合金线。合理选择熔丝,对安全可靠运行关系很大。现简单介绍如下。

(1) 照明及电热设备线路

a. 装在电路上的总熔丝额定电流,等于电度表额定电流的 0.9~1 倍。

b. 装在支线上的熔丝额定电流,等于支线上所有电气设备额定电流总和 1~1.1 倍。

(2) 交流电动机电路

a. 单台交流电动机电路上的熔丝额定电流,等于该电动机额定电流 1.5~2.5 倍。

b. 多台交流电动机电路的总熔丝额定电流,等于电路上功率最大一台电动机额定电流1.5~2.5 倍,再加上其他电动机额定电流的总和。

(3) 交流电焊机电路

a. 电源电压为 220V,熔丝的额定电流等于电焊机功率(kW)数值的 6 倍。

b. 电源电压为 380V,熔丝的额定电流等于电焊机功率(kW)数值的 4 倍。

4. 常用绝缘材料

由电阻系数大于 $10^9 \Omega \cdot cm$ 的物质所构成的材料在电工技术上称为绝缘材料。在修理电机和电气设备时必须合理选用。

（1）固体绝缘材料的主要性能指标　主要性能指标包括击穿强度，绝缘电阻，耐热性，黏度、固体含量、酸值、干燥时间及胶化时间，机械强度，绝缘材料的分类和名称。

绝缘材料耐热性见表1-3。

表1-3　绝缘材料耐热性

等 级 代 号	耐 热 等 级	允许最高温度/℃
0	Y	90
1	A	105
2	E	120
3	B	130
4	F	155
5	H	180
6	C	>180

固体绝缘材料的分类及名称见表1-4。

表1-4　固体绝缘材料的分类及名称

分 类 代 号	分 类 名 称
1	漆树脂和胶类
2	浸渍材料制品
3	层压制品类
4	压塑料类
5	云母制品类
6	薄膜、粘带和复合制品类

（2）绝缘漆

① 浸渍漆　浸渍漆主要用来浸渍电机。电气设备的线圈和绝缘漆零部件，以填充其间膜和微孔，提高它们的电气性能及力学性能。

② 覆盖漆　覆盖漆分清漆和瓷漆两种，用于涂覆及浸渍处理后的线圈和绝缘零部件，作为绝缘保护层。

③ 硅钢片漆　硅钢片漆用来覆盖硅钢片表面，经降低铁芯的涡流损耗，增强防锈及耐腐蚀的能力。

5. 常用磁性材料

各种物质在外界磁场的作用下，都会呈现出不同的磁性。根据磁性材料和特性，分为软磁材料和硬磁材料（又称永磁材料）两大类。

（1）软磁材料　软磁材料的主要特点是磁导率高，剩磁弱。这类材料在软弱的外界磁场作用下就能产生较强的磁感应强度，而且随着外界磁场的增强，将很快达到磁饱和状态；当去掉外界磁场后，它的磁性也基本消失。

（2）硬磁材料　硬磁材料的主要特点是剩磁强。这类材料在外界磁场的作用下，不容易产生较软弱的磁场强度，但当其达到磁饱和后，即使去掉外界磁场，还能在较长时间内保持较强的磁性。

第三节　电磁控制与电器分类

一、电磁机构

电磁机构是电磁式电器的感测部分，它的主要作用是将电磁能量转换成机械能量，带动触点动作，从而对电路起到控制的作用，如完成接通电路或断开电路。电磁机构由线圈、铁芯、衔铁等构成。

1. 常用的磁路结构

电磁式电器分为直流和交流两大类，都是利用电磁铁的原理而制成的。通常直流电磁铁的铁芯用整块钢材或工程纯铁制成，而交流电磁铁的铁芯则用硅钢片叠铆而成。常用的磁路结构如图 1-26 所示，可分为三种结构形式。

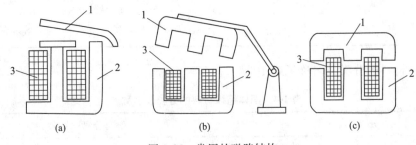

图 1-26　常用的磁路结构
1—动铁芯；2—静铁芯；3—线圈

a. 衔铁直线运动的双 E 形直动式铁芯，多用于交流接触器、继电器中，如图 1-26(a) 所示。

b. 衔铁沿轴转动的拍合式铁芯，其铁芯形状有 E 形和 U 形两种。此种结构多用于触点容量较大的交流电器中，如图 1-26(b) 所示。

c. 衔铁沿棱角转动的拍合式铁芯，此种形式广泛应用于直流电器中，如图 1-26(c) 所示。

2. 线圈

线圈的作用是将电能转换成磁场能量。按通入线圈的电流不同，可分为交流线圈和直流线圈。

对于交流电磁铁，因电磁铁的铁芯存在涡流损耗和磁滞效应，所以线圈和铁芯都会发热，因此交流电磁铁的线圈都有骨架，使铁芯与线圈隔离并将线圈制成短而厚的矮胖型，这样做有利于铁芯和线圈的散热。

对于直流电磁铁，因其铁芯不发热，只有线圈发热，所以直流电磁铁的吸引线圈做成高而薄的瘦高型，且没有线圈骨架，使线圈与铁芯直接接触，有利于散热。

二、电器的触点和电弧

1. 触点的工作状态

触点的作用是用来接通和断开电路，其工作状态有闭合状态、分断过程、接通过程。

（1）闭合状态　触点处于闭合状态时，动、静触点相互接触，便有电流流过。因为动、静触点凹凸不平，接触面积较小，接触电阻很大，故功率损耗非常大，导致触点发热，表面易于氧化。

（2）分断过程　动、静触点从闭合状态时开始脱离接触，分断过程将最终出现一点接触。由于该点的面积很小，流过电流密度很高，故导致触点金属熔化。随着动、静触点的相互分离形成熔化的高温金属液桥，在完全分开时被拉断产生电弧。

电弧产生的后果：触点将会被烧坏，触点寿命会大大缩短，电路工作可靠性被降低，电路切断时间延迟。

（3）接通过程　动、静触点由完全脱离，变为互相接触。因其中间存在差值，出现动触点的弹跳，使动、静触点磨损。

2. 电弧及灭弧装置

（1）电弧的形成　当电器动、静触点工作在闭合通电时，因为热激发，将会在触点周围介质中含有大量的自由电子。在动、静触点分断时，由于高热（动、静触点分断电流时，聚集着许多自由电子的触点表面，由于大电流逐渐收缩集中而出现炽热光斑，温度很高）和强电场（动、静触点分断之初，距离 J 小，当动、静触点间电压 U 一定时，电场强度很大）的作用，金属内部的原子最外层价电子被强电场拉出来，与原有的自由电子一起高速奔向阳极，在高速行进过程中撞击中性原子，使之游离为正离子和自由电子。这些游离出来的电荷在正离子的作用下，又碰撞游离其他中性原子，结果在动、静触点间形成大量的炽热电荷流——电弧。

（2）电弧的熄灭　弧隙中，在气体游离的同时，还存在着正离子与自由电子的复合，以及它们从密度高的地方向密度低的地方、从温度高的地方向温度低的地方扩散的去游离因素。所以，要熄灭电弧，就要抑制游离因素，加强去游离因素，只要去游离占主导，就能熄灭电弧。

直流电弧依靠拉长电弧和冷却电弧来灭弧；因为交流电流有自然过零点，所以在同样电参数下，交流电弧比直流电弧容易熄灭，其灭弧应发生在电流过零或接近过零点。

三、 电器的分类

在机床电气控制线路中，其电压使用范围，主要考虑控制线路方便、安全及设备通用性等因素。因此，一般选用 380V、220V 等低压电源。

电器按控制方式分类，可分为自动控制电器和非自动控制电器两大类。自动控制电器，在电气控制系统完成接通和断开动作时，靠自身参数变化及外部控制信号的要求实现自动控制。非自动控制电器是靠外力（如手控或机械控制等）来进行控制。按照有无触点分类，可分为无触点电器和有触点电器两大类。用于保护及控制柜中的，还有各种配电电器。电器产品的用途和分类见表 1-5。

表 1-5　电器产品的分类和用途

产 品 名 称		主 要 产 品	用 途
配电电器	断路器	塑料外壳式断路器 框架式断路器 限流式断路器 具有漏电保护的断路器 灭磁断路器 直流快速断路器	用于线路过载、短路、漏电或欠电压保护，也可用于不频繁接通和分断电路
	熔断器	有填料熔断器 无填料熔断器 半封闭插入式熔断器 快速熔断器 自复熔断器	用于线路和设备的短路及过载保护
	刀形开关	大电流隔离熔断器式刀开关 开关板用刀开关 负荷开关	用于电路隔离，也能接通、分断额定电流
	转换开关	组合开关 转换开关	用于两种及以上电源或负载的转换和通断电路

续表

产 品 名 称		主 要 产 品	用 途
控制电器	接触器	交流接触器 直流接触器 真空接触器 半导体式接触器	用于远距离频繁启动或控制交、直流电动机，以及接通、分断正常工作的主电路和控制电路
	启动器	直接（全压）启动器 星-三角减压启动器 自耦减压启动器 变阻式转子启动器 半导体式启动器 真空启动器	主要用于交流电动机的启动和正反向控制
	控制继电器	电流继电器 电压继电器 时间继电器 中间继电器 温度继电器 热继电器	主要用于控制系统中，控制其他电器或作主电路的保护之用
	控制器	凸轮控制器 平面控制器 鼓形控制器	主要用于电气控制设备中转换主回路、励磁回路的接法，以达到电动机启动、换向和调速的目的
	主令电器	按钮 限位开关 微动开关 万能转换开关 脚踏开关 接近开关 程序开关	主要用于接通电路，以发布命令或用作程序控制
	电阻器	铁基合金电阻器	用于改变电路参数或变电能为热能
	变阻器	励磁变阻器 启动变阻器 频敏变阻器	主要用于发电机调压以及电动机的平滑启动和调速
	电磁铁	起重电磁铁 牵引电磁铁 制动电磁铁	用于起重、操纵或牵引机械装置

第四节　常用的低压电器

一、熔断器

1. 熔断器的用途

熔断器是低压电力拖动系统和电气控制系统中使用最多的安全保护电器之一，其主要用于短路保护，也可用于负载过载保护。熔断器主要由熔体和安装熔体的熔管和熔座组成，各部分的作用见表1-6，常见的低压熔断器外形结构及用途见表1-7。

表1-6　熔断器各部分作用

各部分名称	材料及作用
熔体	由铅、铅锡合金或锌等低熔点材料制成，多用于小电流电路；由银、铜等较高熔点金属制成，多用于大电流电路
熔管	用耐热绝缘材料制成，在熔体熔断时兼有灭弧的作用
底座	用于固定熔管和外接引线

表 1-7 常见低压熔断器外形结构及用途

名称	插入式熔断器	螺旋式熔断器
结构图	瓷底座 动触点 熔体 静触点 瓷插件	熔断体 底座 瓷帽
用途	低压分支电路的短路保护	常用于机床电气控制设备保护
名称	无填料密闭管式熔断器	有填料密闭管式熔断器
结构图	铜圈 熔管 管帽 触刀 熔片 特殊垫圈 插座	弹簧片 管体 绝缘手柄 瓷底座 熔体
用途	用于低压电力网或成套配电设备	绝缘管内装用石英砂作填料，用来冷却和熄灭电弧，用于大容量的电力网或成套配电设备

　　熔体在使用时应串联接在需要保护的电路中。熔体用铅、锌、铜、银、锡等金属或电阻率较高、熔点较低的合金材料制作而成。图 1-27 所示为熔断器实物。

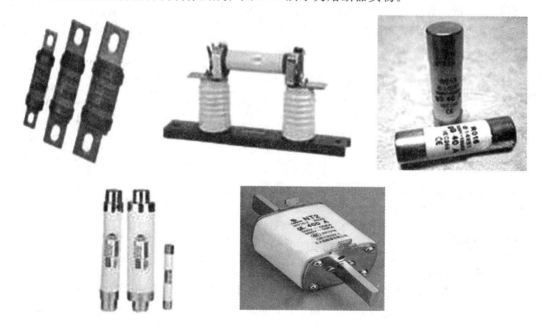

图 1-27 熔断器实物

2. 熔断器的选用原则

　　在低压电气控制电路选用熔断器时，常常只考虑熔断器的主要参数，如额定电流、额定电压和熔体电流 3 个。

（1）额定电流 额定电流是指在电路中熔断器能够正常工作而不损坏时所通过的最大电流，该电流由熔断器各部分在电路中长时间正常工作时的温度所决定。因此在选用熔断器的额定电流时不应小于所选用熔体的额定电流。

（2）额定电压 额定电压是指在电路中熔断器能够正常工作而不损坏时所承受的最高电压。如果熔断器在电路中的实际工作电压大于其额定电压，那么熔体熔断时有可能会引起电弧而不能熄灭的恶果。因此在选用熔断器的额定电压时应高于电路中实际工作电压。

（3）熔体电流 熔体电流是指在规定的工作条件下，长时间流过熔体而熔体不损坏的最大安全电流。实际使用中，额定电流等级相同的熔断器可以选用若干个等级不同的熔体电流。根据不同的低压熔断器所要保护的负载，选择熔体电流的方法也有所不同，见表 1-8。

表 1-8 低压熔断器熔体选用原则

保 护 对 象	选 用 原 则
电炉和照明等电阻性负载短路保护	熔体的额定电流等于或稍大于电路的工作电流
保护单台电动机	考虑到电动机所受启动电流的冲击，熔体的额定电流应大于或等于电动机额定电流的 1.5～2.5 倍。一般，轻载启动或启动时间短时选用 1.5 倍，重载启动或启动时间较长时选用 2.5 倍
保护多台电动机	熔体的额定电流应大于或等于容量最大电动机额定电流的 1.5～2.5 倍与其余电动机额定电流之和
保护配电电路	防止熔断器越级动作而扩大断路范围后，后一级的熔体的额定电流比前一级熔体的额定电流至少要大一个等级

3. 熔断器的常见故障及处理方法

低压熔断器的好坏判断：用指针万用表电阻挡测量，若熔体的电阻值为零说明熔体是好的；若熔体的电阻值不为零说明熔体损坏，必须更换熔体。低压熔断器的常见故障及处理方法见表 1-9。

表 1-9 熔断器的常见故障及处理方法

故 障 现 象	故 障 分 析	处 理 方 法
电路接通瞬间，熔体熔断	熔体电流等级选择过小	更换熔体
	负载侧短路或接地	排除负载故障
	熔体安装时受机械损伤	更换熔体
熔体未见熔断，但电路不通	熔体或接线座接触不良	重新连接

二、刀开头

1. 刀开头的用途

刀开关是一种使用最多、结构最简单的手动控制低压电器，在低压电力拖动系统和电气控制系统中最常用的电气元件之一，普遍用于电源隔离，也可用于直接控制接通和断开小规模的负载（如小电流供电电路、小容量电动机的启动和停止）。刀开关和熔断器组合使用是电力拖动控制线路中最常见的一种结合。刀开关由操作手柄、动触点、静触点、进线端、出线端、绝缘底板和胶盖组成。常见的刀开关外形结构及用途见表 1-10。图 1-28 所示为刀开关实物。

表 1-10　常见刀开关外形结构及用途

名　　称	胶盖闸刀开关（开启式负荷开关）	铁壳开关（封闭式负荷开关）
结构图		
用途	应用于额定电压为交流 380V 或直流 440V、额定电流不超过 60A 的电器装置，不频繁地接通或切断负载电路，具有短路保护作用	适用于各种配电设备中，供手动不频繁地接通和分断负载电路，并可控制 15kW 以下交流异步电动机的不频繁直接启动及停止，具有电路保护功能

图 1-28　刀开关实物

2. 刀开头的选用原则

在低压电气控制电路选用刀开关时，常常只考虑刀开关的主要参数，如额定电流、额定电压 2 个。

（1）额定电流　额定电流是指在电路中刀开关能够正常工作而不损坏时所通过的最大电流。因此，在选用刀开关的额定电流时不应小于负载的额定电流。

因负载的不同，选用额定电流的大小也不同。用作隔离开关或照明、加热等电阻性负载时，额定电流要等于或略大于负载的额定电流；用作直接启动和停止电动机时，瓷底胶盖闸刀开关只能控制容量 5.5kW 以下的电动机，额定电流应大于电动机的额定电流；铁壳开关的额定电流应小于电动机额定电流的 2 倍；组合开关的额定电流应不小于电动机额定电流的 2～3 倍。

（2）额定电压　额定电压是指在电路中刀开关能够正常工作而不损坏时所承受的最高电压。因此，在选用刀开关的额定电压时应高于电路中实际工作电压。

3. 刀开关的常见故障及处理方法

刀开关的常见故障及处理方法见表 1-11。

表 1-11　刀开关的常见故障及处理方法

种　　类	故障现象	故　障　分　析	处　理　方　法
开启式负荷开关	合闸后，开关一相或两相开路	静触点弹性消失，开口过大，造成动、静触点接触不良	整理或更换静触点
		熔丝熔断或虚连	更换熔丝或紧固
		动、静触点氧化或有尘污	清洗触点
		开关进线或出线线头接触不良	重新连接

续表

种　类	故障现象	故障分析	处理方法
开启式负荷开关	合闸后，熔丝熔断	外接负载短路	排除负载短路故障
		熔体规格偏小	按要求更换熔体
	触点烧坏	开关容量太小	更换开关
		拉、合闸动作过慢，造成电弧过大，烧毁触点	修整或更换触点，并改善操作方法
封闭式负荷开关	操作手柄带电	外壳未接地或接地线松脱	检查后，加固接地导线
		电源进出线绝缘损坏碰壳	更换导线或恢复绝缘
	夹座（静触点）过热或烧坏	夹座表面烧毛	用细锉修整夹座
		闸刀与夹座压力不足	调整夹座压力
		负载过大	减轻负载或更换大容量开关

4. 刀开头使用注意事项

a. 使用方便和操作安全原则：封闭式负荷开关安装时必须垂直于地面，距地面的高度应在 1.3～1.5m 之间，开关外壳的接地螺钉必须可靠接地。

b. 接线规则：电源进线接在静夹座一边的接线端子上，负载引线接在熔断器一边的接线端子上，且进出线必须穿过开关的进出线孔。

c. 分合闸操作规则：应站在开关的手柄侧，不准面对开关，避免因意外故障电流使开关爆炸，造成人身伤害。

d. 大容量的电动机或额定电流100A以上负载不能使用封闭式负荷开关控制，避免产生飞弧灼伤手。

三、断路器

1. 断路器的用途

低压断路器又称自动空气开关或自动空气断路器，是一种重要的控制和保护电器。它主要用于交直流低压电网和电力拖动系统中，既可手动又可电动分合电路。它集控制和多种保护功能于一体，对电路或用电设备实现过载、短路和欠电压等保护，也可以用于不频繁地转换电路及启动电动机。低压断路器主要由触点、灭弧系统和各种脱扣器3部分组成。

常见低压断路器外形结构及用途见表1-12。图1-29所示为断路器实物。

表1-12　常见低压断路外形结构及用途

名　称	框架式	塑料外壳式
结构图	电磁脱扣器 按钮 自由脱扣器 动触点 静触点 热脱扣器　接线柱	DW10系列　　　DW16系列
用途	适用于手动不频繁地接通和断开容量较大的低压网络和控制较大容量电动机的场合（电力网主干线路）	适用于配电线路的保护开关，以及电动机和照明线路的控制开关等（电气设备控制系统）

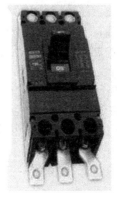

图 1-29　断路器实物

2. 断路器的选用原则

在低压电气控制电路低压断路器时，常常只考虑低压断路器的主要参数，如额定电流、额定电压和壳架等级额定电流 3 个。

（1）额定电流　低压断路器的额定电流应不小于被保护电路的计算负载电流，即用于保护电动机时，低压断路器的长延时电流整定值等于电动机额定电流；用于保护三相笼型异步电动机时，其瞬时整定电流等于电动机额定电流的 8～15 倍，倍数与电动机的型号、容量和启动方法有关；用于保护三相绕线式异步电动机时，其瞬间整定电流等于电动机额定电流的 3～6 倍。

（2）额定电压　低压断路器的额定电压应不高于被保护电路的额定电压，即低压断路器欠电压脱扣器额定电压等于被保护电路的额定电压，低压断路器分励脱扣器额定电压等于控制电源的额定电压。

（3）壳架等级额定电流　低压断路器的壳架等级额定电流应不小于被保护电路的计算负载电流。

除上述参数以外，用于保护和控制不频繁启动电动机时，还应考虑断路器的操作条件和使用寿命。

3. 断路器的常见故障及处理方法

低压断路器的常见故障及处理方法见表 1-13。

表 1-13　低压断路器的常见故障及处理方法

故 障 现 象	故 障 分 析	处 理 方 法
不能合闸	欠压脱扣器无电压和线圈损坏	检查施加电压和更换线圈
	储能弹簧力过大	更换储能弹簧
	反作用弹簧力过大	重新调整
	机构不能复位再扣	调整再扣接触面至规定值
电流达到整定值，断路器不动作	热脱扣器双金属片损坏	更换双金属片
	电磁脱扣器的衔铁与铁芯距离太大或电磁线圈损坏	调整衔铁与铁芯的距离或更换断路器
	主触点熔焊	检查原因并更换主触点
启动电动机时断路器立即分断	电磁脱扣器瞬动整定值过小	调高整定值至规定值
	电磁脱扣器某些零件损坏	更换脱扣器
断路器闭合后经一定时间自行分断	热脱扣器整定值过小	调高整定值至规定值
断路器温升过高	触点压力过小	调整触点压力或更换弹簧
	触点表面过分磨损或接触不良	更换触点或整修接触面
	两个导电零件连接螺钉松动	重新拧紧

4. 断路器使用注意事项

a. 安装时低压断路器垂直于配电板,上端接电源线,下端接负载。

b. 低压断路器在电气控制系统中若作为电源总开关或电动机的控制开关时,则必须在电源进线侧安装熔断器或刀开关等,这样可出现明显的保护断点。

c. 低压断路器在接入电路后,在使用前应将防锈油脂擦在脱扣器的工作表面上;设定好脱扣器的保护值后,不允许随意改动,避免影响脱扣器保护值。

d. 低压断路器在使用过程中分断短路电流后,要及时检修触点,发现电灼烧痕现象,应及时修理或更换。

e. 定期清扫断低压断路器上的积尘和杂物,定期检查各脱扣器的保护值,定期给操作机构添加润滑剂。

四、 接触器

1. 接触器的用途

接触器工作时是利用电磁吸力的作用把触点由原来的断开状态变为闭合状态或由原来的闭合状态变为断开状态,以此来控制电流较大交直流主电路和容量较大控制电路。在低压控制电路或电气控制系统中,接触器是一种应用非常普遍的低压控制电器,并具有欠电压保护的功能。可以用它对电动机进行远距离频繁接通、断开的控制;也可以用它来控制其他负载电路,如电焊机等。

接触器按工作电流不同可分为交流接触器和直流接触器两大类。交流接触器的电磁机构主要由线圈、铁芯和衔铁组成,交流接触器的触点有三对主常开触点,用来控制主电路通断;有两对辅助常开触点和两对辅助常闭触点,实现对控制电路的通断。直流接触器的电磁机构与交流接触器相同。直流接触器的触点有两对主常开触点。

接触器的优点:使用安全、易于操作和能实现远距离控制、通断电流能力强、动作迅速等。缺点:不能分离短路电流,所以在电路中接触器常常与熔断器配合使用。

交、直流接触器分别有 CJ10、CZ0 系列,03TB 是引进的交流接触器,CZ18 直流接触器是 CZ0 的换代产品。接触器的图形符号和文字符号如图 1-30 所示。

(a) 线圈　　(b) 常开主触点　(c) 常开辅助触点　(d) 常闭主触点　(e) 常闭辅助触点

图 1-30　接触器的图形符号和文字符号

交流接触器的外形结构及符号如图 1-31 所示。交流接触器实物如图 1-32 所示。

2. 接触器的选用原则

在低压电气控制电路选用接触器时,常常只考虑接触器的主要参数,如主触点额定电流、主触点额定电压、吸引线圈电压 3 个。

(1) 主触点额定电流与主触点额定电压　接触器主触点的额定电流应不小于负载电路的工作电流,主触点的额定电压应不小于负载电路的额定电压,也可根据经验公式计算。

根据所控制电动机的容量或负载电流种类来选择接触器类型,如交流负载电路应选用交流接触器来控制,而直流负载电路就应选用直流接触器来控制。

(2) 吸引线圈电压　接触器吸引线圈的电压选择,交流线圈电压有 36V、110V、127V、220V、380V;直流线圈电压有 24V、48V、110V、220V、440V。从人身安全的角度考虑,线圈电压可选择低一些，但当控制线路简单、线圈功率较小时，为了节省变压器，可选220V或380V。

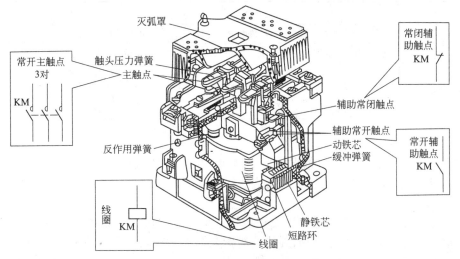

图 1-31 交流接触器的外形结构及符号

图 1-32 交流接触器实物

接触器的触点数量应满足控制支路数的要求，触点类型应满足控制线路的功能要求。

3. 交流接触器的常见故障及处理方法

交流接触器的常见故障及处理方法见表1-14。

表 1-14 交流接触器的常见故障及处理方法

故 障 现 象	故 障 分 析	处 理 方 法
触点过热	通过动、静触点间的电流过大	重新选择大容量触点
	动、静触点间接触电阻过大	用刮刀或细锉修整或更换触点
触点磨损	触点间电弧或电火花造成电磨损	更换触点
	触点闭合撞击造成机械磨损	更换触点
触点熔焊	触点压力弹簧损坏使触点压力过小	更换弹簧和触点
	线路过载使触点通过的电流过大	选用较大容量的接触器
铁芯噪声大	衔铁与铁芯的接触面接触不良或衔铁歪斜	拆下清洗、修整端面
	短路环损坏	焊接短路环或更换
	触点压力过大或活动部分受到卡阻	调整弹簧、消除卡阻因素

续表

故 障 现 象	故 障 分 析	处 理 方 法
衔铁吸不上	线圈引出线的连接处脱落，线圈断线或烧毁	检查线路，及时更换线圈
	电源电压过低或活动部分卡阻	检查电源、消除卡阻因素
衔铁不释放	触点熔焊	更换触点
	机械部分卡阻	消除卡阻因素
	反作用弹簧损坏	更换弹簧

(1) 交流接触器在吸合时振动和噪声

a. 电压过低，其表现是噪声忽强忽弱。例如，电网电压较低，只能维持接触器的吸合。大容量电动机启动时，电路压降较大，相应的接触器噪声也大，而启动过程完毕噪声则小。

b. 短路环断裂。

c. 静铁芯与衔铁接触面之间有污垢和杂物，致使空气隙变大，磁阻增加。当电流过零时，虽然短路环工作正常，但因极面间的距离变大，不能克服恢复弹簧的反作用力，而产生振动。如接触器长期振动，将导致线圈烧毁。

d. 触点弹簧压力太大。

e. 接触器机械部分故障，一般是机械部分不灵活，铁芯极面磨损，磁铁歪斜或卡住，接触面不平或偏斜。

(2) 线圈断电，接触器不释放　线路故障、触点焊住、机械部分卡住、磁路故障等因素，均可使接触器不释放。检查时，应首先分清两个界限，是电路故障还是接触器本身的故障，是磁路的故障还是机械部分的故障。

区分电路故障和接触器故障的方法是：将电源开关断开，看接触器是否释放。如释放，说明故障在电路中，说明电路电源没有断开；如不释放，就是接触器本身的故障。区分机械故障和磁路故障的方法是：在断电后，用螺丝刀木柄轻轻敲击接触器外壳。如释放，一般是磁路的故障；如不释放，一般是机械部分的故障，其原因有：

a. 触点熔焊在一起。

b. 机械部分卡住，转轴生锈或歪斜。

c. 磁路故障，可能是被油污粘住或剩磁的原因，使衔铁不能释放。区分这两种情况的方法是：将接触器拆开，看铁芯端面上有无油污，有油污说明铁芯被粘住，无油污可能是剩磁作用。造成油污粘住的原因，多数是在更换或安装接触器时没有把铁芯端面的防锈凡士林油擦去。剩磁造成接触器不能释放的原因是在修磨铁芯时，将 E 形铁芯两边的端面修磨过多，使去磁气隙消失，剩磁增大，铁芯不能释放。

(3) 接触器自动跳开

a. 接触器（指 CJ10 系列）后底盖固定螺钉松脱，使静铁芯下沉，衔铁行程过长，触点超行程过大，如遇电网电压波动就会自行跳开。

b. 弹簧弹力过大（多数为修理时，更换弹簧不合适所致）。

c. 直流接触器弹簧调整过紧或非磁性垫片垫得过厚，都有自动释放的可能。

(4) 线圈通电衔铁吸不上

a. 线圈损坏，用欧姆表测量线圈电阻。如电阻很大或电路不通，说明线圈断路；如电阻很小，可能是线圈短路或烧毁。如测量结果与正常值接近，可使线圈再一次通电，听有没有"嗡嗡"的声音，是否冒烟。冒烟说明线圈已烧毁，不冒烟而有"嗡嗡"声，可能是机械部分卡住。

b. 线圈接线端子接触不良。

c. 电源电压太低。

d. 触点弹簧压力和超程调整得过大。

（5）线圈过热或烧毁

a. 线圈通电后由于接触器机械部分不灵活或铁芯端面有杂物，使铁芯吸不到位，引起线圈电流过大而烧毁。

b. 加在线圈上的电压太低或太高。

c. 更换接触器时，其线圈的额定电压、频率及通电持续率低于控制电路的要求。

d. 线圈受潮或机械损伤，造成匝间短路。

e. 接触器外壳的通气孔应上下装置，如错将其水平装置，空气不能对流，时间长了也会把线圈烧毁。

f. 操作频率过高。

g. 使用环境条件特殊，如空气潮湿、腐蚀性气体在空气中含量过高、环境温度过高。

h. 交流接触器派生直流操作的双线圈，因常闭联锁触点熔焊不能释放，而使线圈过热。

（6）线圈通电后接触器吸合动作缓慢

a. 静铁芯下沉，使铁芯极面间的距离变大。

b. 检修或拆装时，静铁芯底部垫片丢失或撤去的层数太多。

c. 接触器的装置方法错误，如将接触器水平装置或倾斜角超过5°以上，有的还悬空装。这些不正确的装置方法，都可能造成接触器不吸合、动作不正常等故障。

（7）接触器吸合后静触点与动触点间有间隙　这种故障有两种表现形式，一是所有触点都有间隙，二是部分触点有间隙。前者是因机械部分卡住，静、动铁芯间有杂物。后者可能是由于该触点接触电阻过大、触点发热变形或触点上面的弹簧片失去弹性。

检查双断点触点终压力的方法如图1-33所示。将接触器触点的接线全部拆除，打开灭弧罩，把一条薄纸放在动、静触点之间，然后给线圈通电，使接触器吸合，这时，可将纸条向外拉，如拉不出来，说明触点接触良好；如很容易拉出来或毫无阻力，说明动、静触点有间隙。

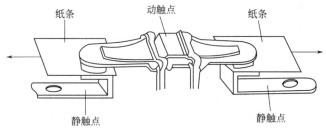

图 1-33　双断点触点终压力的检查方法

检查辅助触点时，因小容量接触器的辅助触点装置位置很狭窄，可用测量电阻的方法进行检查。

（8）静触点（相间）短路

a. 油污及铁尘造成短路。

b. 灭弧罩固定不紧，与外壳之间有间隙，接触器断开时电弧逐渐烧焦两相触点间的胶木，造成绝缘破坏而短路。

c. 可逆运转的联锁机构不可靠或联锁方法使用不当，由于误操作或正反转过于频繁，致使两台接触器同时投入运行而造成相间短路。

另外由于某种原因造成接触器动作过快，一接触器已闭合，另一接触器电弧尚未熄灭，形成电弧短路。

d. 灭弧罩破裂。

（9）触点过热　触点过热是接触器（包括交、直流接触器）主触点的常见故障。除分断短路电流外，主要原因是触点间接触电阻过大，触点温度很高，致使触点熔焊，这种故障可从以下几个方面进行检查。

a. 检查触点压力，包括弹簧是否变形、触点压力弹簧片弹力是否消失。

b. 触点表面氧化，铜材料表面的氧化物是一种不良导体，会使触点接触电阻增大。

c. 触点接触面积太小、不平、有毛刺、有金属颗粒等。

d. 操作频率太高，使触点长期处于大于几倍的额定电流工作。

e. 触点的超程太小。

（10）触点熔焊

a. 操作频率过高或过负载使用。

b. 负载侧短路。

c. 触点弹簧片压力过小。

d. 操作回路电压过低或机械卡住，触点停顿在刚接触的位置。

（11）触点过度磨损

a. 接触器选用欠妥，在反接制动和操作频率过高时容量不足。

b. 三相触点不同步。

（12）灭弧罩受潮　有的灭弧罩是由石棉和水泥制成的，容易受潮，受潮后绝缘性能降低，不利于灭弧。而且当电弧燃烧时，电弧的高温使灭弧罩里的水分汽化，进而使灭弧罩上部压力增大，电弧不能进入灭弧罩。

（13）磁吹线圈匝间短路　由于使用保养不善，使线圈匝间短路，磁场减弱，磁吹力不足，电弧不能进入灭弧罩。

（14）灭弧罩炭化　在分断很大的短路电流时，灭弧罩表面烧焦，形成一种炭质导体，也会延长灭弧时间。

（15）灭弧罩栅片脱落　由于固定螺钉或铆钉松动，造成灭弧罩栅片脱落或缺片。

4. 接触器修理

（1）触点的修整

① 触点表面的修磨　铜触点因氧化、变形积垢，会造成触点的接触电阻和温升增加。修理时可用小刀或锉刀修理触点表面，但应保持原来形状。修理时，不必把触点表面锉得过分光滑，这会使接触面减少；也不要将触点磨削过多，以免影响使用寿命。不允许用砂纸或砂布修磨，否则会使砂粒嵌在触点的表面，反而使接触电阻增大。

银和银合金触点表面的氧化物，遇热会还原为银，不影响导电。触点的积垢可用汽油或四氯化碳清洗，但不能用润滑油擦拭。

② 触点整形　触点严重烧蚀后会出现斑痕及凹坑，或静、动触点熔焊在一起。修理时，将触点凸凹不平的部分和飞溅的金属熔渣细心地锉平整，但要尽量保持原来的几何形状。

③ 触点的更换　镀银触点被磨损而露出铜质或触点磨损超过原高度的 1/2 时，应更换新触点。更换后要重新调整压力、行程，保证新触点与其他各相（极）未更换的触点动作一致。

④ 触点压力的调整　有些电器触点上装有可调整的弹簧，借助弹簧可调整触点的初压力、终压力和超行程。触点的这三种压力定义是这样的：触点开始接触时的压力称为初压力，初压力来自触点弹簧的预先压缩，可使触点减少振动，避免触点的熔焊及减轻烧蚀程度。触点的终压力指动、静触点完全闭合后的压力，应使触点在工作时接触电阻减小。超行程指衔铁吸合后，弹簧在被压缩位置上还应有的压缩余量。

（2）电磁系统的修理

① 铁芯的修理　先确定磁极端面的接触情况，在极间放一软纸板，使纸圈通电，衔铁吸合后将在软纸板上印上痕迹，由此可判断极面的平整程度。如接触面积在 80% 以上，可继续使用；否则要进行修理。修理时，可将砂布铺在平板上，来回研磨铁芯端面（研磨时要压平，用力要均匀）便可得到较平的端面。对于 E 形铁芯，其中柱的间隙不得小于规定间隙。

② 短路环的修理　如短路环断裂，应重新焊住或用铜材料按原尺寸制一个新的换上，要固定牢固且不能高出极面。

（3）灭弧装置的修理

① 磁吹线圈的修理　如是并联型磁吹线圈断路，可以重新绕制，其匝数和线圈绕向要与原来一致，否则不起灭弧作用。如是串联型磁吹线圈短路，可拨开短路处，涂点绝缘漆烘干定型后方可使用。

② 灭弧罩的修理　灭弧罩受潮，可将其烘干；灭弧罩炭化，可以刮除；灭弧罩破裂，可以黏合或更新；栅片脱落或烧毁，可用铁片按原尺寸重做。

5. 接触器使用注意事项

a. 安装前检查接触器铭牌与线圈的技术参数（如额定电压、电流、操作频率等）是否符合实际使用要求；检查接触器外观，应无机械损伤，用手推动接触器可动部分时，接触器应动作灵活，灭弧罩应完整无损，固定牢固；测量接触器的线圈电阻和绝缘电阻正常。

b. 接触器一般应安装在垂直面上，倾斜度不得超过5°；安装和接线时，注意不要将零件失落或掉入接触器内部，安装空心螺钉应装有弹簧垫圈和平垫圈，并拧紧螺钉以防振动松脱；安装完毕，检查接线正确无误后，在主触点不带电的情况下操作几次，然后测量产品的动作值和释放值，所测得数值应符合产品的规定要求。

c. 使用时应对接触器作定期检查，观察螺钉有无松动，可动部分是否灵活等；接触器的触点应定期清扫，保持清洁，但不允许涂油，当触点表面因电灼作用形成金属小颗粒时，应及时清除。拆装时注意不要损坏灭弧罩，带灭弧罩的交流接触器绝不允许不带灭弧罩或带破损的灭弧罩运行，应及时清除。

五、　中间继电器

1. 中间继电器外形及结构

交直流中间继电器常见的有 JZ7，其结构如图 1-34、图 1-35 所示。它是整体结构，采用螺管直动式磁系统及双断点桥式触点。基本结构交直通用，交流铁芯为平顶形；直流铁芯与衔铁为圆锥形接触面，以获得较平坦的吸力特性。触点采用直列式布置，对数可达 8 对，可按 6 开 2 闭、4 开 4 闭或 2 开 6 闭任意组合。变换反力弹簧的反作用力，可获得动作特性的最佳配合。图 1-36 所示为中间继电器实物。

2. 中间继电器的选用原则

（1）种类、型号与使用类别　选用继电器的种类，主要看被控制和保护对象的工作特性；而型号主要依据控制系统提出的灵敏度或精度要求进行选择；使用类别决定了继电器所控制的负载性质及通断条件，应与控制电路的实际要求相比较，视其能否满足需要。

（2）使用环境　根据使用环境选择继电器，主要考虑继电器的防护和使用区域。如对于含尘埃及腐蚀性气体、易燃、易爆的环境，应选用带罩壳的全封闭式继电器，对于高原及湿热带等特殊区域，应选用适合其使用条件的产品。

（3）额定数据　继电器的额定数据在选用时主要注意线圈额定电压、触点额定电压和触点额定电流。线圈额定电压必须与所控电路相符，触点额定电压可为继电器的最高额定电压（即继电器的额定绝缘电压）。继电器的最高工作电流一般小于该继电器的额定发热电流。

（4）工作制　继电器一般适用于 8 小时工作制（间断长期工作制）、反复短时工作制和短时工作制。在选用反复短时工作制时，由于吸合时有较大的启动电流，所以使用频率应低于额定操作频率。

3. 中间继电器使用注意事项

（1）安装前的检查

a. 根据控制电路和设备的要求，检查继电器铭牌数据和整定值是否与要求相符。

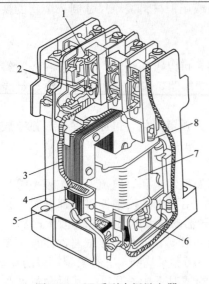

图 1-34　JZ 系列中间继电器
1—常闭触点；2—常开触点；3—动铁芯；4—短路杆；
5—静铁芯；6—反作用弹簧；7—线圈；8—复位弹簧

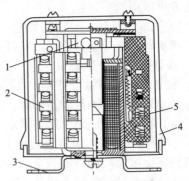

图 1-35　磁式中间继电器结构
1—衔铁；2—触点系统；3—支架；
4—罩壳；5—电压线圈

图 1-36　中间继电器实物

b. 检查继电器的活动部分是否灵活、可靠，外罩及壳体是否有损坏或短缺件等情况。

c. 清洁继电器表面的污垢，去除部件表面的防护油脂及灰尘，如中间继电器双 E 形铁芯表面的防锈油，以保证运行可靠。

（2）安装与调整

a. 安装接线时，应检查接线是否正确，接线螺钉是否拧紧；对于导线线芯很细的应折一次，以增加线芯截面积，以免造成虚连。

b. 对电磁式控制继电器，应在触点不带电的情况下，使吸引线圈带电操作几次，看继电器动作是否可靠。

c. 对电流继电器的整定值作最后的校验和整定，以免造成其控制及保护失灵而出现严重事故。

（3）运行与维护

a. 定期检查继电器各零部件有无松动、卡住、锈蚀、损坏等现象，一经发现及时修理。

b. 经常保持触点清洁与完好，在触点磨损至 1/3 厚度时应考虑更换。触点烧损应及时修理。

c. 如在选择时估计不足，使用时控制电流超过继电器的额定电流，或为了使工作更加可靠，可将触点并联使用。如需要提高分断能力（一定范围内），也可用触点并联的方法。

4. 中间继电器的常见故障及处理方法

电磁式继电器的结构和接触器十分接近，其故障的检修可参照接触器进行。下面只对不同之处作简单介绍。

触点虚连现象：长期使用中，油污、粉尘、短路等现象造成触点虚连，有时会产生重大事故。这种故障一般检查时很难发现，除非进行接触可靠性试验。为此，对于继电器用于特别重要的电气控制回路时应注意下列情况。

a. 尽量避免用 12V 及以下的低压电作为控制电压。在这种低压控制回路中，因虚连引起的事故较常见。

b. 控制回路采用 24V 作为额定控制电压时，应将其触点并联使用，以提高工作可靠性。

c. 控制回路必须用低电压控制时，以采用 48V 较优。

六、 热继电器

1. 热继电器外形及结构

热继电器是利用电流的热效应来推动机构使触点闭合或断开的保护电器。它主要用于电动机的过载保护、断相保护、电流的不平衡运行保护及其他电器设备发热状态的控制。常见的双金属片式热继电器的外形、结构和符号如图 1-37 所示。图 1-38 所示为热继电器实物。

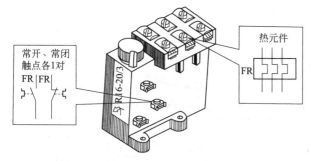

图 1-37 热继电器的外形、结构和符号

图 1-38 热继电器实物

2. 热继电器的选用原则

热继电器的技术参数主要有额定电压、额定电流、整定电流和热元件规格。选用时，一般只考虑其额定电流和整定电流两个参数，其他参数只有在特殊要求时才考虑。

a. 额定电压是指热继电器触点长期正常工作所能承受的最大电压。

b. 额定电流是指热继电器允许装入热元件的最大额定电流。根据电动机的额定电流选择热继电器的规格，一般应使用热继电器的额定电流略大于电动机的额定电流。

c. 整定电流是指长期通过热元件而热继电器不动作的最大电流。一般情况下，热元件的整定电流为电动机额定电流的 0.95~1.05 倍；若电动机拖动的是冲击性负载或启动时间较长及拖动设备不允许停电，热继电器的整定电流值可取电动机额定电流的 1.1~1.5 倍；若电动机的过载能力较差，热继电器的整定电流可取电动机额定电流的 $\frac{3}{5}$~$\frac{4}{5}$。

d. 当热继电器所保护的电动机绕组是 Y 接法时，可选用两相结构或三相结构的热继电器；当电动机绕组是△接法时，必须采用三相结构带端相保护的热继电器。

3. 热继电器的常见故障及处理方法

热继电器的常见故障及处理方法见表 1-15。

表 1-15 热继电器的常见故障及处理方法

故 障 现 象	故 障 分 析	处 理 方 法
热元件烧断	负载侧短路，电流过大	排除故障、更换热继电器
	操作频率过高	更换合适的热继电器

续表

故障现象	故障分析	处理方法
热继电器不动作	热继电器的额定电流值选用不合适	按保护容量合理选用
	整定值偏大	合理调整整定值
	动作触点接触不良	消除触点接触不良因素
	热元件烧断或脱焊	更换热继电器
	动作机构卡阻	消除卡阻因素
	导板脱出	重新放入并调试
热继电器动作不稳定，时快时慢	热继电器内部机构某些部件松动	将这些部件加以紧固
	在检查中弯折了双金属片	用两倍电流预试几次或将双金属片拆下来热处理以除去内应力
	通电电流波动太大或接线螺钉松动	检查电源电压或拧紧接线螺钉
热继电器动作太快	整定值偏小	合理调整整定值
	电动机启动时间过长	按启动时间要求，选择具有合适的可返回时间的热继电器
	连接导线太细	选用标准导线
	操作频率过高	更换合适的型号
	使用场合有强烈冲击和振动	采取防振动措施
	可逆转频繁	改用其他保护方式
	安装热继电器与电动机环境温差太大	按两处温差情况配置适当的热继电器
主电路不通	热元件烧断	更换热元件或热继电器
	接线螺钉松动或脱落	紧固接线螺钉
控制电路不通	触点烧坏或动触点片弹性消失	更换触点或弹簧
	可调整式旋钮到不合适的位置	调整旋钮或螺钉
	热继电器动作后未复位	按动复位按钮

4. 热继电器使用注意事项

a. 必须按照产品说明书中规定的方式安装，安装处的环境温度应与所处环境温度基本相同。当与其他电器安装在一起时，应注意将热继电器安装在其他电器的下方，以免其动作特性受到其他电器发热的影响。

b. 热继电器安装时，应清除触点表面尘污，以免因接触电阻过大或电路不通而影响热继电器的动作性能。

c. 热继电器出线端的连接导线应符合标准。导线过细，轴向导热性差，热继电器可能提前动作；反之，导线过粗，轴向导热快，继电器可能滞后动作。

d. 使用中的热继电器应定期通电校验。

e. 热继电器在使用中应定期用布擦净尘埃和污垢，若发现双金属片上有锈斑，应用清洁棉布蘸汽油轻轻擦除，切忌用砂纸打磨。

f. 热继电器在出厂时均调整为手动复位方式，如果需要自动复位，只要将复位螺钉顺时针方向旋转 3~4 圈，并稍微拧紧即可。

七、 时间继电器

1. 时间继电器外形及结构

时间继电器是一种按时间原则进行控制的继电器。从得到输入信号（线圈的通电或断电）起，需经过一段时间的延时后才输出信号（触点的闭合或分断）。它广泛用于需要按时间顺序进行控制的电气控制线路中。时间继电器有电磁式、电动式、空气阻尼式和晶体管式等，目前电力拖动线路中应用较多的是空气阻尼式时间继电器和晶体管式时间继电器，它们的外形结构及特点见表1-16。

表 1-16　常见时间继电器外形结构及特点

名　　称	空气阻尼式时间继电器	晶体管式时间继电器
结构图	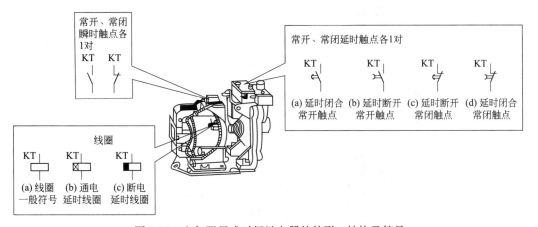	
特点	延时范围较大，不受电压和频率波动的影响，可以做成通电和断电两种延时形式，结构简单、寿命长、价格低；但延时误差较大，难以精确地整定延时值，且延时值易受周围环境温度、尘埃等影响，主要用于延时精度要求不高的场合	机械结构简单、延时范围广、精度高、消耗功率小，调整方便及寿命长；适用于延时精度较高、控制回路相互协调需要无触点输出的场合

空气阻尼式时间继电器是交流电路中应用较广泛的一种时间继电器，主要由电磁系统、触点系统、空气室、传动机构、基座组成，其外形、结构及符号如图1-39所示。

图 1-39　空气阻尼式时间继电器的外形、结构及符号

2. 时间继电器的选用原则

时间继电器选用时，需考虑的因素主要如下。

a. 根据系统的延时范围和精度选择时间继电器的类型和系列。在延时精度要求不高的场合，一般可选用价格较低的空气阻尼式时间继电器（JS7-A系列）；反之，对精度要求较高的场合，可选用晶体管式时间继电器。

b. 根据控制线路的要求选择时间继电器的延时方式（通电延时和断电延时）；同时，还必须考虑线路对瞬间动作触点的要求。

c. 根据控制线路电压选择时间继电器吸引线圈的电压。

3. 时间继电器（JS7-A系列）的常见故障及处理方法

时间继电器（JS7-A系列）的常见故障及处理方法见表1-17。

表1-17　时间继电器（JS7-A系列）的常见故障及处理方法

故 障 现 象	故 障 分 析	处 理 方 法
延时触点不动作	电磁线圈断线	更换线圈
	电源电压过低	调高电源电压
	传动机构卡住或损坏	排除卡住故障，更换部件
延时时间缩短	气室装配不严、漏气	修理或更换气室
	橡皮膜损坏	更换橡皮膜
延时时间变长	气室内有灰尘，使气道阻塞	消除气室内灰尘，使气道畅通

4. 时间继电器使用注意事项

a. 时间继电器应按说明书规定的方向安装。

b. 时间继电器的整定值，应预先在不通电时整定好，并在试车时找正。

c. 时间继电器金属地板上的接地螺钉必须与接地线可靠连接。

d. 通电延时型和断电延时型可在整定时间内自行调换。

e. 使用时，应经常清除灰尘及油污，否则延时误差将更大。

八、 按钮

1. 按钮的用途

按钮是一种用来短时间接通或断开小电流电路的手动主令电器。由于按钮的触点允许通过的电流较小，一般不超过5A，因此一般情况下，不作直接控制主电路的通断，而是在控制电路中发出指令或信号去控制接触器、继电器等电器，再由它们去控制主电路的通断、功能转换或电气联锁。常见的按钮如图1-40所示。图1-41所示为按钮实物。

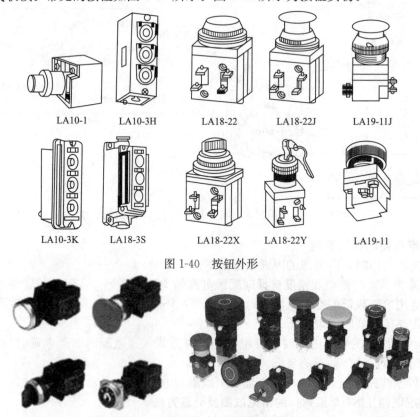

LA10-1　　LA10-3H　　LA18-22　　LA18-22J　　LA19-11J

LA10-3K　　LA18-3S　　LA18-22X　　LA18-22Y　　LA19-11

图1-40　按钮外形

图1-41　按钮实物

2. 按钮的分类

按钮由按钮帽、复位弹簧、桥式触点和外壳等组成。通常被做成复合触点，即具有动触点和静触点。根据使用要求、安装形式、操作方式不同，按钮的种类很多。根据触点结构不同，按钮可分为停止按钮（常闭按钮）、启动按钮（常开按钮）及复合按钮（常闭、常开组合为一组按钮），它们的结构与符号见表 1-18。

表 1-18　按钮的结构与符号

名　称	停止按钮（常闭按钮）	启动按钮（常开按钮）	复合按钮
结构	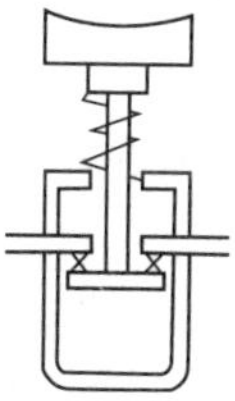	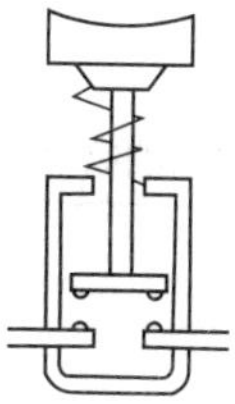	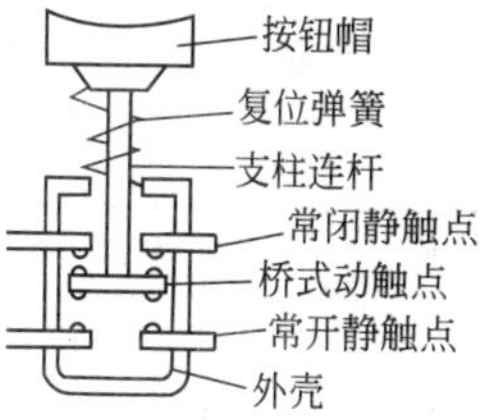 按钮帽 复位弹簧 支柱连杆 常闭静触点 桥式动触点 常开静触点 外壳
符号	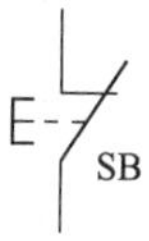 E-⅄ SB	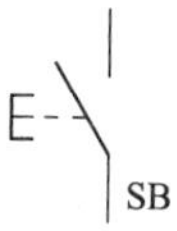 E-⅃ SB	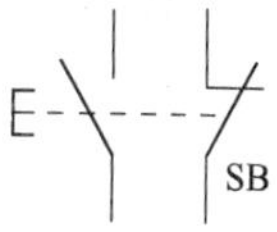 E-⅄⅃ SB

3. 按钮的常见故障及处理方法

按钮的常见故障及处理方法见表 1-19。

表 1-19　按钮的常见故障及处理方法

故障现象	故障分析	处理方法
触点接触不良	触点烧损	修正触点和更换产品
	触点表面有尘垢	清洁触点表面
	触点弹簧失效	重绕弹簧和更换产品
触点间短路	塑料受热变形，导线接线螺钉相碰短路	更换产品，并查明发热原因，如灯泡发热所致，可降低电压
	杂物和油污在触点间形成通路	清洁按钮内部

4. 按钮的选用原则

选用按钮时，主要考虑：

a. 根据使用场合选择控制按钮的种类。

b. 根据用途选择合适的形式。

c. 根据控制回路的需要确定按钮数量。

d. 按工作状态指示和工作情况要求选择按钮和指示灯的颜色。

5. 按钮使用注意事项

a. 按钮安装在面板上时，应布置整齐，排列合理，如根据电动机启动的先后顺序，从上到下或从左到右排列。

b. 同一机床运动部件有几种不同的工作状态时（如上、下、前、后、松、紧等），应使每一对相反状态的按钮安装在一组。

c. 按钮的安装应牢固，安装按钮的金属板或金属按钮盒必须可靠接地。

d. 由于按钮的触点间距较小，如有油污等极易发生短路故障，因此应注意保持触点间的清洁。

九、行程开关

1. 行程开关的用途

行程开关也称位置开关或限位开关。它的作用与按钮相同，特点是触点的动作不靠手动，而是利用机械运动部件的碰撞使触点动作来实现接通或断开控制电路。它是将机械位移转变为电信号来控制机械运动的，主要用于控制机械的运动方向、行程大小和位置保护。

行程开关主要由操作机构、触点系统和外壳 3 部分构成。行程开关种类很多，一般按其机构不同分为直动式、转动式和微动式。常见的行程开关的外形、结构与符号见表 1-20。行程开关实物如图 1-42 所示。

表 1-20　常见的行程开关的外形、结构与符号

名称	直动式	单轮旋转式	双轮旋转式
外形			
结构	推杆　弯形片状弹簧　常开触点　常闭触点　恢复弹簧		
符号	常开触点	常闭触点	复合触点
	SQ	SQ	SQ

图 1-42　行程开关实物

2. 行程开关的选用原则

行程开关选用时，主要考虑动作要求、安装位置及触点数量，具体如下。

a. 根据使用场合及控制对象选择种类。

b. 根据安装环境选择防护形式。

c. 根据控制回路的额定电压和额定电流选择系列。

d. 根据行程开关的传力与位移关系选择合理的操作触点形式。

3. 行程开关的常见故障及处理方法

行程开关的常见故障及处理方法见表1-21。

表1-21 行程开关的常见故障及处理方法

故 障 现 象	故 障 分 析	处 理 方 法
挡铁碰撞位置开关后，触点不动作	安装位置不准确	调整安装位置
	触点接触不良或接线松脱	清理触点或紧固接线
	触点弹簧失效	更换弹簧
杠杆已经偏转，或无外界机械力作用，但触点不复位	复位弹簧失效	更换弹簧
	内部撞块卡阻	清扫内部杂物
	调节螺钉太长，顶住开关按钮	检查调节螺钉

4. 行程开关使用注意事项

a. 行程开关安装时，安装位置要准确，安装要牢固；滚轮的方向不能装反，挡铁与其碰撞的位置应符合控制线路的要求，并确保能可靠地与挡铁碰撞。

b. 行程开关在使用中，要定期检查和保养，除去油垢及粉尘，清理触点，经常检查其动作是否灵活、可靠，及时排除故障。防止因行程开关触点接触不良或接线松脱产生误动作而导致设备和人身安全事故。

第五节　其他电器

一、电磁铁

1. 电磁铁的用途及分类

电磁铁是一种把电磁能转换为机械能的电气元件，被用来远距离控制和操作各种机械装置及液压、气压阀门等。另外它可以作为电器的一个部件，如接触器、继电器的电磁系统。

电磁铁是利用电磁吸力来吸持钢铁零件，操纵、牵引机械装置以完成预期的动作等。电磁铁主要由铁芯、衔铁、线圈和工作机构组成。类型有牵引电磁铁、制动电磁铁、起重电磁铁、电磁离合器等。常见的制动电磁铁与TJ2型闸瓦制动器配合使用，共同组成电磁抱闸制动器，如图1-43所示。

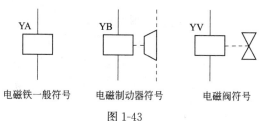

电磁铁一般符号　　　电磁制动器符号　　　电磁阀符号

图1-43

图 1-43　MZDI 型制动电磁铁

电磁感应铁实物如图 1-44 所示。

图 1-44　电磁感应铁实物

电磁铁的分类如下：

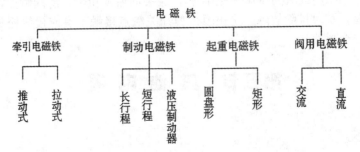

2. 电磁铁的选用原则

电磁铁在选用时应遵循以下原则。

a. 根据机械负载的要求选择电磁铁的种类和结构形式。

b. 根据控制系统电压选择电磁铁线圈电压。

c. 电磁铁的功率应不小于制动功率或牵引功率。

3. 电磁铁的常见故障及处理方法

电磁铁的常见故障及处理方法见表 1-22。

表 1-22　电磁铁的常见故障及处理方法

故障现象	故障分析	处理方法
电磁铁通电后不动作	电磁铁线圈开路或短路	测试线圈阻值，修理线圈
	电磁铁线圈电源电压过低	调电源电压
	主弹簧张力过大	调整主弹簧张力
	杂物卡阻	清除杂物

续表

故 障 现 象	故 障 分 析	处 理 方 法
电磁铁线圈发热	电磁铁线圈短路或触点接触不良	修理或调换线圈
	动、静铁芯未完全吸合	修理或调换电磁铁铁芯
	电磁铁的工作制或容量规格选择不当	调换容量规格或工作制合格的电磁铁
	操作频率太高	降低操作频率
电磁铁工作时有噪声	铁芯上短路环损坏	修理短路环或调换铁芯
	动、静铁芯极面不平或有油污	修整铁芯极面或清除油污
	动、静铁芯歪斜	调整对齐
线圈断电后衔铁不释放	机械部分被卡住	修理机械部分
	剩磁过大	增加非磁性垫片

4. 电磁铁使用注意事项

a. 安装前应清除灰尘和杂物，并检查衔铁有无机械卡阻。

b. 电磁铁要牢固地固定在底座上，并在紧固螺钉下放弹簧垫圈锁紧。

c. 电磁铁应按接线图接线，并接通电源操作数次，检查衔铁动作是否正常以及有无噪声。

d. 定期检查衔铁行程的大小，该行程在运行过程中由于制动面的磨损而增大。当衔铁行程达到正常值时，即进行调整，以恢复制动面和转盘间的最小空隙。不让行程增加到正常值以上，因为这样可能引起吸力的显著降低。

e. 检查连接螺钉的旋紧程度，注意可动部分的机械磨损。

二、 凸轮控制器

1. 凸轮控制器的用途

凸轮控制器是一种利用凸轮来操作动触点动作的控制电器。它主要用于容量小于 30kW 的中小型绕线转子-步进电动机线路中，控制电动机的启动、停止、调速、反转和制动；另外，它广泛地应用于桥式起重等设备。常见的 KTJ1 系列凸轮控制器主要由手柄（手轮）、触点系统、转轴、凸轮和外壳等部分组成，其外形与结构如图 1-45 所示。图 1-46 所示为凸轮控制器实物。

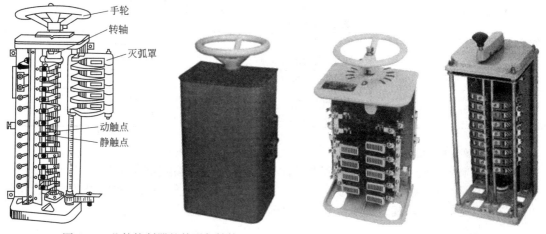

图 1-45 凸轮控制器的外形与结构　　　　图 1-46 凸轮控制器实物

凸轮控制器触点分合情况，通常使用触点分合表来表示。KTJ1-50/1 型凸轮控制器的触点分合表如图 1-47 所示。

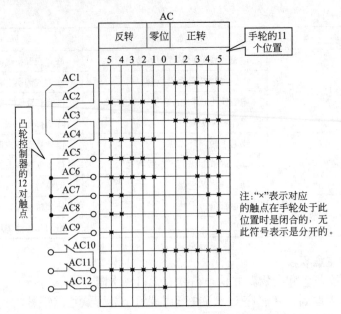

图 1-47 KTJ1-50/1 型凸轮控制器的触点分合表

2. 凸轮控制器的选用原则

凸轮控制器在选用时主要根据所控制电动机的容量、额定电压、额定电流、工作制和控制位置数目等，可查阅相关技术手册。

3. 凸轮控制器的常见故障及处理方法

凸轮控制器的常见故障及处理方法见表 1-23。

表 1-23 凸轮控制器的常见故障及处理方法

故 障 现 象	故 障 分 析	处 理 方 法
主电路中常开主触点间短路	灭弧罩破损	调换灭弧罩
	触点间绝缘损坏	调换凸轮控制器
	手轮转动过快	降低手轮转动速度
触点过热使触点支持件烧焦	触点接触不良	修整触点
	触点压力变小	调整或更换触点压力弹簧
	触点上连接螺钉松动	旋紧螺钉
	触点容量过小	调换凸轮控制器
触点熔焊	触点弹簧脱落或断裂	调换触点弹簧
	触点脱落或磨光	更换触点
操作时有卡轧现象及噪声	滚动轴承损坏	调换轴承
	异物嵌入凸轮鼓或触点	清除异物

4. 凸轮控制器使用注意事项

a. 凸轮控制器在安装前应检查外壳及零件有无损坏，并清除内部灰尘。

b. 安装前应操作控制器手柄不少于 5 次，检查有无卡轧现象。凸轮控制器必须牢固可靠地安装在墙壁或支架上，其金属外壳上的接地螺钉必须与接地线可靠接地。

三、 频敏变阻器

1. 频敏变阻器的用途

频敏变阻器是一种利用铁磁材料的损耗随频率变化来自动改变等效阻值的低压电器，能使电动机达到平滑启动。它主要用于绕线转子回路，作为启动电阻，实现电动机的平稳无级启动。BP 系列频敏变阻器主要由铁芯和绕组两部分组成，其外形、结构与符号如图 1-48 所示。图 1-49 所示为频敏变阻器实物。

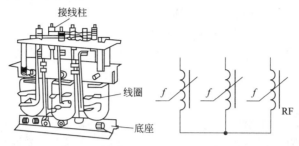

图 1-48　频敏变阻器外形、结构与符号

图 1-49　频敏变阻器实物

常见的频敏变阻器有 BP1、BP2、BP3、BP4 和 BP6 等系列，每一系列有其特定用途，各系列用途见表 1-24。

表 1-24　各系列频敏变阻器选用场合

频 繁 程 度	轻　　载	重　　载
偶尔	BP1、BP2、BP4	BP4G、BP6
频繁	BP3、BP1、BP2	

2. 频敏变阻器的常见故障及处理方法

频敏变阻器常见的故障主要有线圈绝缘电阻降低或绝缘损坏、线圈断路或短路及线圈烧毁等情况，发生故障应及时进行更换。

3. 频敏变阻器使用注意事项

a. 频敏变阻器应牢固地固定在基座上，当基座为铁磁物质时应在中间垫入 10mm 以上的非磁性垫片，以防影响频敏变阻器的特性，同时变阻器还应可靠接地。

b. 连接线应按电动机转子额定电流选用相应截面的电缆线。

c. 试车前，应先测量对地绝缘电阻，如阻值小于 1MΩ，则必须先进行烘干处理后方可使用。

d. 试车时，如发现启动转矩或启动电流过大或过小，应对频敏变阻器进行调整。

e. 使用过程中应定期清除尘垢，并检查线圈的绝缘电阻。

四、 变压器

1. 变压器的分类和用途

变压器一般按用途分类。变压器的用途十分广泛，常见的有下列几类。

（1）电力变压器　供输配电系统中升压或降压用，是变压器的主要品种。

（2）特殊用途变压器　如电炉变压器、电焊变压器、整流变压器、矿用变压器、船用变压器等。

（3）仪用互感器　如电压互感器、电流互感器。

（4）试验变压器　如供电气设备作耐压试验的高压变压器。

（5）控制变压器　用于自动控制系统中的小功率变压器。

变压器的主要用途是：改变交变压电，改变交变电流，变换阻抗及改变相位等。图1-50所示为变压器实物。

图1-50　变压器实物

2. 单相变压器及三相变压器

（1）变压器的基本构造　变压器主要由铁芯和绕组两大部分组成，此外还有其他附件。铁芯构成变压器的磁路，用硅钢片叠成以减小磁阻和铁损。绕组构成变压器的电路，用绝缘导线绕制而成，其中接电源的一侧称为一次绕组，接负载的一侧称为二次绕组。对于油浸式电力变压器，其他附件主要有油箱、油枕、安全气道、气体继电器、分接开关、绝缘套管等，其作用是共同保证变压器安全、可靠运行。油箱中的变压器油用来绝缘、防潮和散热；油枕用来隔绝空气、避免潮气浸入；安全气道用来保护油箱，防止爆裂；气体继电器是变压器的主要保护装置，当变压器内部发生故障时，轻则发出报警信号，重则自动跳闸，避免事故扩大。

（2）变压器的基本工作原理　变压器的基本原理是电磁感应原理。单相变压器空载运行时，一次绕组中通过空载励磁电流 I。在铁芯中激起交变主磁通 Φ，在一、二次绕组中产生感应电动势 E_1、E_2。单相变压器负载运行时，只要一次电压 U_1 一定，则铁芯中主磁通最大值 Φ_M 就基本一定。当二次电流 I_2 增大时，一次电流 I_1 也必然随之增大，以维持 Φ_M 的基本不变，并维持变压器的功率平衡。变压器一次、二次侧的电压与匝数成正比，而电流与匝数成反比：

$$K_u = \frac{U_1}{U_2} = \frac{N_1}{N_2} = \frac{I_1}{I_2}$$

（3）变压器的铭牌数据

① 型号　表示变压器的相数、冷却方式、循环方式、绕组数、导线材质、调压方式、设计序号、额定容量、高压绕组额定电压等级、防护代号等。

② 额定电压　一次电压 U_{N1} 是根据绝缘强度和允许发热条件而规定的正常工作电压值，二次电压 U_{N2} 是当一次电压为 U_{N1} 时二次侧的空载电压值。对于三相变压器，额定电压指线电压。

③ 额定电流　它是根据变压器的允许发热条件而规定的满载电流值。对于三相变压器，额定电流指线电流。

④ 额定容量　它是变压器额定运行时允许传递的最大功率。对于单相变压器，$S_N = U_{N2} I_{N2}$；对于三相变压器，$S_N = \sqrt{3} U_{N2} I_{N2}$。

⑤ 阻抗电压　它是短路电压占一次侧额定电压的百分数，又称短路电压标幺值，即

$U_k^* = \dfrac{U_k}{U_{N1}} \times 100\%$，式中，短路电压 U_k 是当变压器二次侧短路时，使变压器一、二次侧刚好达到额定电流时在一次侧施加的电压值。

⑥ 温升 它是变压器在额定运行时允许超过周围环境温度的数值，它取决于变压器的绝缘等级。设计时一般规定环境温度为 40℃。

3. 电焊变压器

电焊变压器又称交流弧焊机。根据弧焊工艺的要求，电焊变压器空载时要有足够的引弧电压（65～75V）；负载时应具有陡降的外特性；额定负载时电压约为 30V；短路电流不大；焊接电流随时可调。常见的电焊变压器有以下几种。

（1）磁分路动铁式电焊变压器 这种变压器有三个铁芯柱，一个主铁芯柱上绕有一、二次绕组，另一主铁芯柱上绕有电抗绕组，中间为可动铁芯柱，用来改变漏抗。改变二次绕组和电抗绕组的匝数，可以改变空载电压（这是粗调），空载电压升高则焊接电流增大。改变动铁芯位置（这是细调），动铁芯移入，漏抗增大，外特性变陡，焊接电流减小。

（2）动圈式电焊变压器 这种变压器的一次绕组分为两部分，固定在铁芯柱的底部；二次绕组也分为两部分，可沿铁芯柱上下移动。改变一、二次绕组的连接方式，可以改变空载电压，这是粗调。改变二次绕组的位置，这是细调。一次、二次绕组间距离增大，则漏抗增大，焊接电流减小。

4. 互感器

（1）电压互感器 电压互感器将高电压变为低电压以便于进行测量。其特点是：

a. 一次绕组匝数多、线径小，使用时并联在被测电路中。二次绕组匝数少，二次电压规定为 100V，使用时接高内阻电压表或其他仪表的电压线圈，相当于空载状态。

b. 铁芯采用优质硅钢片叠成，工作时空载电流很小。

c. 使用时二次侧绝对不允许短路，否则将烧坏互感器。

d. 铁芯及二次绕组一端应可靠接地，以防止二次侧出现高压，危及设备及人员安全。

（2）电流互感器 电流互感器将大电流变为小电流以便于测量。其特点是：

a. 一次绕组匝数少、线径大，使用时串联在被测电路中。二次绕组匝数多、线径小，二次电流规定为 5A，使用时接电流表或其他仪表的电流线圈，相当于短路状态。

b. 电流互感器一次电流由被测电路决定，与互感器二次电路无关。

c. 使用时二次侧绝对不允许开路，否则将造成铁芯过热，二次侧产生高压，危及人身及设备安全。

d. 铁芯及二次绕组一端必须可靠接地，以防止二次侧出现高压危及人身及设备安全。

图 1-51 所示为互感器实物。

图 1-51 互感器实物

5. 变压器连接组的含义

变压器的连接组是指变压器高、低压绕组的连接方式及以时钟时序数表示的相对相位移

的通用标号。通常表示为

$$\boxed{A}\ \boxed{B}\ \boxed{C}$$

其中 A 项表示高压绕组的连接方式：D 表示△连接，Y 表示 Y 连接，YN 表示带中线 YN 连接。B 项表示低压绕组的连接方式：d 表示△连接，y 表示 Y 连接，yn 表示带中线 YN 连接。C 项表示低压绕组的电压滞后于高压绕组对应电压的相位角是 30°角的倍数值，即将高压绕组某一线电压相量视为时钟的长针，始终指向 12 点位置，则低压绕组对应线电压视为时钟的短针，指到钟面上的时数，用 0～11 表示 12 种连接组别。国家标准规定三相变压器的五种标准连接组是 Yyn0、Yd11、YNd11、YNy0、Yy0，其中前三种最常用，见表1-25。

表 1-25　三相变压器国家标准连接组别

连 接 图		相 量 图		标　号
高　压	低　压	高　压	低　压	
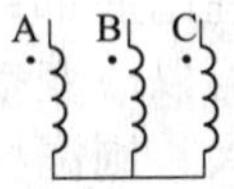	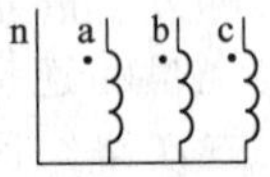	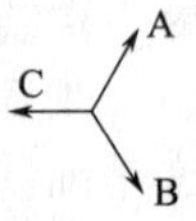	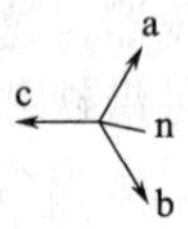	Yyn
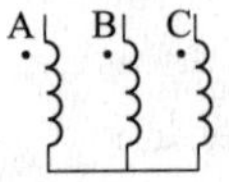	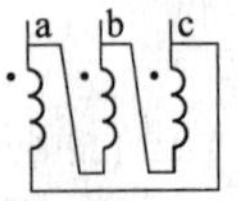	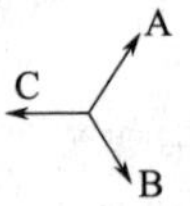	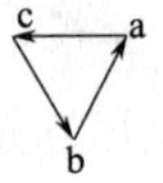	Yd
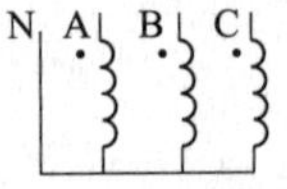	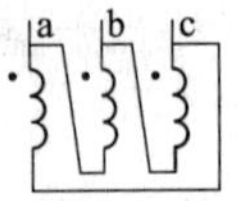	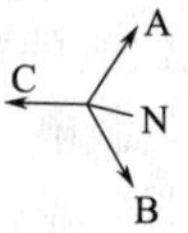	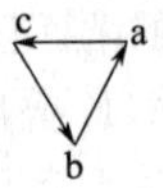	YNd
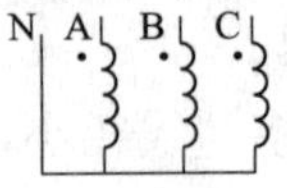	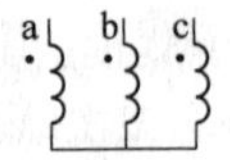	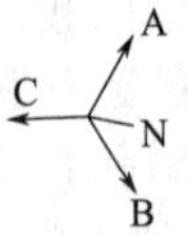	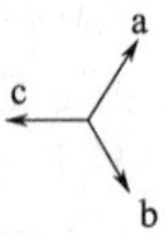	YNy
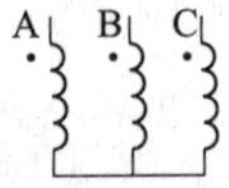	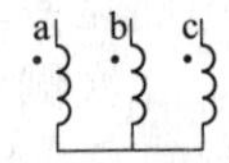	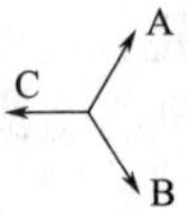	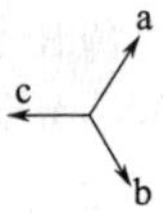	Yy

6. 变压器的并联

（1）变压器并联运行的优越性　变压器并联运行有利于逐步增加用电负荷、合理分配负荷，从而降低损耗、提高运行效率，延长运行寿命；可改善电压调整率，提高电能的质量；有利于变压器的检修，提高供电的可靠性。

（2）变压器并联运行的条件　相互并联的变压器，其额定电压和变比应相等，连接组别必须相同，阻抗电压应相等。

7. 变压器的维护检修及耐压试验

（1）变压器的维护检查

a. 检查瓷套管是否清洁，有无裂纹与放电痕迹，螺纹有无损坏及其他异常现象。

b. 检查各密封处有无渗油和漏油现象。

c. 检查储油柜油位高度及油色是否正常。

d. 注意变压器运行时的声响是否正常。

e. 检查箱顶油面温度计的温度是否符合规定。

f. 查看防爆管的玻璃膜是否完整。

g. 检查油箱接地是否完好。

h. 检查瓷套管引出排及电缆头接头处有无发热、变色及异状。

i. 查看高低压侧电流、电压是否正常。

j. 定期进行油样化验及观察硅胶是否吸潮变色。在进出变压器室时应及时关门，以防小动物进入变压器室造成事故。

（2）变压器的拆装检修

a. 检修时不要将工具、螺钉、螺母等异物落入变压器内，以防止造成事故。

b. 检修前应将变压器油放掉一部分。盛油容器应清洁干燥并需加盖防尘防潮。应对油进行化验以确定是否能继续使用。若油不够，必须添补同型号合格的新油。

c. 吊铁芯时应尽量使吊钩吊得高些，使钢丝绳的夹角不大于45°，以防油箱盖板变形。

d. 如果仅将铁芯吊起一部分进行检修，应在箱盖与箱壳间垫牢支撑物，以防铁芯突然下落发生事故。

e. 变压器的所有紧固螺钉均需紧固，以防运行时发生异常声响。

f. 检查铁芯到夹件的接地铜皮是否有效可靠；用1000V兆欧表检查铁轭夹件穿心螺钉绝缘电阻值应不低于2MΩ；检查铁芯底部平衡垫铁绝缘衬垫是否完整，有无松动现象；铁芯硅钢片是否有过热现象；各部分螺母有无松动现象。

g. 检查绕组绝缘老化程度：

一级——很好状态，绝缘富有弹性，软且韧，用手按压时不会留下变形的痕迹。

二级——合格状态，绝缘较坚硬，颜色较深，用手按压时不裂缝、不变形。

三级——不十分可靠的状态，绝缘已坚硬并脆弱，颜色很深，用手按压时产生细小的裂纹或变形。若其他试验均能通过，可在小修期限内短期运行，但应特别注意防止过负荷和短路事故等。

四级——不合格状态，绝缘很坚硬，用手按压时有脱落现象或裂纹很深，绝缘炭化，断裂脱落，必须大修。

h. 检查分接开关，看旋转是否灵活、零部件是否完整，有无松动现象；动、静触点吻合与指示位置是否一致，触点有否灼伤或因严重过热而变色；接线处螺母有无松动现象等。

i. 器身在相对湿度为75%以下的空气中储留时间不宜超过24h，如果器身的温度比空气温度高出3~5℃，储留时间可适当延长。

（3）变压器的耐压试验 耐压试验的目的是检查绕组对地绝缘和绕组之间的绝缘。如果绕组和引线对油箱壁或铁轭之间装置不适当或绕组之间绝缘受潮损坏或者夹入异物等，都可能在试验中发生局部放电或绝缘击穿。

变压器电压等级为0.3kV、3kV、6kV、10kV时，耐压试验电压为2kV、15kV、21kV、30kV。试验电压持续时间为1min。

a. 试验高压绕组时，将高压的各相线端连在一起接到试验变压器上，低压的各相线端也连在一起，并和油箱一起接地。当试验低压绕组时，接线方法互换。

b. 先将试验电压升到额定试验电压的40%，再以均匀、缓慢的速度升压到额定试验电压。若发现电流急剧增大，是为击穿前兆，应立即降压到零，停止试验。

c. 电压升至额定试验电压后，应保持1min，然后再均匀降低，大约在5s内降至25%或更小，再切断电源。切不可不经降压而切断电源，否则容易烧坏操作试验设备。高压侧试验完应放电后方可触及。

d. 试验电源频率为50Hz，并应保持电源电压稳定。被试变压器、试验变压器及仪表装置、操作设备都应可靠接地，以确保安全。

第二章

电动机及故障维修

第一节　直流电动机

将机械能转换为直流电能的电机称为直流发电机，将直流电能转换机械能的电机称为直流电动机。直流电机具有可逆性。如果将直流发电机接上直流电源就可以成为电动机。反之将直流电动机用原动机带动旋转，亦可以作为发电机使用。因此，直流电动机和直流发电机的结构相同。

一、用途与分类

1. 用途

直流电动机在切削机床、轧钢、运输等领域都得到普遍使用。直流电动机具有优良的调速特性，调速平滑、方便，调速范围广；过载能力大，能承受频繁的冲击负载；可实现频繁的无级调速、启动、制动和反转；能满足生产过程自动化系统各种不同的特殊运行要求等特点。直流发电机可作为各种直流电源，如直流电动机的电源、同步电机的励磁机、化学工业方面作电解电镀的低压大电流直流电源。虽然晶闸管电源因其在技术和经济上显著优点而在许多领域中逐渐取代直流发电机，但是直流电动机在机床电气控制中仍有一定的重要性。

直流电动机也有结构复杂、有色金属消耗较多、运行中维修比较麻烦、制造成本比交流电动机高等不足之处，因此直流电动机的使用受到了一定的限制。直流电动机和直流发电机的特性和用途见表2-1。

表 2-1　直流电动机和直流发电机的特性及用途

励磁方式	电压变化率	特　性	用　途
永磁	1%～10%	输出端电压与转子转速呈线性关系	用作测速发电机
他励	5%～10%	输出端电压随负载电流增加而降低，能调节励磁电流，使输出端电压有较大幅度的变化	常用于电动机-发电机-电动机系统中，实现直流电动机的恒转矩宽广调速

续表

励磁方式	电压变化率		特 性	用 途
并励	20%～40%		输出端电压随负载电流增加而降低，降低的幅度较他励时为大，其外特性稍软	充电、电镀、电解、冶金等用直流电源
复励	积复励	不超过6%	输出端电压在负载变化时，变化较小，电压弯化率由复励和谐，即串并联的安距比决定	直流电源或用柴油机带动的独立电源等
	差复励	较大	输出端电压随负载电流增加而迅速下降，甚至降为零	如用于自动舵控制系统中作为执行直流电动机的电源
串励			有负载时，发电机才能输出端电压；输出的电压随负载电流增加而上升	用作升压机

直流电动机从实际冷却状态下开始运转，到绕组为工作温度时，由于温度变化引起了磁通变化和电枢电阻压降的变化，因此产生直流电动机的转速变化，一般为15%～20%。而永磁直流电动机的磁通与温度无关，仅电枢电阻压降随温度变化，所以由于温度变化而产生的转速变化为1%～20%。

稳定并励直流电动机的主极励磁绕组由并励绕组和稳定绕组组成。稳定绕组实质上是少量匝数的串励绕组。在并励或他励电动机中采用稳定绕组的目的，在于使转速不致随负载增加而上升，而是略为降低。

特别说明：复励中串励绕组和并励绕组的极性同向的，称为积复励；极性相反的，称为差复励。通常所称复励直流电机是指积复励。在复励直流发电机中，串励绕组使其空载电压和额定电压相等，称为平复励；使其空载电压低于额定电压的，称为复励；使其空载电压高于额定电压的，称为欠复励。根据串励绕组在电机接线中连接情况，复励直流电机接线有短复励和长复励之分。

2. 分类

按用途分为直流发电机、直流电动机；按励磁方式分为他励式、自励式；在自励电机中，按励磁绕组接入方式分为并励式、串励式、复励式（积复励、差复励）；按防护结构形式分为开启式、防滴式、全封闭式、封闭防水式。

3. 直流电动机的工作原理

直流电动机接上电源以后，电枢绕组中便有电流通过，应用左手定则可知，电动机转子将受力而逆时针方向旋转，如图2-1所示。由于换向器的作用，使N极和S极下面导体中的电流始终保持一定的方向，因而转子便按逆时针方向不停地旋转。

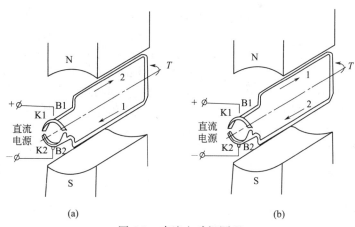

(a)　　　　　　　　　　　　　　(b)

图2-1　直流电动机原理

二、 直流电动机常见故障及检查

1. 电刷下火花过大

直流电动机故障多数是从换向火花的增大反映出来。换向火花有 1、$1\frac{1}{4}$、$1\frac{1}{2}$、2、3 五级。微弱的火花对电动机运行并无危害。如果火花范围扩大或程度加剧，就会灼伤换向器及电刷，甚至使电动机不能运行。火花等级及电动机运行情况见表 2-2。

表 2-2　电刷下火花等级

火花等级	程　　度	换向器及电刷的状态	允许运行方式
1	无火花		
$1\frac{1}{4}$	电刷边缘仅小部分有弱的点状火花或有非放电性的红色小火花	换向器上没有黑痕，电刷上没有灼痕	允许长期连续运行
$1\frac{1}{2}$	电刷边缘大部分或全部有轻弱的火花	换向器上有黑痕出现，但不发展，用汽油即能擦除，同时在电刷上有轻微的灼痕	
2	电刷边缘大部分或全部有较强烈的火花	换向器上有黑痕出现，用汽油不能擦除，同时电刷上有灼痕（如短时出现这一级火花，换向器上不会出现灼痕，电刷不致被烧焦或损坏）	仅在短时过载或短时冲击负载时允许出现
3	电刷的整个边缘有强烈的火花，有时有大火花飞出（即环火）	换向器上黑痕相当严重，用汽油不能擦除，同时电刷上灼痕（如在这一级火花等级下短时运行，则换向器上将出现灼痕，同时电刷将被烧焦）	仅在直接启动或逆转瞬间允许存在，但不得损坏换向器

2. 产生火花的原因及检查方法

（1）电动机过载造成火花过大　可测电动机电流是否超过额定值。如电流过大，说明电动机过载。

（2）电刷与换向器接触不良　换向器表面太脏；弹簧压力不合适，可用弹簧秤或凭经验调节弹簧压力；在更换电刷时，错换了其他型号的电刷；电刷或刷握间隙配合太紧或太松，配合太紧可用砂布研磨，配合太松需更换电刷；接触面太小或电刷方向放反了，接触面太小主要是由在更换电刷时研磨方法不当造成的。正确的方法是，用 N320 号细砂布压在电刷与换向器之间（带砂的一面对着电刷，紧贴在换向器表面上，不能将砂布拉直），砂布顺着电动机工作方向移动，如图 2-2 所示。

（3）刷握松动　刷握松动，电刷排列不成直线，电刷位置偏差越大，火花越大。

（4）电枢振动造成火花过大　电枢与各磁极间的间隙不均匀，造成电枢绕组各支路内电压不同，其内部产生的电流使电刷产生火花；轴承磨损造成电枢与磁极上部间隙过大，下部间隙小；联轴器轴线不正确；用传送带传动的电动机，传送带过紧。

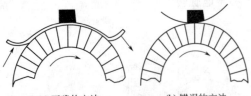

(a) 正确的方法　　(b) 错误的方法

图 2-2　磨电刷的方法

（5）换向片间短路　电刷粉末、换向器铜粉充满换向器的沟槽中；换向片间云母腐蚀；修换向器时形成的毛刷没有及时消除。

（6）电刷位置不在中性点上　修理过程中电刷位置移动不当或刷架固定螺栓松动，造成电刷下火花过大。

（7）换向极绕组接反　判断的方法是：取出电枢，定子通以低压直电流。用小磁针试验换向极极性。顺着电机旋转方向，发电机为 n—N—s—S，电动机为 n—S—s—N（其中大写字母为主磁极极性,小写字母为换向极极性)。

(8)换向极磁场太强或太弱 换向极磁场太强会出现以下现象:绿色针状火花,火花的位置在电刷与换向器的滑入端,换向器表面对称灼伤。对于发电机,可将电刷逆着旋转方向移动一个适当角度;对于电动机,可将电刷顺着旋转方向移动一个适当的角度。

换向极磁场太弱会出现以下现象:火花位置在电刷和换向器的滑出端。对于发电机,需将电刷顺着旋转方向移动一个适当角度;对于电动机,则需将电刷逆着旋转方向移动一个适当角度。

(9)换向器偏心 除制造原因外,主要是修理方法不当造成的。换向器片间云母凸出;对换向器槽挖削时,边缘云母片未能清除干净,待换向片磨损后,云母片便凸出,造成跳火。

(10)电枢绕组与换向器脱焊 用万用表(或电桥)逐一测量相邻两片的电阻,如测到某两片间的电阻大于其他任意两片的电阻,说明这两片间的绕组已经脱焊或断线。

3. 换向器的检修

换向器的片间短路与接地故障,一般是由于片间绝缘或对地绝缘损坏,且其间有金属屑或电刷炭粉等导电物质填充所造成的。

(1)故障检查方法 用检查电枢绕组短路与接地故障的方法,可查出故障位置。为分清故障部位是在绕组内还是在换向器上,要把换向片与绕组相连接的线头焊开,然后用校验灯检查换向片是否有片间短路或接地故障。检查中,要注意观察冒烟、发热、焦味、跳火及火花的伤痕等故障现象,以分析、寻找故障部位。

(2)修理方法 找出故障的具体部位后,用金属器具刮除造成故障的导电物体,然后用云母粉加胶合剂或松脂等填充绝缘的损伤部位,恢复其绝缘。若短路或接地的故障点存在于换向器的内部,必须拆开换向器,对损坏的绝缘进行更换处理。

4. 电刷的调整方法

(1)直接调整法 首先松开固定刷架的螺栓,戴上绝缘手套,用两手推紧刷架座,然后开车,用手慢慢逆电机旋转的方向转动刷架。如火花增加或不变,可改变方向旋转,直到火花最小为止。

(2)感应法

如图 2-3 所示,当电枢静止时,将毫伏表接到相邻的两组电刷上(电刷与换向器的接触要良好),励磁绕组通过开关 S 接到 1.5~3V 的直流电源上,交替接通和断开励磁绕组的电路。毫伏表指针会左右摆动。这时,将电动机刷架顺电动机旋转方向或逆时针方向移动,直至毫伏表指针基本不动时,电刷位置即在中性点位置。

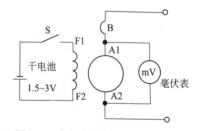

图 2-3 感应法确定电刷中性点位置

(3)正反转电动机法 对于允许逆转的直流电动机,先使电动机顺转,后逆转,随时调整电刷位置,直到正反转转速一致时,电刷所在的位置就是中性点的位置。

5. 发电机不发电、电压低及电压不稳定

a. 对自励发电机来说,造成不发电的原因之一是剩磁消失。这种故障一般出现在新安装或经过检修的发动机上。如没有剩磁,可进行充磁。其方法是:待发电机转起来以后,用12V 左右的干电池(或蓄电池),负极对主磁极的负极、正极对主磁极的正极进行接触,观察接在发电机输出端的电压表。如果电压开始建立,即可撤除。

b. 励磁绕组接反。

c. 电枢绕组匝间短路。其原因有绕组间短路、换向片间或升高片间有焊锡等金属短接。电枢短路的故障可以用短路探测器检查。对于没有发现绕组烧毁又没有拆开的发电机,可用毫伏表校验换向片间电压的方法检查。检查前,必须首先分清此电枢绕组是叠绕形式,还是波绕形式。因采用叠绕组的发电机每对用线连接的电刷间有两个并联支路;而采用波绕组的发电机每对用线连接的电刷间最多有一个绕组元件。实际区分时，将电刷连线拆开，用电桥测量其电阻值，如原连的两组电刷间电阻值小，而正负电刷间的阻值较大，可认为是波绕组；如四组电刷间的电阻基本相等，可认为是叠绕组。

在分清绕组形式后，可将低压直流电源接到正负两对电刷上，毫伏表接到相邻两换向片上，依次检查片间电压。中、小电机常用图 2-4(a) 所示的检查方法，大型电机常用图 2-4(b) 所示的检查方法。在正常情况下，测得电枢绕组各换向片间的压降应该相等，或其中最小值和最大值与平均值的偏差不大于±5%。

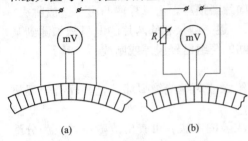

(a)　　　　(b)

图 2-4 用测量换向片间压降的
方法检查短路、断路和开焊

如电压值是周期变化的，则表示绕组良好；如读数突然变小，则表示该片间的绕组元件局部短路。若毫伏表的读数突然为零，则表明换向片短路或绕组全部短路。若片间电压突然升高，则可能是绕组断路或脱焊。

对于 4 极的波绕组，因绕组经过串联的两个绕组元件后才回到相邻的换向片上，如果其中一个元件发生短路，那么表笔接触相邻的换向片上，毫伏表所指示的电压会下降，但无法辨别出两个元件中哪个损坏。因此，还需把毫伏表跨接到相当于一个换向节距的两个换向片上，才能指示出故障的元件。检查短路的波绕组方法如图 2-5 所示。

d. 励磁绕组或控制电路断路。

e. 电刷不在中性点位置或电刷与换向器接触不良。

f. 转速不正常。

g. 旋转方向错误（指自励发电机）。

h. 串励绕组接反。故障表现为发电机接负载后，负载越大电压越低。

6. 电动机不能启动

a. 电动机无电源或电源电压过低。

b. 电动机启动后有"嗡嗡"声而不转。其原因是过载，处理方法与交流异步电动机相同。

c. 电动机空载仍不能启动。可在电枢电路中串上电流表测量电流。如电流小，可能是电路电阻过大、电刷与换向器接触不良或电刷卡住；如电流过大（超过额定电流），可能是电枢严重短路或励磁电路断路。

7. 电动机转速不正常

（1）转速高　原因是串励电动机空载启动、积复励电动机串励绕组接反、磁极绕组断线（指两路并励的绕组）和磁极绕组电阻过大。

（2）转速低　原因是电刷不在中性线上、电枢绕组短路或接地。电枢绕组接地可用校验灯检查，其方法如图 2-6 所示。

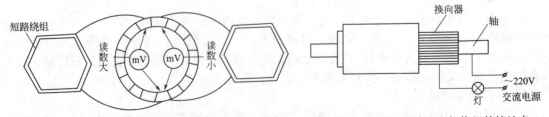

图 2-5　检查短路的波绕组　　　　图 2-6　用校验灯检查电枢绕组的接地点

8. 电枢绕组过热或烧毁

a. 长期过载，换向磁极或电枢绕组短路。

b. 直流发电机负载短路造成电流过大。

c. 电压过低。

d. 电机正反转过于频繁。

e. 定子与转子相摩擦。

9. 磁极绕组过热

a. 并励绕组部分短路：可用电桥测量每个绕组的电阻，是否与标准值相符或接近，电阻值相差很大的绕组应拆下重绕。

b. 发电机气隙太大：查看励磁电流是否过大，拆开发电机，调整气隙（即垫入铁皮）。

c. 复励发电机负载时，电压不足，调整电压后励磁电流过大；该发电机串励绕组极性接反；串励绕组应重新接线。

d. 发电机转速太低。

10. 电枢振动

a. 电枢平衡未校正好。

b. 检修时，风叶装错位置或平衡块移动。

11. 直流电机的常见故障及处理方法

表 2-3 列出了直流电机的常见故障及处理方法。

表 2-3　直流电机的常见故障及处理方法

故障现象	可 能 原 因	处 理 方 法
电刷下火花过大	(1) 电刷与换向器接触不良 (2) 刷握松动或装置不正 (3) 电刷与刷握配合太紧 (4) 电刷压力大小不当或不均 (5) 换向器表面不光洁、不圆或有污垢 (6) 换向片间云母凸出 (7) 电刷位置不在中性线上 (8) 电刷磨损过度或所用牌号及尺寸不符 (9) 过载 (10) 电机底脚松动，发生振动 (11) 换向极绕组短路 (12) 电枢绕组与换向器脱焊 (13) 检修时将换向极绕组接反 (14) 电刷之间的电流分布不均匀 (15) 电刷分布不等分 (16) 转子平衡未校好	(1) 研磨电刷接触面，并在轻载下运转 30～60min (2) 紧固或纠正刷握装置 (3) 略微磨小电刷尺寸 (4) 用弹簧秤校正电刷压力，使其为 12～17kPa (5) 清洁或研磨换向器表面 (6) 换向器刻槽、倒角、再研磨 (7) 调整刷杆座至原有记号之位置或按感应法校得中性线位置 (8) 更换新电刷 (9) 恢复正常负载 (10) 固定底脚螺钉 (11) 检查换向极绕组，修理绝缘损坏处 (12) 用毫伏表检查换向片间电压是否呈周期性出现，如果某两片之间电压特别大，说明该处有脱焊现象，必须进行重焊 (13) 用指南针试验换向极极性，并纠正换向极与主极极性关系，顺电机旋转方向，发电机为 n—N—s—S，电动机为 n—S—s—N（大写字母为主极极性，小写字母为换向极极性） (14) ① 调整刷架等分 　　② 按原牌号及尺寸更换新电刷 (15) 校正电刷等分 (16) 重校转子动平衡
发电机电压不能建立	(1) 剩磁消失 (2) 励磁绕组接反 (3) 旋转方向错误 (4) 励磁绕组断路 (5) 电枢短路 (6) 电刷接触不良 (7) 磁场回路电阻过大	(1) 另用直流电通入并励绕组，产生磁场 (2) 纠正接线 (3) 改变旋转方向　（按箭头所示方向） (4) 检查励磁绕组及磁场变阻器的连接是否松脱或接错，磁场绕组或变阻器内部是否断路 (5) 检查换向器表面及接头片是否有短路处，用毫伏表测试电枢绕组是否短路 (6) 检查刷握弹簧是否松弛或改善接触面 (7) 检查磁场变阻器和励磁绕组电阻大小并检查接触是否良好

故障现象	可 能 原 因	处 理 方 法
发电机电压过低	(1) 并励磁场绕组部分短路 (2) 转速太低 (3) 电刷不在正常位置 (4) 换向片之间有导电体 (5) 换向极绕组接反 (6) 串励磁场绕组接反 (7) 过载	(1) 分别测量每一绕组的电阻，修理或调换电阻特别低的绕组 (2) 提高原动机转速至额定值 (3) 按所刻记号，调整刷杆座位置 (4) 云母片拉槽清除杂物 (5) 用指南针试验换向极极性 (6) 纠正接线 (7) 减少负载
电动机不能启动	(1) 无电源 (2) 过载 (3) 启动电流太小 (4) 电刷接触不良 (5) 励磁回路断路	(1) 检查线路是否完好，启动器连接是否准确，熔丝是否熔断 (2) 减少负载 (3) 检查所用启动器是否合适 (4) 检查刷握弹簧是否松弛或改善接触面 (5) 检查变阻器及磁场绕组是否断路，更换绕组
电动机转速不正常	(1) 电动机转速过高，且有剧烈火花 (2) 电刷不在正常位置 (3) 电枢及磁场绕组短路 (4) 串励电动机轻载或空载运转 (5) 串励磁场绕组接反 (6) 磁场回路电阻过大	(1) 检查磁场绕组与启动器 （或调速器）连接是否良好，是否接错，磁场绕组或调速器内部是否断路 (2) 按所刻记号调整刷杆座位置 (3) 检查是否短路 （磁场绕组需每极分别测量电阻） (4) 增加负载 (5) 纠正接线 (6) 检查磁场变阻器和励磁绕组电阻，并检查接触是否良好
电枢冒烟	(1) 长时间过载 (2) 换向器或电枢短路 (3) 负载短路 (4) 电动机端电压过低 (5) 电动机直接启动或反向运转过于频繁 (6) 定子转子铁芯相擦	(1) 立即恢复正常负载 (2) 用毫伏表检查是否短路，是否有金属屑落入换向器或电枢绕组 (3) 检查线路是否有短路 (4) 恢复电压至正常值 (5) 使用适当的启动器，避免频繁的反复运转 (6) 检查电动机气隙是否均匀，轴承是否磨损
磁场绕组过热	(1) 并励磁场绕组部分短路 (2) 电动机转速太低 (3) 电动机端电压长期超过额定值	(1) 分别测量每一绕组电阻，修理或调换电阻特别低的组 (2) 提高转速至额定值 (3) 恢复端电压至额定值
其他	(1) 机壳漏电 (2) 并励 （带有少量串励稳定绕组）电动机启动时反转，启动后又变为正转 (3) 轴承漏油	(1) ① 电动机绝缘电阻过低，用 500V 兆欧表测绕组对地绝缘电阻如低于 0.5MΩ，应加以烘干 ② 出线头碰壳 ③ 出线板或绕组某处绝缘损坏需修复 ④ 接地装置不良，加以纠正 (2) 串励绕组接反，互换串励绕组两个出线头 (3) ① 润滑脂加得太满（正常约为轴承室 2/3 的空间）或所用润滑脂质地不符要求，需更正 ② 轴承温度过高（轴承如有不正常杂声应取出清洗检查换油；如钢珠或钢圈有裂纹，应予以更换）

12. 直流电机的拆装

拆卸前要进行整机检查，熟悉全机有关的情况，作好有关记录，充分做好施工的准备工作。拆卸步骤如下。

a. 拆除电机的所有接线，同时作好复位标记和记录。

b. 拆除换向器端的端盖螺栓和轴承盖的螺栓，并取下轴承外盖。

c. 打开端盖的通风窗，从各刷握中取出电刷，然后再拆下接在刷杆上的连接线，并作好电刷和连接线的复位标记。

d. 拆卸换向器端的端盖。拆卸时先在端盖与机座的接合处打上复位标记，然后在端盖边缘处垫以木楔，用铁锤沿端盖的边缘均匀地敲打，使端盖止口慢慢地脱开机座及轴承外圈。记好刷架的位置，取下刷架。

e. 用厚牛皮纸或布把换向器包好，以保持清洁，防止碰撞致伤。

f. 拆除轴伸出端的端盖螺钉，将连同端盖的电枢从定子内小心地抽出或吊出。操作过程中要防止擦伤绕组、铁芯和绝缘等。

g. 把连同端盖的电枢放在准备好的木架上，并用厚纸包裹好。

h. 拆除轴伸端的轴承盖螺钉，取下轴承外盖和端盖。轴承只在有损坏时才需取下来更换，一般情况下不要拆卸。

电机的装配步骤按拆卸的相反顺序进行。操作中，各部件应按复位标记和记录进行复位，装配刷架、电刷时，更需细心认真。

第二节　单相异步电动机

一、 单相异步电动机的用途和特点

使用单相交流电源的异步电动机称为单相异步电动机。它在电风扇、洗衣机、电冰箱、吸尘器、空调器以及各种医疗器械和小型机械上得到广泛应用。

从结构上看，单相异步电动机的转子多是采用笼形转子。当定子绕组接通单相电源后，在定子铁芯、转子铁芯和空气隙中产生脉动磁场，由于磁场只是脉动，而不旋转。因此，单相异步电动机没有启动转矩，不能自行启动，必须有启动措施。单相异步电动机常用的启动方法是电容分相式。

二、 电容分相式单相异步电动机

1. 电容分相式单相异步电动机的构造

电容分相式单相异步电动机的定子上有两个在空间相隔 $90°$ 的绕组 A1、A2 和 B1、B2，如图 2-7(a) 所示。B 绕组串联适当的电容器 C 后与 A 绕组并联于单相交流电源上。电容器的作用是使通过它的电流 i_B 超前于 i_A 接近 $90°$，即把单相交流电变为两相交流电，如图2-7(b) 所示。这样的两相交流电分别通过两个在空间相隔 $90°$ 的绕组，也能产生旋转磁场。

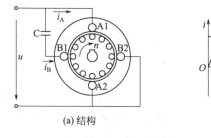

(a) 结构　　　　　　(b) i_A 和 i_B 波形

图 2-7　电容分相式电动机

2. 电容分相式单相异步电动机的转动原理

当定子绕组通入单相交流电时，由于两个绕组在空间相隔 $90°$，便产生了旋转磁场，旋转磁场切割转子导体产生感应电动势和电流，从而形成电磁转矩使笼形转子顺着旋转磁场的方向转动起来。旋转磁场的转向是由两相绕组中电流的相位决定的。由于 i_B 超前于 i_A，所以旋转磁场从绕组 B1 端到绕组 A1 端按顺时针方向旋转。如果把电容器 C 改接在绕组 A 的电路上，使 i_A 超前于 i_B，则旋转磁场将从绕组 A1 端到绕组 B1 端按逆时针方向旋转。所以，当两个绕组相同时，要改变电容分相式电动机的转向，只要调换一个绕组与电容器 C 相串联即可。

第三节 三相异步电动机

电动机是一种将电能转换成机械能并输出机械转矩的动力设备。一般电动机可分为交流电动机和直流电动机两大类。交流电动机可分为同步电动机和异步电动机两种，其中异步电动机按所使用交流电源的相数又可分为三相交流异步电动机和单相交流异步电动机。在三相交流异步电动机中，按转子结构的不同还分为笼型异步电动机和绕线转子异步电动机两种。

一、 三相异步电动机的构造

三相异步电动机由两个基本组成部分：静止部分（即定子）和旋转部分（即转子）。在定子和转子之间有一很小的间隙，称为气隙。图 2-8 所示为三相异步电动机的外形和内部结构。

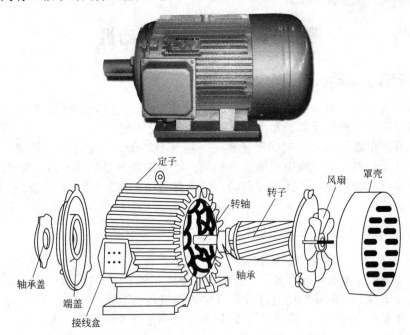

图 2-8 三相异步电动机的外形和内部结构

1. 定子

三相异步电动机的定子由机座、定子铁芯和定子绕组等组成。

（1）机座 机座的主要作用是固定和支撑定子铁芯，所以要求有足够的机械强度和刚度，还要满足通风散热的需要。

（2）定子铁芯 定子铁芯的作用是作为电动机中磁路的一部分和放置定子绕组。为了减少磁场在铁芯中引起的涡流损耗和磁滞损耗，铁芯一般采用导磁性良好的硅钢片叠装压紧而成。硅钢片两面涂有绝缘漆，硅钢片厚度一般在 0.35～0.5mm 之间。

（3）定子绕组 定子绕组是定子的电路部分，其主要作用是接三相电源，产生旋转磁场。三相异步电动机定子绕组由 3 个独立的绕组组成，三个绕组的首端分别用 U1、V1、W1 表示，其对应的末端分别用 U2、V2、W2 表示，6 个端点都从机座上的接线盒中引出。

2. 转子

三相异步电动机的转子主要由转子铁芯、转子绕组和转轴组成。

（1）转子铁芯 转子铁芯也是作为主磁路的一部分，通常由 0.5mm 厚的硅钢片叠装而成。转子铁芯外圆周上有许多均匀分布的槽，槽内安放转子绕组。转子铁芯为圆柱形，固定在转轴或转子支架上。

（2）转子绕组　转子绕组的作用是产生感应电流以形成电磁转矩，它分为笼形转子和绕线式转子两种结构。

① 笼形转子　在转子的外圆上有若干均匀分布的平行斜槽，每个转子槽内插入一根导条，在伸出铁芯的两端，分别用两个短路环将导条的两端连接起来。若去掉铁芯，整个绕组的外形就像一个笼，故称笼形转子。笼形转子的导条的材料可用铜或铝。

② 绕线式转子　它和定子绕组一样，也是一个对称三相绕组，这个三相对称绕组接成星形，然后把三个出线端分别接到转轴上的三个集电环上，再通过电刷把电流引出来，使转子绕组与外电路接通。绕线式转子的特点是可以通过集电环和电刷在转子绕组回路中接入变阻器，用以改善电动机的启动性能或者调节电动机的转速。

3. 气隙

三相异步电动机的气隙很小，中小型电动机一般为 0.2～21mm。气隙的大小与异步电动机的性能有很大的关系。为了降低空载电流、提高功率因数和增强定子与转子之间的相互感应作用，三相异步电动机的气隙应尽量小。然而，气隙也不能过小，不然会造成装配困难和运行不安全。

二、 三相交流异步电动机的工作原理

三相异步电动机是利用定子绕组中三相交流电所产生的旋转磁场与转子绕组内的感应电流相互作用而工作的。

1. 三相交流电的旋转磁场

所谓旋转磁场就是一种极性和大小不变，且以一定转速旋转的磁场。由理论分析和实践证明，在对称的三相绕组中通入对称的三相交流电流时会产生旋转磁场。图 2-9 所示为三相异步电动机最简单的定子绕组，每相绕组只用一匝线圈来表示。三个线圈在空间位置上相隔 120°，作星形连接。

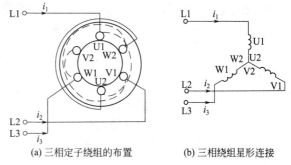

（a）三相定子绕组的布置　　　（b）三相绕组星形连接

图 2-9　三相定子绕组

把定子绕组的三个首端 U1、V1、W1 同三相电源接通，这样，定子绕组中便有对称的三相电流，i_1、i_2、i_3 流过，其波形如图 2-10 所示。规定电流的参考方向由首端 U1、V1、W1 流入，从末端 U2、V2、W2 流出。

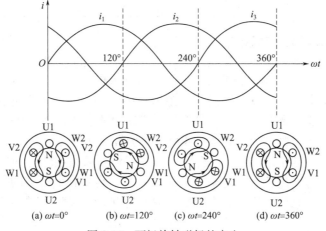

（a）$\omega t=0°$　　（b）$\omega t=120°$　　（c）$\omega t=240°$　　（d）$\omega t=360°$

图 2-10　两极旋转磁场的产生

为了分析对称三相交流电流产生的合成磁场，可以通过研究几个特定的瞬间来分析整个过程。当 $t=0°$ 时，$i_1=0$，第一相绕组（即 U1、U2 绕组）此时无电流；i_2 为负值，第二相绕组

（即 V1、V2 绕组）中实际的电流方向与规定的参考方向相反，也就是说电流从末端 V2 流入，从首端 V1 流出；i_3 为正值，第三相绕组（即 W1、W2 绕组）中实际的电流方向与规定的参考方向一致，也就是说电流是从首端 W1 流入，从末端 W2 流出，如图 2-10（a）所示。运用右手螺旋定则，可确定这一瞬间的合成磁场。从磁力线图像来看，这一合成磁场和一对磁极产生的磁场一样，相当于一个 N 极在上、S 极在下的两极磁场，合成磁场的方向此刻是自上而下。

当 $\omega t = 120°$ 时，i_1 为正值，电流从 U_1 流进，从 U_2 流出；$i_2 = 0$，i_3 为负值，电流从 W2 流进，从 W1 流出。用同样的方法可画出此时的合成磁场，如图 2-10（b）所示。可以看出，合成磁场的方向按顺时针方向旋转了 120°。

当 $\omega t = 240°$ 时，i_1 为负值，i_2 为正值，$i_3 = 0$。此时的合成磁场又顺时针方向旋转了 120°，如图 2-10（c）所示。

当 $\omega t = 360°$ 时，$i_1 = 0$，i_2 为负值，i_3 为正值。此时的合成磁场又顺时针方向旋转了 120°，如图 2-10（d）所示。此时电流流向与 $\omega t = 0°$ 时一样，合成磁场与 $\omega t = 0°$ 相比，共转了 360°。

由此可见，随着定子绕组中三相电流的不断变化，它所产生的合成磁场也不断地向一个方向旋转，当正弦交流电变化一周时，合成磁场在空间也正好旋转一周。

上述电动机的定子每相只有一个线圈，所得到的是两极旋转磁场，相当于一对 N、S 磁极在旋转。如果想得到四极旋转磁场，可以把线圈的数目增加 1 倍，也就是每相由两个线圈串联组成，这两个线圈在空间相隔 180°，这样定子各线圈在空间相隔 60°。当这六个线圈通入三相交流电时，就可以产生具有两对磁极的旋转磁场。

具有 p 对磁极时，旋转磁场的转速为

$$n_1 = \frac{60 f_1}{p}$$

式中　n_1——旋转磁场的转速（又称同步转速），r/min；

　　　f_1——定子电流频率，即电源频率，Hz；

　　　p——旋转磁场的磁极对数。

国产三相异步电动机的定子电流频率都为工频 50Hz，同步转速 n_1 与磁极对数 p 的关系见表 2-4。

表 2-4　同步转速与磁极对数的关系

磁极对数 p	1	2	3	4	5
同步转 n_1/(r/min)	3000	1500	1000	750	600

2. 三相异步电动机的转动原理

三相异步电动机定子的三相绕组接入三相对称交流电源时，即产生旋转磁场，旋转磁场在定、转子之间的气隙里以同步转速 n_1 顺时针方向旋转，如图 2-11 所示。这时旋转磁场与转子间有相对运动，转子导体受到旋转磁场磁力线的切割，相当于磁场静止，而转子导体在逆时针方向旋转，根据电磁感应定律，那么转子导体中就会产生感应电动势。根据右手定则，可以判断出导体中感应电动势的方向如图 2-10 所示。因为三相异步电动机转子绕组自行闭合，已构成回路，那么在转子导体回路中就将产生感应电流 I_2。根据载流导体在磁场中会受到电磁力的作用，用左手定则可以判断出转子导体所受电磁力的方向。这些电磁力对转轴形成电磁转矩 T，电磁转矩方向与旋转磁场的旋转方向一致，转子就会顺着旋转磁场的方向顺时针旋转起来。电磁转矩克服轴上的负载转矩做功，实现机电能量的转换，这就是三相异步电动机的转动原理。

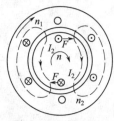

图 2-11　三相异步
电动机的转动原理

三相异步电动机转子转速 n 与旋转磁场的转速 n_1 同方向，但不可能

相等。如果 $n=n_1$，那么转子与旋转磁场之间就没有相对运动，转子导体就不可能切割磁力线，就不存在感应电流、电磁转矩，也就不能实现机电能量的转换。这就是说，三相异步电动机的转子转速总是低于同步转速，即 $n<n_1$。

旋转磁场的同步转速 n_1 与转子转速（电动机转速）之差称为转差。转差与同步转速 n_1 的比值，称为转差率，用 s 表示，即

$$s=\frac{n_1-n}{n_1}\times100\%$$

由以上分析可知，三相异步电动机的转向总是和旋转磁场的旋转方向一致，改变旋转磁场的旋转方向，也就改变了电动机的转向。因此，只需将定子绕组与三相电源连接的三根导线中任意两根对调，即改变定子绕组中电流的相序，就改变了旋转磁场的转向，从而改变了电动机的转向。三相绕组的接法如图 2-12 所示。

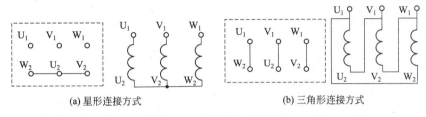

(a) 星形连接方式　　　　　　　　　　(b) 三角形连接方式

图 2-12　三相绕组的接法

3. 三相异步电动机常见故障的判断、检修及检修后的一般试验

（1）三相异步电动机常见故障的判断及检修　三相异步电动机常见故障分为机械故障和电气故障两大类。电气故障包括定子绕组和转子绕组的短路、断路、电刷及启动设备等故障。机械故障包括振动过大、轴承过热、定子与转子相互摩擦及不正常噪声等。三相异步电动机运行中的常见故障及处理方法见表 2-5。

表 2-5　三相异步电动机运行中的常见故障及处理方法

故障现象	可能原因	处理方法
不能启动	（1）电源未接通或缺相启动 （2）控制设备接线错误 （3）熔体及电流继电器整定电流太小 （4）负载过大或传动机械卡死 （5）定、转子绕组断路 （6）定子绕组相间短路 （7）定子绕组接地 （8）定子绕组接线错误 （9）电压过低 （10）绕线转子电动机启动误操作或接线错误	（1）检查电源、开关、熔体、各触点及电动机引出线头有无断路，查出故障点修复 （2）按控制线路图改正接线 （3）根据电动机容量及负载性质正确选择和调整 （4）增大电动机容量或减小负载，检查传动装置排除故障 （5）～（7）重新绕制接线 （8）根据电动机铭牌及电源电压纠正电动机定子绕组接法 （9）检查电网电压，过低时调高，但不能超过额定值。降压启动可改变电压抽头或采用其他降压启动方法 （10）检查集电环、短路装置及启动变阻器位置是否正确。启动时是否串接变阻器
电动机温升超过允许值或冒烟	（1）过载或机械传动卡住 （2）缺相运行 （3）环境温度过高或通风不畅 （4）电压过高或过低和接法错误 （5）定、转子铁芯相擦	（1）选择较大容量电动机或减轻负载 （2）检查熔体、开关、触点等，并排除故障 （3）采取降温措施或减轻负载和清除风道油垢、灰尘及杂物，更换、修复损坏和打滑的风扇 （4）测电动机输入端电压和按铭牌纠正绕组接法 （5）检查轴承有无松动，定、转子装配有无不良情况。若轴承过松可转轴镶套或更换轴承

故障现象	可能原因	处理方法
电动机温升超过允许值或冒烟	(6) 电动机启动频繁 (7) 定子绕组接地或匝间、相间短路 (8) 绕线转子电动机转子绕组接头脱焊或笼形转子断条	(6) 减少启动次数或选择合适类型电动机 (7) 更换绕组 (8) 重新焊接或更换转子条
电动机有异常噪声或振动过大	(1) 机械摩擦或定、转子相擦 (2) 缺相运行 (3) 滚动轴承缺油或损坏 (4) 转子绕组断路 (5) 转轴端弯曲 (6) 转子或带轮不平衡 (7) 带轴孔偏心或联轴器松动 (8) 电动机接线错误 (9) 安装基础不平或松动	(1) 检查电动机转子、风叶等是否与静止部分相擦,如相擦绝缘纸可剪去、风叶碰壳可校正紧固,铁芯相擦可锉去突出的硅钢片 (2) 检查熔体、开关、触点等,并排除故障 (3) 清洗轴承加新润滑脂,添加量不宜超过轴承内容积的70% (4) 重新绕制 (5) 校直或更换转轴。弯曲不严重可车去1～2mm,然后镶套筒 (6) 转子校动平衡,带轮校静平衡 (7) 车正后镶内套筒和紧固联轴器 (8) 纠正接线 (9) 校正水平和紧固
电动机机壳带电	(1) 电源线与接地线接错 (2) 绕组受潮或绝缘损坏 (3) 引出线绝缘损坏或与接线盒相碰和绕组端部碰壳 (4) 接线板损坏或油污太多 (5) 接地不良或接地电阻太大	(1) 纠正接线 (2) 干燥处理或修补绝缘并浸烘干处理 (3) 包扎绝缘带或重新接线,端部整形、加强绝缘,在槽口应衬垫绝缘浸漆 (4) 更换或清理接线板 (5) 检查接地装置,找出原因,并采取相应纠正方法
轴承过热	(1) 轴承损坏 (2) 滚动轴承润滑脂过多、过少、油质过厚或有杂质 (3) 滑动轴承润滑油太少和有杂质或油环卡住 (4) 轴承与轴配合过松或过紧 (5) 轴承与端盖配合过松或过紧 (6) 传送带过紧或联轴器装配不良 (7) 电动机两端端盖或轴承盖装配不良	(1) 更换轴承 (2) 正确添加润滑脂或清洗轴承,加新润滑脂(添加量不宜超过轴承内容积的70%,对高速或重负载的电动机可少一些) (3) 添加和更换润滑油。查明油环卡住原因,修复或更换油环 (4) 过松或将轴喷涂金属或车削后镶套,过紧时重新磨削到标准尺寸 (5) 过松可在端盖内镶套,过紧时重新加工轴承室到标准尺寸 (6) 调整传动张力或校正联轴器传动装置 (7) 将端盖或轴承盖齿口装平,旋紧螺钉
电动机运行时转速低于额定值,同时电流表指针来回摆动	(1) 绕线转子电动机一相电刷接触不良 (2) 绕线转子电动机集电环的短路装置接触不良 (3) 绕线转子电动机转子绕组一相断路 (4) 笼形电动机转子断笼	(1) 调整电刷压力并发送电刷与集电环的接触 (2) 修理或更换短路装置 (3) 更换绕组 (4) 更换转子或修复断笼
绕线转子电动机集电环火花过大	(1) 集电环表面不平和有污垢杂物 (2) 电刷牌号及尺寸不合适 (3) 电刷压力太小 (4) 电刷在刷握内卡住	(1) 用0号砂布磨光集电环并清除污垢,灼痕严重时应重新加工 (2) 更换合适电刷 (3) 调整电刷压力,通常为1.5～2.5N/cm² (4) 磨小电刷

　　(2) 电动机修后的一般性试验　修理后的电动机为保证其检修质量,应作以下的检查和试验。

　　① 修后装配质量检查　轴承盖及端盖螺栓是否拧紧,转子转动是否灵活,轴伸部分是否有明显的偏摆。绕线转子电动机还应检查电刷装配情况是否符合要求。在确认电动机一般情况良好后,才能进行试验。

　　② 绝缘电阻的测定　修复后的电动机绝缘电阻的测定一般在室温下进行。额定工作电压

在 500V 以下的电动机，用 500V 摇表测定其相间绝缘和绕组对地绝缘。小修后的绝缘电阻应不低于 0.5MΩ，大修更换绕组后的绝缘电阻一般不应低于 5MΩ。

③ 空载电流的测定 试验时，应在电动机定子绕组上加三相平衡的额定电压，且电动机不带负荷，如图 2-13 所示。测得的电动机任意一相空载电流与三相电流平均值的偏差不得大于 10%，试验时间为 1h。试验时可检查定子铁芯是否过热或温升不均匀，轴承温度是否正常，听电动机启动和运行有无异常响声。

④ 耐压试验 电动机大修后，应进行绕组对机壳及绕组相间的绝缘强度（即耐压）试验。对额定功率为 1kW 及以上的电动机，且额定电压为 380V，其试验电压有效值为 1760V。对额定功率小于 1kW 的电动机，额定电压为 380V，其试验电压有效值为 1260 V。

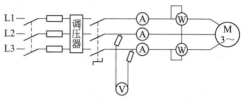

图 2-13 空载试验线路图

（3）电刷的更换及调整 电刷是电动机固定部分与转动部分导电的过渡部件。电刷工作时，不仅有负荷电流通过，而且还要保持与集电环表面良好的接触和滑动。因此，要求电刷应具有足够的载流能力和耐磨的力学性能。为保持电刷良好的电气性能和力学性能，在检查、更换和调整电刷时，应注意以下几点。

a. 注意检查电刷磨损情况，在正常压力下工作的电刷，随着电刷的磨损，弹簧压力会逐渐减弱，应调整压力弹簧予以补偿。当电刷磨损超过新电刷长度的 60% 时，要及时更换。更换时，应尽量选用原电刷牌号及尺寸。电刷停止运行时，应仔细观察集电环表面，若表面不平不清洁，应及时修理清洁集电环，以保证集电环与电刷的良好接触。

b. 更换电刷时，应将电刷与集电环表面用 0 号砂布研磨光滑，使接触面积达到电刷截面积的 75% 以上。刷握与集电环的距离应为 2～4mm。

c. 更换后的电刷在刷握内应能上下自由移动，但不能因太松而摇晃。6～12mm 的电刷在旋转方向上游隙为 0.1～0.2mm，12mm 以上的电刷游隙为 0.15～0.4mm。

d. 测量电刷压力。用弹簧秤测量各个电刷压力时，一般电动机电刷压力为 15～25kPa，同一刷架上的电刷压力差值不应超过 10%。目测检查调整时，把电刷压力调整到不冒火花、电刷不在刷握里跳动、摩擦声很低即可。

e. 更换电刷时，应检查电刷的软铜线是否牢固完整。若软铜线折断股数超过总股数的 1/3时，应更换新电刷线。

第四节　伺服电动机

一、交流伺服电动机

交流伺服驱动是最新发展起来的新型伺服系统，也是当前机床进给驱动系统方面的一个新动向。交流异步电动机由于结构简单，成本低廉，无电刷磨损问题，维修方便，一向被认为是一种理想的伺服电动机。但由于调速问题得不到经济合理的解决，过去发展不快，而新型的交流伺服系统克服了直流驱动系统中存在的一些缺点，采用调频等调速方法，其调速范围与宽调速直流伺服系统相近。对于普通异步电动机不作介绍，主要讲述交流伺服电动机。

1. 交流伺服电动机的基本结构与工作原理

交流伺服电动机通常都是单相异步电动机，有笼形转子和杯形转子两种结构形式。与普通电动机一样，交流伺服电动机也由定子和转子构成。定子上有两个绕组，即励磁绕组和控制绕组，两个绕组在空间相差 90°电角度。固定和保护定子的机座一般用硬铝或不锈钢制成。笼形转子交流伺服电动机的转子和普通三相笼式电动机相同。杯形转子交流伺服电动机的结构如图 2-14 所示。

它由外定子、杯形转子和内定子三部分组成。它的外定子和笼形转子交流伺服电动机相同，转子则由非磁性导电材料（如铜或铝）制成空心杯形状，杯子底部固定在转轴上。杯形壁很薄（小于 0.5mm），因此转动惯量很小。内定子由硅钢片叠压而成，固定在一个端盖上，内定子上没有绕组，仅作磁路用。电动机工作时，内、外定子都不动，只有杯形转子在内、外定子之间的气隙中转动。对于输出功率较小的交流伺服电动机，常将励磁绕组和控制绕组分别安放在内、外定子铁芯的槽内。

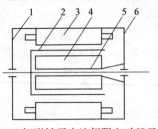

图 2-14　杯形转子交流伺服电动机示意图
1，6—端盖；2—杯形转子；3—外定子；
4—内定子；5—转轴

交流伺服电动机的工作原理和单相异步电动机无本质上的差异。但是，交流伺服电动机必须具备一个性能，就是能克服交流伺服电动机的所谓"自转"现象，即无控制信号时，它不应转动，特别是当它已在转动时，如果控制信号消失，它应能立即停止转动。而普通的异步电动机转动起来以后，如控制信号消失，往往仍在继续转动。

当电动机原来处于静止状态时，如控制绕组不加控制电压，此时只有励磁绕组通电产生脉动磁场。可以把脉动磁场看成两个圆形旋转磁场。这两个圆形旋转磁场以同样的大小和转速，向相反方向旋转，所建立的正、反转旋转磁场分别切割笼形绕组（或杯形壁）并感应出大小相同、相位相反的电动势和电流（或涡流），这些电流分别与各自的磁场作用产生的转矩也大小相等、方向相反，合成转矩为零，于是伺服电动机转子转不起来。一旦控制系统有偏差信号，控制绕组就要接受与之相对应的控制电压。在一般情况下，电动机内部产生的磁场是椭圆形旋转磁场。一个椭圆形旋转磁场可以看成是由两个圆形旋转磁场合成起来的。这两个圆形旋转磁场幅值不等（与原椭圆形旋转磁场转向相同的正转磁场大，与原转向相反的反转磁场小），但以相同的速度向相反的方向旋转。它们切割转子绕组感应的电动势和电流以及产生的电磁转矩也方向相反、大小不等（正转者大，反转者小），合成转矩不为零，所以伺服电动机就朝着正转磁场的方向转动起来，随着信号的增强，磁场接近圆形，此时正转磁场及其转矩增大，反转磁场及其转矩减小，合成转矩变大，如负载转矩不变，转子的速度就增加。如果改变控制电压的相位，即移相 $180°$，旋转磁场的转向相反，因而产生的合成转矩方向也相反，伺服电动机将反转。若控制信号消失，只有励磁绕组通入电流，伺服电动机产生的磁场将是脉动磁场，转子很快地停下来。

2. 交流伺服电动机的使用

（1）注意事项　50h 的多为 2、4 极高速电动机；400h 中频的多为 4、6、8 极的中速电动机；更多极数的慢速电动机是很不经济的。输入阻抗随转速上升而变化，功率因数变小。额定电压越低，功率越大的伺服电动机，输入阻抗越小。

为了提高速度适应性能，减小时间常数，应设法提高启动转矩，减小转动惯量，降低启动电压。伺服电动机启动和控制十分频繁，且大部分时间在低速下运行，所以需要注意散热问题。

（2）控制绕组的接线方式　控制绕组的引出线有两线、三线和四线等不同形式，如图2-15

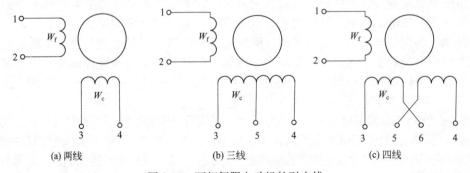

(a) 两线　　　　　　　(b) 三线　　　　　　　(c) 四线

图 2-15　两相伺服电动机的引出线

所示。图 2-15(c) 中有四个引出端，控制绕组分为匝数相等的两部分，可以串联（5、6 两端连接），也可以并联（分别将 3、5 和 4、6 连接）。并联时应将额定电压减半。图 2-15(b) 的三线形式可与推挽功率放大级的三个引线对应连接。

二、 直流伺服电动机

1. 直流伺服电动机的工作原理

直流伺服电动机的工作原理与普通直流电动机相同。但是从工作情况看，普通直流电动机多为长时间连续运行，而伺服电动机则经常正转、反转、停转等几种情况间断和交替进行；从控制方式看，普通直流电动机常用励磁控制，而伺服电动机则多用电枢控制；从职能看，普通电动机用于能量转换，而伺服电动机则用于信息转换。

直流伺服电动机具有宽广的调速范围、机械性和调节特性的线性度较好、响应速度快、无自转现象等特点。

2. 小惯量直流伺服电动机

（1）结构　小惯量电动机的转子与一般直流电动机的区别在于：其转子是光滑无槽的铁芯，用绝缘黏合剂直接把绕组粘在铁芯表面上，如图 2-16 所示；第二个区别是转子长而直径小，这是因为电动机转动惯量和转子直径平方成正比。一般直流电动机电枢由于磁通受到齿截面的限制不能做得很小，电枢没有齿和槽，也不存在轭部磁密的限制。这样，对同样磁通量来说，磁路截面即电枢直径与长度乘积小，所以从惯量出发细长的电枢可以得到较小的惯量。

小惯量电动机的定子结构采用图 2-17 所示方形，提高了励磁绕组放置的有效面积。但由于是无槽结构、气隙较大，励磁绕组安匝数较大，故损耗大，发热厉害，为此采取措施是在极间安放船形挡风板，增加风压，使之带走较多的热量。而绕组外不包扎而成赤裸线圈。

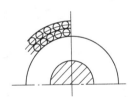

图 2-16　小惯量电动机的转子

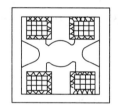

图 2-17　小惯量电动机的定子

（2）特点　显著的特点是转子呈扁平状，电枢长度和直径之比一般为 0.2 左右。它还有两个特点，第一个特点是能长期在低速状态下运行，第二个特点是能在长期堵转状态下运行。我们知道，一般电动机在堵转状态下运行是要烧毁的，但直流力矩电动机非但不会烧毁，反而仍能产生足够大的转矩。基于这两个特点，它就不需要经过齿轮传动和机床匹配，这就大大减小了整个系统的转动惯量，因此可快速响应，同时如同其他直流伺服电动机一样，机械特性和调节特性线性度也好。所以在低速伺服系统和位置伺服系统中得到广泛应用。宽调速直流伺服电动机还可同时在电动机内装上测速发电机，实现增加速度反馈；除测速发电机外，还可在电动机内部加装旋转变压器（或编码盘）及制动器。

3. 宽调速直流伺服电动机

（1）结构　宽调速直流伺服电动机的结构与一般直流电动机相似，按励磁方法不同可分为电励磁和永久磁铁励磁两种。电励磁的特点是励磁量便于调整，易于安排补偿绕组和换向器，所以电动机的换向性能好、成本低，在较宽的速度范围内得到恒转矩特性。永久磁铁励磁一般无换向极和补偿绕组，其换向性能受到一定限制，但它不需要励磁功率，因此效率较高、电动机低速时输出较大转矩。此外，这种结构的温升低，电动机直径可以做得小一些，加上永磁材料性能在不断提高，成本也逐渐下降，因而这种结构用得较多。

（2）特点　永久磁铁励磁的宽调速直流伺服电动机，定子采用矫顽力高、不易去磁的永磁材料，转子直径大并且有槽，因而热容量大。结构上又采取了通常凸极式和隐极式永磁电动机磁路的组合，提高了电动机气隙磁密。在电动机尾部通常装有低纹波（纹波系数一般在2%以下）测速发电机。这类电动机中具有代表性的产品如日本富士通公司 FANUC 电动机，其结构如图 2-18 所示。

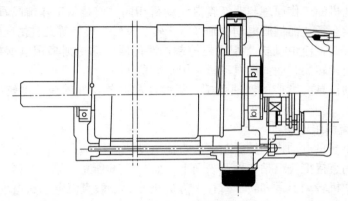

图 2-18　宽调速直流伺服电动机结构

4. 直流伺服电动机的使用

（1）注意事项　直流伺服电动机的启动电流远大于额定电流。由于启动过程很短，所以微型伺服电动机允许带负载直接启动，但不允许长时间处于堵转状态。

电磁式电枢控制的伺服电动机在使用时，要先接通励磁电源，然后再加电枢电压。运行中应尽量避免励磁绕组断电，以免引起电枢电流过大或造成电动机超速。

对永磁式直流电动机，尤应避免受到过大浪涌电流的冲击，即使这种浪涌脉冲仅为微秒级，但可能导致主磁极去磁，使电动机失去原有的特性。

永磁式伺服电动机，需拆卸或将转子抽出时，应当用铁磁材料把永磁磁极短路，以防退磁而影响电动机的性能。

（2）低速运行的不稳定性　从调节特性看，只要控制电压足够小，电动机便可在相应的低速下运行。但实际上，当转速低于每分钟几十转时，实际转速就会不均匀，在一周内的不同角度处出现时快时慢甚至暂停的现象。其原因是：实际电枢的绕组导线分布在圆周的各槽内，它沿圆周分配并不连续，因此，电枢反电动势和电磁转矩都有脉动成分。这种成分在低速时的影响比较明显。

低速时控制电压数值小，电刷与换向器之间接触压降的不稳定性，导致电磁转矩不稳定。低速时电刷与换向器之间的摩擦转矩不稳定，导致电动机输出转矩的不稳定。因此，当系统要求电动机在甚低转速运行时，需要在电动机的控制电路中采取稳速措施，或者选用直流力矩电动机或低惯量电动机。

三、步进电动机

1. 步进电动机的工作原理

步进电动机的工作原理是：当某相定子励磁后，它吸引转子，使转子的齿与该相定子磁极上的齿对齐。因此，步进电动机的工作原理实际上是电磁铁的作用原理。图 2-19 所示是一种最简单的三相反应式步进电动机。现以它为例来说明步进电机的工作原理。

图 2-19(a) 所示的步进电动机有 A、B、C 三相，每相有两个磁极，转子也有两个磁极（两个齿）。当 A 相绕组通以直流电流时，转子的两极与 A 相的两个磁极齿对齐，使该相磁路的

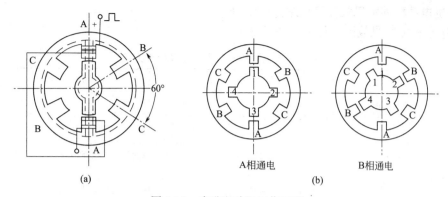

图 2-19　步进电动机工作原理

导磁最大。磁通回路如虚线所示。若 A 相断电，B 相通电，为了使每相磁路的导磁最大，电磁力又使转子的两极与每相磁极齿对齐，即电磁力使转子沿顺时针方向转过 60°。通常称步进电动机绕组的通电状态每改变一次，其转子转过的角度为步距角。因此，图 2-19(a) 所示步进电动机的步距角 θ 等于 60°。如果控制线路能不停地按 A→B→C→A→…的顺序送入电流脉冲，步进电动机的转子便不停地沿顺时针方向转动。如果通电顺序为 A→C→B→A→…，同理，步进电动机的转子就不停地沿逆时针方向转动。这种通电方式称为三相三拍。还有一种三相六拍的通电方式，它的通电顺序是，顺时针转动为 A→AB→B→BC→C→CA→A→…，逆时针转动为 A→AC→C→CB→B→BA→A→…。

　　若以三相六拍通电方式工作，当 A 相通电转为 A、B 相同时通电时，转子的磁极将同时受到 A 相磁极和 B 相磁极的吸引力，因此，转子的磁极只好停在 A、B 两相磁极之间，这时它的步距角 θ 等于 30°。当由 A、B 相同时通电转为每相通电时，转子磁极再沿顺时针方向转 30°与 B 相磁极对齐。其余以此类推。若采用三相六拍通电方式，可使步距角缩小一半。

　　图 2-19 (b) 中的步进电动机，定子仍是 A、B、C 三相，每相两极，但转子不是两个磁极而是四个。当 A 相通电时，是 1、3 极与 A 相的两极对齐。很明显，当 A 相断电、B 相通电时，2、4 极将与每相两极对齐。这样一来，在三相三拍通电方式中，步距角 θ 为 30°；在三相六拍通电方式中，步距角 θ 则为 15°。

　　综上所述，可以得出如下结论。

　　a. 步进电动机定子绕组的通电状态每改变一次，它的转子便转过一个确定的角度，即步进电动机的步距角 θ。

　　b. 改变步进电动机定子绕组的通电顺序，转子的旋转方向也随之改变。

　　c. 步进电动机定子绕组通电状态的改变速度越快，其转子旋转的速度越快，即通电状态的变化频率越高，转子的转速越高。

　　d. 步进电动机的步距角 θ 与定子绕组相数 m、转子齿数 z、通电方式 k 有关，可用下式表示：

$$\theta = 360°/(mzk)$$

式中，三相三拍（即单拍）时，$k=1$；三相六拍（即双拍）时，$k=2$；其他依此类推。

　　对于单定子、径向分相、反应式伺服步进电动机，当它以三相三拍通电方式工作时，其步距角为

$$\theta = 360°/(mzk) = 360°/(3 \times 40 \times 1) = 3°$$

　　若按三相六拍通电方式工作，则步距角为

$$\theta = 360°/(mzk) = 360°/(3 \times 40 \times 2) = 1.5°$$

2. 步进电动机的常见故障及处理方法

步进电动机的常见故障及处理方法见表 2-6。

表 2-6　步进电动机的常见故障及处理方法

故障现象	可能原因	处理方法
严重发热	① 使用时不符合规定 ② 把六拍工作方式，用双三拍工作方式运行 ③ 电动机的工作条件恶劣，环境温度过高，通风不良	① 按规定使用 ② 按规定工作方式进行。如确要将六拍改为双三拍使用，可先做温升试验，如温升过高可降低参数指标使用或改换电动机 ③ 加强通风，改善散热条件
定子线圈烧坏	① 使用不慎，或作普通电动机接在 220V 工频电源上 ② 高频电动机在高频下连续工作过长 ③ 在用高低压驱动电源时，低压部分有故障，致使电动机长期在高压下工作 ④ 长期在温升较高的情况下运行	① 使用时注意电动机的类型 ② 严格按照电动机工作制使用 ③ 检修电源电路 ④ 查明温升过高的原因
不能启动	① 工作方式不对 ② 驱动电路故障 ③ 遥控时，线路压降过大 ④ 安装不正确，或电动机本身轴承、止口、扫膛等故障使电动机不转 ⑤ N、S 极接错 ⑥ 长期在潮湿场所存放，造成电动机部分生锈	① 按电动机说明书使用 ② 检查驱动电路 ③ 检查输入电压，如电压太低，可调整电压 ④ 检查电动机 ⑤ 改变接线 ⑥ 检查清洗电动机
工作过程中停车	① 驱动电源故障 ② 电动机绕组匝间短路或接地 ③ 绕组烧坏 ④ 脉冲信号发生器电路故障 ⑤ 杂物卡住	① 检查驱动电源 ② 按普通电动机的检查方法进行 ③ 更换绕组 ④ 检查有无脉冲信号 ⑤ 清洗电动机
噪声大	① 电动机运行在低频区或共振区 ② 纯惯性负载、短程序、正反转频繁 ③ 磁路混合式或永磁式转子磁钢退磁后以单步运行或在失步区 ④ 永磁单向旋转步进电动机的定向机构损坏	① 消除齿轮间隙或其他间隙；采用尼龙齿轮；使用细分电路；使用阻尼器；以降低出力；采用隔音措施 ② 改长程序并增加摩擦阻尼 ③ 重新充磁 ④ 修理定向机构
失步（或多步）	① 负载过大，超过电动机的承载能力 ② 负载忽大忽小 ③ 负载的转动惯量过大，启动时失步，停车时过冲（即多步） ④ 传动间隙大小不均 ⑤ 传动间隙中的零件有弹性变形（如绳传动） ⑥ 电动机工作在振荡失步区 ⑦ 电路总清零使用不当 ⑧ 定、转子相擦	① 换大容量电动机 ② 减小负载，主要减小负载的转动惯量 ③ 采用逐步升频加速启动，停车时采用逐步减频后再停车 ④ 对机械部分采取消隙措施，如采用电子间隙补偿信号发生器 ⑤ 增加传动绳的张紧力，增加阻尼或提高传动零件的精度 ⑥ 降低电压或增大阻尼 ⑦ 在电动机执行程序的中途暂停时，不应再使用总清零键 ⑧ 解决扫膛故障
无力或出力降低	① 驱动电源故障 ② 电动机绕组内部接线错误 ③ 电动机绕阻碰壳，相间短路或线头脱落 ④ 轴断 ⑤ 气隙过大 ⑥ 电源电压过低	① 检查驱动电源 ② 用磁针检查每相磁场方向，接错的一相指针无法定位 ③ 拧紧线头，以电动机绝缘及短路现象进行检查，无法修复时应更换绕组 ④ 换轴 ⑤ 换转子 ⑥ 调整电源电压，使其符合要求

第三章

电机拖动控制线路
与电气设备检修

第一节　三相异步电动机单向启动控制

一、三相异步电动机单向启动控制

单向点动控制线路的工作原理：需要经常启动和停车的机床电气部分，如快速进给、刀架快速移动、桥式起重机等，多采用这种点动控制线路。

1. 单向点动（或步进、步退）控制线路

单向点动控制线路如图 3-1 所示。它分为主电路和辅助电路，同接入一种电源。主电路包括电源开关 QS、熔断器 FU、接触器主触点 KM、三相笼式异步电动机 M。辅助电路包括接触器线圈 KM、按钮 SB。

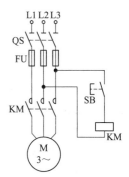

工作原理：启动电源开关 QS 闭合，再按下启动按钮 SB，接触器线圈 KM 得电，KM 的主常开触点吸合，电动机 M 通电运转停止，松开按钮 SB，接触器线圈失电，KM 主常开触点断开，电动机停止运转。

图 3-1　单向点动
控制线路

2. 单向启动控制线路

单向启动控制线路如图 3-2 所示，与点动控制电路基本相同，区别点：主电路中串上热继电器的感温元件；辅助电路中串上热继电器 FR，按钮 SB1 两端并联接触器 KM 的常开辅助触点（称为自锁触点或自保触点），增加停止按钮 SB2。

工作原理：启动电源开关 QS 闭合，按下启动按钮 SB1，接触器 KM 线圈得电，KM 的主常开触点吸合，电动机 M 得电运转，同时 SB1 两端并联的 KM 辅助常开触点闭合，使接触器线圈 KM 继续得电，实现自锁。按下停止 SB2，接触器 KM 线圈失电，其主常开触点断开，电动机 M 断电停止运转。

该电路具有三种保护：一是短路保护，由熔断器 FU 来完成。二是过载保护，当电动机由于各种原因过载时，热继电器 FU 的感温元件将其控制触点断开，从而使接触器线圈断电、电动机停转。三是失压（或欠电压）保护，在电源电压消失或电压过低时，接触器线圈失磁或吸力过小，接触器释放，电动机停转。这时，如电压恢复正常，接触器不能自行通电。只有再按启动按钮，电动机再一次启动，从而起到了保护人身和设备的作用。

3. 连续与点动控制线路

机床设备如需要短时工作（如试验和调整），则应采用单向点动电路，如需要连续工作，则应采用单向启动电路，这就要求电路既具有点动功能又具有连动功能，如图3-3所示。图中电路是在具有自锁的单向启动电路的基础上，在自锁触点支路串上手动开关SA，需要连续工作时，只要将SA闭合即可实现，如图3-3(a)所示。需要点动工作时，只要将SA断开，切断了自锁电路，如图3-3(b)所示。

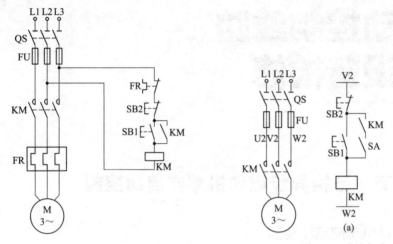

图 3-2   单向启动控制线路   图 3-3   连续与点动控制线路

二、 故障分析

1. 按下启动按钮后电动机不能启动

这种故障可从两个方面进行分析，一是故障前电动机运行正常，二是经检修后试车时发现故障。第一种情况的故障原因是：主电路或辅助电路的熔断器熔断；热继电器的触点跳开；停止按钮的触点被卡住而不能自动复位；启动按钮接触不良，触点脱落或连接线断路。在振动较大的地方可能是线头松动、脱落或接触不良；在易受潮的部位要考虑短路或接地现象；如以上部位均无故障，就是接触器线圈断路。

区分主电路或辅助电路故障的方法是：按一下启动按钮，听一听接触器有无吸合的声音。如听到或看到接触器吸合，故障一般在主电路；如果没吸合，故障一般在辅助电路（电源无电压应考虑在内）。

如果是检修后试车时出现故障，其原因一般是有漏接的线头或有接线错误，如将辅助电路的两根电源线接到一相电源上；也可能是热继电器的触点接线有错误，例如JRO系列热继电器有公共触点、常开触点和常闭触点三个接线柱，如错将常开触点接入电路，接触器是不会吸合的。

2. 按下停止按钮电动机不能停止

停止按钮被短路，接触器主触点熔焊在一起；接触器机械部分被卡住不能释放；接线错误，如自锁触点同时并接在停止按钮和启动按钮的两端。

3. 电动机运转有时自动停车

停止按钮接触不良或弹力太小；接触器的辅助触点（用于自锁的触点）太脏，点动与连续控制线路可能是SA或SB3常闭触点接触不良，接触器触点压力过小或触点变形等。

热继电器常闭触点跳开，当发现这种现象时，应检查电动机是否过载，热继电器选择是否合适。经检查无异常时，可考虑触点是否接触不良，热继电器的感温元件是否失效或调整不当等。

接触器底板松动，静铁芯下沉或反作用弹簧弹力过大，在电压波动时自动跳开，使电动机断电。熔断器松动或某线头虚连遇到振动时忽接忽断；同时有较多的机床自动停车，可判为电网电压波动故障。

4. 电动机启动后声音不正常

这种故障可以从三个方面来考虑，即电路故障（主要考虑主电路）、电动机故障或机械传动故障。首先应分清是机械部分故障还是电路故障，其方法是，用电压表测量电动机进线端电压是否平衡。如不平衡，故障在主电路中；如平衡，故障在机械部分或电动机中。

主电路故障的检查步骤如下：拔下熔断器，测量熔断器上面三相电压，如不平衡，故障在熔断器以上。可检查熔断器是否熔断，电源开关是否有一相断路。而后可启动电动机，如声音仍不正常，可测量接触器下面、热继电器感温元件下面，直到电动机接线处的三相电压。什么地方出现电压不平衡现象，故障就在该电器以上的部位（包括该电器）。

5. 合上电源开关，电动机自动运转

启动按钮被短路，接触器没有释放或主触点熔焊在一起；对于图3-3的电路，可能是SA和SB2的常开触点没有断开。

6. 检查电路故障时应注意的事项

当电动机过载或两相运转时，如果需要测量主电动机的电压、电流，必须做到迅速准确以防止通电时间过长而烧坏电动机。

检查机床电路故障，不能用试电笔代替电压表，因为从试电笔氖灯的亮度不易查出电压的高低，甚至得出错误的判断。例如，电源熔断器一相熔断后，由于电感和其他并联电路的影响，试电笔接触其输出端时仍有较高的亮度，往往得出错误的判断。

第二节　三相异步电动机正反转控制

一、接触器联锁的正反转控制

1. 接触器联锁的正反转控制线路

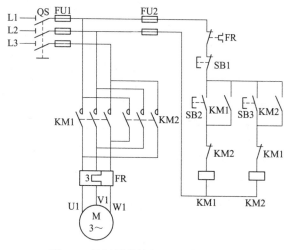

图3-4　接触器联锁的正反转控制线路

线路中采用KM1和KM2两个接触器，当KM1闭合时，三相电源的相序按L1→L2→L3

供给电动机。而当 KM2 闭合时，三相电源按 L3→L2→L1 供给电动机。所以当两个接触器分别工作时，电动机可实现正转和反转。

线路要求接触器 KM1 和 KM2 不能同时通电，否则它们的主触点同时闭合，将造成 L1、L3 两相电源短路，为此在 KM1 与 KM2 线圈各自的支路中相互串接了对方的一副常闭辅助触点，以保证 KM1 和 KM2 不会同时通电。KM1 和 KM2 这两副常闭辅助触点在线路中所起的作用称为联锁（或互锁）作用。

2. 工作原理

合上电源开关 QS 时

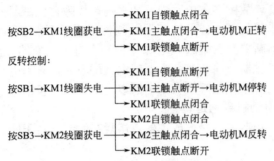

3. 电路特点

操作不方便，要改变电动机转向，必须先按停止按钮 SB1，再按反转按钮 SB3，才能使电动机反转。

二、 按钮联锁的正反转控制

1. 控制电路

按钮联锁的正反转控制线路如图 3-5 所示。与图 3-4 所示接触器联锁的正反转控制线路相同。

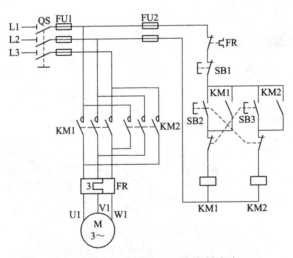

图 3-5　按钮联锁的正反转控制线路

2. 工作原理

合上电源开关 QS 时

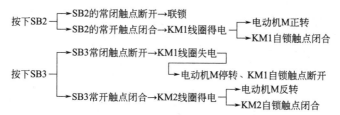

这种线路的优点是操作方便，缺点是易产生短路故障，单用按钮联锁的线路不太安全可靠。

三、 接触器、按钮双重联锁的正反转控制

这种线路安全可靠，操作方便，较常用。接触器、按钮双重联锁的正反转控制原理图如图 3-6 所示，工作原理由读者自己分析。

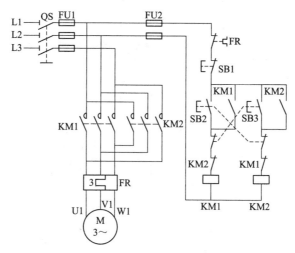

图 3-6　接触器、按钮双重联锁的正反转控制线路

第三节　三相异步电动机顺序启动和停止控制

一、 两台电动机的顺序启动控制

1. 两台电动机按一定时间顺序启动，同时运行、停止

两台电动机按一定时间顺序启动控制线路如图 3-7 所示。

工作原理：

合上电源开关 QS 时

$$按下 SB2 \rightarrow KM1 线圈得电 \begin{cases} KM1 主触点闭合 \rightarrow 电动机 M1 运转 \\ KM1 常开辅助 \\ \qquad\qquad\quad \rightarrow 为 KM2 线路通电作好准备 \\ 触点闭合 \end{cases}$$

启动：

再按下 SB4→KM2 线圈得电→电动机 M2 运转。

停止：

按下 SB→KM1 和 KM2 线圈失电→电动机 M1 和 M2 均停转；

按下 SB3→KM2 线圈失电→电动机 M2 停转。

2. 利用时间继电器可实现电动机顺序启动的自动控制

利用时间继电器电动机顺序启动的自动控制线路如图 3-8 所示。

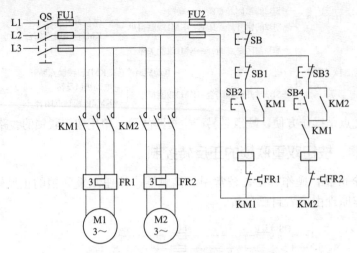

图 3-7　两台电动机顺序启动的控制线路

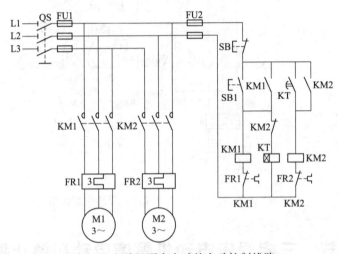

图 3-8　电动机顺序启动的自动控制线路

二、　两台电动机顺序停止控制

两台电动机顺序停止的控制线路如图 3-9 所示，工作原理由读者自己分析。

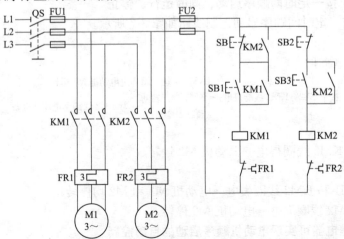

图 3-9　两台电动机顺序停止的控制线路

第四节　三相异步电动机位置控制

一、限位控制

限位控制线路如图 3-10 所示。图中 SQ 为行程开关（又称限位开关），它装在预定的位置上，当运动部件移动到此位置时，装在部件上的撞块压下行程开关，使其常闭触点断开，控制回路被切断，电动机停止转动。

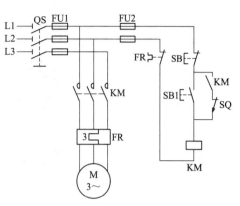

图 3-10　限位控制线路

二、自动循环控制

工作台前进-后退自动循环控制线路如图 3-11 所示。

工作原理：

按下 SB2，接触器 KM1 线圈得电，其主触点闭合，电动机 M 正转，工作台向前运动。当工作台前进到一定位置时，固定在工作台上的撞块压动行程开关 SQ1（固定在床身上），其常闭触点断开，断开 KM1 的控制回路，同时 SQ1 的常开触点闭合，使 KM2 的线圈回路得电，KM2 的主触点闭合，M 因电源相序改变而变为反转，于是拖动工作台向后运动。在运动过程中，撞块使 SQ1 复位。当工作台向后运动到一定位置时，撞块又使行程开关 SQ2 动作，断开 KM2 线圈回路，接通 KM1 线圈回路，电动机又从反转变为正转。工作台就这样往复循环工作。按下 SB1，接触器 KM1 或 KM2 失电释放，电动机停止转动，工作台停止。SQ3 和 SQ4 起极限保护作用。

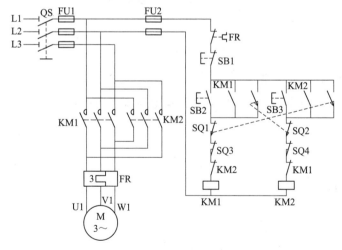

图 3-11　自动循环控制线路

第五节　三相异步电动机丫-△降压启动控制

电动机丫-△减压启动控制方法只适用于正常工作时定子绕组为三角形（△）连接的电动机。这种方法既简便又经济，使用较为普遍，但其启动转矩只有全压启动时的 1/3，因此，只适用于空载或轻载启动。

一、 手动控制丫-△减压启动

1. 手动控制丫-△减压启动控制线路

手动控制丫-△减压启动控制线路如图3-12所示。

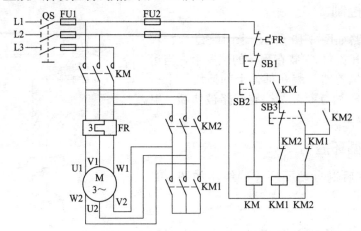

图3-12　手动控制丫-△减压启动控制线路

2. 工作原理

按 SB2 $\begin{cases} \text{KM 线圈得电} - \begin{cases} \text{KM 自锁触点闭合} \\ \text{KM 主触点闭合} \end{cases} \\ \text{KM1 线圈得电} \begin{cases} \text{KM1 主触点闭合} \\ \text{KM1 联锁触点断开} \end{cases} \end{cases}$ $\Big\}$ →电动机接成丫启动

电动机△连接全压运行：

按 SB3 $\begin{cases} \text{KM1 线圈失电} - \begin{cases} \text{KM1 主触点断开} \\ \text{KM1 联锁触点闭合} \end{cases} \\ \text{KM2 线圈得电} \begin{cases} \text{KM2 自锁触点闭合} \\ \text{KM2 主触点闭合→电动机接成△运行} \\ \text{KM2 联锁触点断开} \end{cases} \end{cases}$

二、 自动控制丫-△减压启动控制

利用时间继电器可以实现丫-△减压启动的自动控制，典型线路如图3-13所示，动作原理分析略。

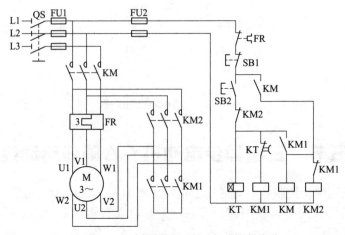

图3-13　自动控制丫-△减压启动控制线路

第六节 三相异步电动机制动控制

机床制动，就是要求电动机迅速停车，以提高停车位置的准确度，这也是金属加工工艺及安全生产对某些机床的要求。另外，停车时如不加制动，停车时间会延长，影响机床利用率。

电动机制动的方法分机械制动和电力制动两类。机械制动有机械抱闸等，电力制动有能耗制动（动能制动）、反接制动、回馈制动（再生制动）等。机床中应用较多的为能耗制动和反接制动。其中，能耗制动有制动平稳、冲击小等优点，在制动次数频繁和功率较大的电动机控制线路中多被采用。

一、能耗制动控制

1. 能耗制动原理

能耗制动就是当电动机的电源被切断的瞬间，立即在定子的两相绕组中接入一个直流电源，在定子上形成一个静止磁场，这时由于电动机的惯性，其转子切割该静止磁场而产生感应电流，转子受到与运动方向相反的制动转矩迅速停转，制动结束。

2. 无变压器半波整流能耗制动控制线路

无变压器半波整流能耗制动控制线路如图 3-14 所示。该电路设备简单，体积小，成本低，直接采用主电路的交流电源，用一只晶体管作半波整流，适于 10kW 以下且在制动要求不高的场合。

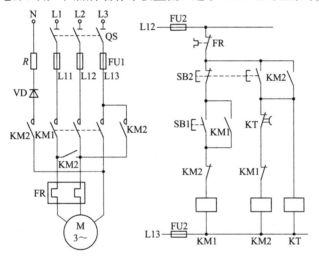

图 3-14 无变压器半波整流能耗制动控制线路

启动时，先将电源开关 QS 合上，控制过程如下：

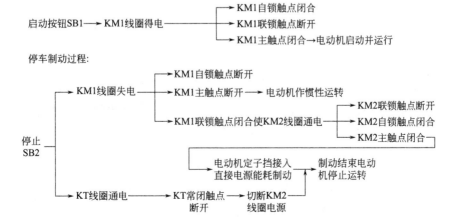

3. 接触器手动控制的能耗制动线路

接触器手动控制的能耗控制线路如图 3-15 所示。先合上电源开关 QS，按下启动按钮 SB1 时，接触器 KM1 吸合并自锁，KM1 的主接触点接通电源，电动机启动运行。停车时，按停止按钮 SB2，其常闭触点断开接触器 KM1 的线圈电路，KM1 释放，常开触点 KM1 闭合。这时 SB2 的常开触点接通接触器 KM1 电路，KM2 吸合，将整流器的直流输出端接到电动机定子绕组，电动机在制动状态下迅速停车。松开停止按钮，接触器 KM2 释放，制动过程结束。

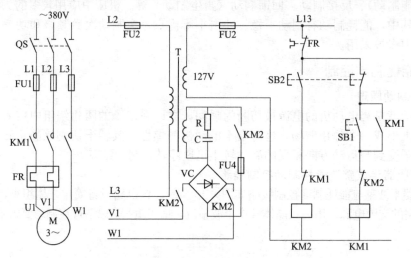

图 3-15　接触器手动控制的能耗制动线路

4. 时间继电器控制的能耗制动线路

时间继电器控制能耗制动线路如图 3-16 所示。合上电源开关 QS，按启动按钮 SB1，接触器 KM1 工作并自锁，同时时间继电器 KT 也吸合，电动机启动运行。

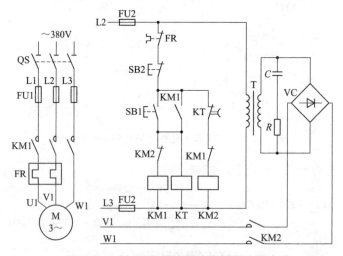

图 3-16　时间继电器控制的能耗制动线路

需停车时，按停止按钮 SB2 然后松开，其常闭触点首先断开接触器 KM 的线圈电路，使其释放，其联锁常闭触点闭合，接通制动接触器 KM1 的线圈电路，使其吸合。其常开触点同时接通变压器的输出绕组并自锁。电动机定子绕组中输入直流电流，电动机开始制动。在接触器 KM2 得电的同时，时间继电器 KT 断电，经一段时间的延时，其常闭触点断开，切断 KM2 的线圈电路，使其失电释放，主触点断开，切断电动机的直流电源及变压器输出端的电路，同时将 KT 断电复原，电动机制动结束。

该电路与手动控制的区别在于在停车制动时，操作者不用长时间按着停止按钮，停车制动准确度高。

5. 手动控制线路的故障

按下停止按钮电动机不能制动：观察制动接触器 KM2 是否吸合，如不吸合，可能是接触器 KM1 的常闭触点接触不良；SB2 的常开触点接触不良；接触器 KM2 本身有故障不能吸合。熔断器 FU4 熔断；接触器 KM2 的主触点中某一触点接触不良，整流电路断路。整流元件部分烧毁；有时整流器和变压器通电时间过长而烧毁，一般能耗制动的直流电流取值为电动机空载电流的 3～5 倍或等于额定电流的 1.5 倍，且能耗制动的时间是很短的，所以变压器和整流器都按短时通电的原则选择。但是个别操作者总觉得停止按钮按得越长，电动机停得越稳，因而造成制动用的变压器和整流器经常烧毁。

整流元件选择得不合适，在更换整流元件时应与原来的规格相同。如一时购不到同样的元件，可以用同类元件代替，但其额定电流和额定电压均不能低于原来的元件。

整流器和保护装置失效，停送电时会产生较高的感应电动势，这就有可能将整流元件击穿。因此，多数制动整流电路设有保护电路，如其失效，就起不到保护作用。

二、 反接制动控制

1. 反接制动原理

反接制动是靠改变定子绕组中的电流相序而使电动机停转的一种方法。它的优点是制动力强，但制动准确性差，制动过程冲击强烈。在反接制动时，旋转磁场反接后，转子与旋转磁场的相对切割速度近于启动时的 2 倍，所以反制动电流比启动电流还要大，因此，反接制动一般只适用于不经常制动的场合。

反接制动有手动控制和自动控制两种方法。手动控制用于一般的正、反转控制线路。停车时先按反转按钮，反转接触器吸合，改变电动机相序，进行制动。待电动机停车后，立即按停止按钮。这种方法不易掌握，也只能用于小型机床。多数机床采用速度继电器自动进行反接制控制线路。

2. 单向启动反接制动控制线路

单向启动反接制动控制线路如图 3-17 所示。它是由速度继电器来实现自动反接制动的。由于速度继电器能反映电动机的速度变化，在转速接近零时发出信号，使控制电路的反接制动接触器失电释放。在制动过程中，定子绕组串联了电阻 R，以限制电流。电路的工作情况如下：电动机启动时，按启动按钮 SB1，接触器 KM1 吸合并自锁，电动机启动。随着转速的逐步升高，受电动机机械部分控制的速度继电器常开触点 KS 闭合，为接触器 KM2 工作作好了准备。需要停车时，按住停止按钮 SB2 不放，KM1 失电释放，其常闭触点接通（由于惯性，电动机转速仍很高，速度继电器常开触点仍在闭合状态），使接触器 KM2 得电吸合，将电动机反转电路接通。电动机在反接制动状态下转速迅速下降。当转速接近于零（约 120r/min）时，速度继电器触点 KS 自动断开并释放，制动结束。

3. 双向启动反接制动控制线路

双向启动反接制动控制线路如图 3-18 所示。当电动机正转停车时，由于速度继电器触点 KS-1 和中间继电器 KA1 的作用，使接触器 KM2 接通，进行反接制动。电动机反转停车时，由于速度继电器 KS-2 和中间继电器 KA2 的作用，使接触器 KM1 接通，进行反接制动。主电路中的电阻 R 能够限制反接制动电流，也起到限制启动电流的作用。

工作原理：需要电动机正转时，按下正转启动按钮 SB1，中间继电器 KA3 得电吸合并自锁，其常开触点闭合，使接触器 KM1 得电，KM1 主触点闭合接通电动机电源，使其串联电阻启动。接触器 KM3 电路中 KA3 触点闭合，为 KM3 工作作好准备。当电动机转速升到一定程度时，KS-1 闭合，中间继电器 KA1 得电并自锁，同时由于触点 KA1 闭合，KM3 得电

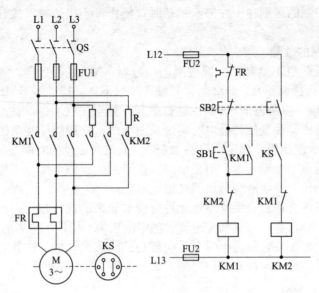

图 3-17　单向启动反接制动控制线路

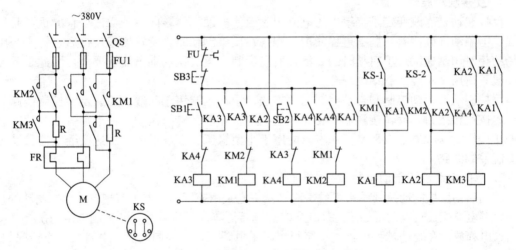

图 3-18　双向启动反接制动控制线路

吸合，其主触点把电阻 R 短接，电动机正常运转。

停止时，按停止按钮 SB3，KA3 和 KM1 失电，接触器 KM3 也失电。这时，因电动机转速仍很高，KS-1 未分断，KM1 的常闭触点接通接触器 KM2 电路，KM2 吸合后其主触点将电动机接成反接制动状态而停车。因接触器 KM3 失电，反接制动时，电动机定子绕组串联了电阻 R。在电动机转速下降到 120r/min 时，KS-1 自动断开，KA1 释放，KM2 也随之释放，制动过程结束。

电动机反向运转和制动的程序与正转相同。

4. 单向启动反接制动的故障

（1）按下停止按钮电动机不制动　停止按钮按的时间太短或没有按到底，其常开触点没有闭合，KM2 没有闭合或短时吸合；接触器 KM1 的常闭触点接触不良或 KM2 电路断路。接触器 KM2 本身有故障不能吸合。速度继电器失灵，触点 KS 不能闭合；KM2 主触点接触不良。

（2）电动机停车后又反转　速度继电器不灵敏或调整不当，在电动机转速降至 120r/min 时，触点的弹力太小或绝缘柄不能下垂，触点不能分断，接触器 KM2 不能及时释放，就会出现电动机反转的现象。

5. 双向启动反接制动的故障

（1）只有一个转向能制动（以反转不能制动为例）　反转制动时 KM1 不能吸合，其原因是接触器 KM2 的常闭触点接触不良；中间继电器 KA 在 KM1 回路的触点及自锁触点接触不良，在 KM2 释放的同时也随之释放，切断了 KM1 的回路。

接触器 KM1 吸合不能制动，故障在主电路上，其原因是 KM1 的主触点接触不良。检查速度继电器，看其触点 KS-2 是否闭合。

（2）电阻过热或烧毁　是由电动机启动结束后，接触器 KM3 触点不能闭合造成的。因为反接制动和启动状态的时间都很短，所以电阻的容量以短时通电进行选择。若长时间通电，电阻 R 就会过热甚至烧毁。KM3 触点不能闭合的原因是：反转时，中间继电器 KA4 和 KA2 常开触点接触不良或电路断线；正转时，中间继电器 KA3 和 KA1 常开触点接触不良或电路断线；接触器 KM3 的触点接触不良或本身有故障。

（3）接触器主触点焊住造成的故障　在电动机反接制动线路中，启动电流和制动电流都很大，接触器主触点被焊住的故障是经常发生的。例如，KM3 触点焊住，启动电流和制动电流会更大，造成熔断器熔断。再如，接触器 KM1 的主触点焊住，将造成一合上电源开关就开车，而且不能反转。

第七节　电气设备故障检修方法

机床电气设备出现的故障，由于机床种类的不同而有不同的特点。但对于各类机床的电气故障，都可以运用基本检修方法进行检修。这些检修方法包括直观法、电压测量法、电阻测量法、对比法、置换元件法、逐步开路法、强迫闭合法和短接法等。实际检修时，要综合运用上述方法，并根据检修经验，对故障现象进行分析，快速准确地找到故障部位，采取适当方法加以排除。

一、直观法

直观法是根据电器故障的外部表现，通过目测、鼻闻、耳听等手段来检查、判断故障的方法。

1. 检查步骤

（1）调查情况　向机床操作者和故障在场人员询问故障情况，包括故障外部表现、大致部位、发生故障时环境情况（如有无异常气体、明火等。热源是否靠近电器，有无腐蚀性气体侵蚀，有无漏水等）、是否有人修理过、修理的内容等。

（2）初步检查　根据调查的情况，看有关电器外部有无损坏，连线有无断路、松动，绝缘有无烧焦，螺旋熔断器的熔断指示器是否跳出，电器有无进水、油垢，开关位置是否正确等。

（3）试车　通过初步检查确认，不会使故障进一步扩大和造成人身、设备事故后，可进行试车检查。试车中要注意有无严重跳火、冒火、异常气味、异常声音等现象，一经发现应立即停车，切断电源。注意检查电动机的温升及电器的动作程序是否符合电气原理图的要求，从而发现故障部位。

2. 检查方法及注意事项

（1）用观察火花的方法检查故障　电器的触点在闭合、分断电路或导线线头松动时会产生火花，因此可以根据火花的有无、大小等现象来检查电器故障。例如，正常固紧的导线与螺钉间不应有火花产生，当发现该处有火花时，说明线头松动或接触不良。电器的触点在闭合、分断电路时跳火，说明电路是通路，不跳火说明电路不通。当观察到控制电动机的接触器主触点两相有火花、一相无火花时，无火花的触点接触不良或这一相电路断路。三相中有两相的火花比正常大，另一相比正常小，可初步判断为电动机相间短路或接地。三相火花都比正常大，可能是电动机过载或机械部分卡住。在辅助电路中，接触器线圈电路通电后，衔铁不吸合，要分清是电路断路还是接触器机械部分卡住。可按一下启动按钮，如按钮常开触点在闭合位置，断开时有轻微的火花，说明电路通路，故障在接触器本身机械部分卡住等。如触点间无火花，说明电路是断路。

（2）从电器的动作程序来检查故障　机床电器的工作程序应符合电气说明书和电气图的要求。如某一电路上的电器动作过早、过晚或不动作，说明该电路或电器有故障。另外，还可以根据电器发出的声音、温度、压力、气味等分析判断故障。此外，运用直观法不但可以确定简单的故障，还可以把较复杂的故障缩小到较小的范围。

（3）注意事项

a. 当电器元件已经损坏时，应进一步查明故障原因后再更换，不然会造成元件的连续烧坏。

b. 试车时，手不能离开电源开关，以便随时切断电源。

c. 直观法的缺点是准确性差，所以不经进一步检查不要盲目拆卸导线和元件，以免延误时机。

二、测量电压法

1. 检查方法和步骤

（1）分阶测量法　如图 3-19 所示，当电路中的行程开关 SQ 和中间继电器的常开触点 KA 闭合时，按启动按钮 SB1，接触器 KM1 不吸合，说明电路有故障。检查时把万用表（或用电压表）扳到电压 500V 挡位上，首先测量 A、B 两点电压，正常值为 380V。然后按启动按钮不放，同时将黑色表笔接到 B 点上，红色表笔按标号依次向前移动，分别测量标号 2、11、9、7、5、3、1 各点的电压。电路正常时，B 与 2 两点之间无电压，B 与 11~1 各点电压均为 380V。如 B 与 11 间无电压，说明是电路故障，可将红色表笔前移。当移至某点时电压正常，说明该点前的开关触点是完好的，该点后的开关触点或接线断路。一般是此后第一个触点（即刚刚跨过的触点）或连线断路。例如，测量到 9 时电压正常，说明接触器 KM2 的常闭触点或 9 所连导线接触不良或断路。究竟故障在触点上还是连线断路，可将红色表笔接在 KM2 常闭触点的接线柱上，如电压正常，故障在 KM2 的触点上；如没有电压，说明连线断路。根据电压值来检查故障的具体方法见表 3-1。

表 3-1　分阶测量法所测电压值及故障原因　　　　　　　　　　　　　V

故障现象	测试状态	B-2	B-11	B-9	B-7	B-5	B-3	B-1	故障原因
SB1 按下时 KM1 不吸合	SB1 按下	380	380	380	380	380	380	380	FR 接触不良
		0	380	380	380	380	380	380	KM1 本身故障
		0	0	380	380	380	380	380	KM2 接触不良
		0	0	0	380	380	380	380	KA 接触不良
		0	0	0	0	380	380	380	SB1 接触不良
		0	0	0	0	0	380	380	SB2 接触不良
		0	0	0	0	0	0	380	QS 接触不良

在运用分阶测量法时，可以向前测量（即由 B 点向标号 1），也可以向后测量（即由标号 1 向 B 点测量）。用后一种方法测量时当标号 1 与某点（标号 2 与 B 点除外）电压等于电源电压时，说明刚刚测过的触点或导线断路。

维修实践中，根据故障的情况也可不必逐点测量，而多跨几个标号测试点，如 B 与 11、B 与 3 等。

（2）分段测量法　触点闭合时各电器之间的导线，在通电时其电压降接近于零。而用

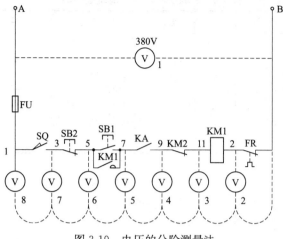

图 3-19　电压的分阶测量法

电器、各类电阻、线圈通电时，其电压降等于或接近于外加电压。根据这一特点，采用分段测量法检查电路故障更为方便。电压的分段测量法如图 3-20 所示。按下按钮 SB1 时，如接触器 KM1 不吸合，按住按钮 SB1 不放，先测 A、B 两点的电源电压，电压在 380V，而接触器不吸合说明电路有断路之处。可将红、黑两表笔逐段或者重点测相邻两标号的电压。如电路正常，除 11 与 2 两标号间的电压等于电源电压 380V 外，其他相邻两点间的电压都应为零。如测量某相邻两点电压为 380V，说明该两点所包括的触点或连接导线接触不良或断路。例如，标号 3 与 5 两点间电压为 380V，说明停止按钮接触不良。当测电路电压无异常，而 11 与 2 间电压正好等于电源电压，接触器 KM1 仍不吸合，说明线圈断路或机械部分卡住。

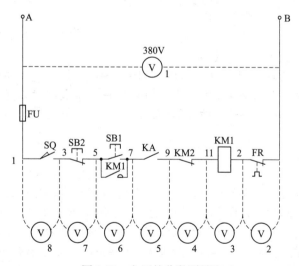

图 3-20　电压的分段测量法

对于机床电器开关及电器相互间距离较大、分布面较广设备，由于万用表的表笔连线长度有限，用分段测量法检查故障比较方便。

（3）点测法　机床电器的辅助电路电压为 220V 且零线接地的电路，可采用点测法来检查电路故障，如图 3-21 所示。把万用表的黑色表笔接地，红色表笔逐点测 2、11、9 等点，根据测量的电压情况来检查电气故障，这种测量某标号与接地电压的方法称为点测法（或对地电压法）。用点测法测量电压值及判断故障的原因见表 3-2。

表 3-2　点测法所得电压值及故障原因　　　　　　　　　　　　　V

故 障 现 象	测 试 状 态	2	11	9	7	5	3	1	故 障 原 因
SB1 按下 时 KM1 不吸合	SB1 按下	220	220	220	220	220	220	220	FR 接触不良
		0	220	220	220	220	220	220	接触器 KM1 本身故障
		0	0	220	220	220	220	220	KM2 接触不良
		0	0	0	220	220	220	220	KA 接触不良
		0	0	0	0	220	220	220	SB1 接触不良
		0	0	0	0	0	220	220	SB2 接触不良
		0	0	0	0	0	0	220	FU 接触不良

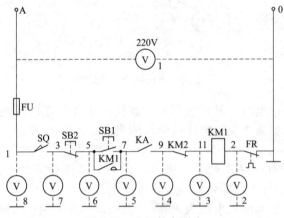

图 3-21　电压的点测法

2. 注意事项

a. 用分阶测量法时，标号 11 以前各点对 B 点应为 220V，如低于该电压（相差 20% 以上，不包括仪表误差）可视为电路故障。

b. 分段或分阶测量到接触器线圈两端 11 与 2 时，电压等于电源电压，可判断为电路正常；如不吸合，说明接触器本身有故障。

c. 电压的三种检查方法，可以灵活运用，测量步骤也不必过于死板，除点测法在 220V 电路上应用外，其他两种方法是通用的。也可以在检查一条电路时用两种方法。在运用以上三种方法时，必须将启动按钮按住不放才能测量。

3. 测量电阻法

(1) 检查方法和步骤

① 分阶测量法　如图 3-22 所示，当确定电路中的行程开关 SQ、中间继电器触点 KA 闭合时按启动按钮 SB1 接触器 KM1 不吸合，说明该电路有故障。检查时先将电源断开，把万用表扳到电阻挡位上，测量 A、B 两点电阻（注意，测量时要一直按下按钮 SB1）。如电阻为无穷大，说明电路断路。为了进一步检查故障点，将 A 点上的表笔移至标号 2 上，如果电阻为零，说明热继电器触点接触良好。再测量 B 与 11 两点间电阻，若接近接触器线圈电阻值，说明接触器线圈良好。然后将两表笔移至 9 与 11 两点，若电阻为零，可将标号 9 上的表笔前移，逐步测量 7-11、5-11、3-11、1-11 各点的电阻值。当测量到某标号时电阻突然增大，则说明表笔刚刚跨过的触点或导线断路。分阶测量法既可从 11 向 1 方向移动测试，也可从 1 向 11 方向移动测试。

② 分段测量法　如图 3-23 所示，先切断电源，按下启动按钮，两表笔逐段或重点测试相邻两标号（除 2-11 两点外）的电阻。如两点间电阻很大，说明该触点接触不良或导线断路。例如，当测得 1-3 两点间电阻很大时，说明行程开关触点接触不良。这两种方法适用于开关、电器在机床上分布距离较大的电气设备。

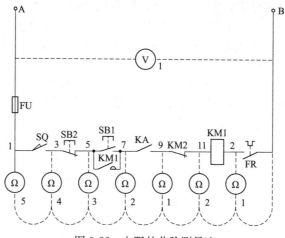

图 3-22　电阻的分阶测量法

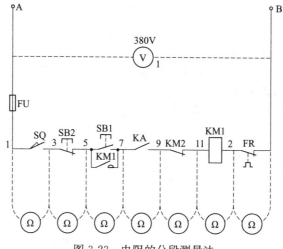

图 3-23　电阻的分段测量法

（2）注意事项

测量电阻法的优点是安全，缺点是测量电阻值不准确时容易造成判断错误。为此应注意以下几点。

a. 用电阻测量法检查故障时一定要断开电源。

b. 如所测量的电路与其他电路并联，必须将该电路与其他电路断开，否则测量电阻值不准确。

c. 测量高电阻电器件，万用电表要扳到适当的挡位。在测量连接导线或触点时，万用表要扳到 $R \times 1$ 的挡位上，以防仪表误差造成误判。

4. 对比法、置换元件法、逐步开路（或接入）法

（1）检查方法和步骤

① 对比法　在检查机床电气设备故障时，总要进行各种方法的测量和检查，把已得到的数据与图纸资料及平时记录的正常参数相比较来判断故障。对无资料又无平时记录的电器，可与同型号的完好电器相比较，来分析检查故障，这种检查方法称为对比法。

对比法在检查故障时经常使用，如比较继电器、接触器的线圈电阻、弹簧压力、动作时间、工作时发出的声音等。

电路中的电气元件属于同样控制性质或多个元件共同控制同一设备时，可以利用其他相似的或同一电源的元件动作情况来判断故障。例如异步电动机正反转控制线路，若正转接触器 KM1 不吸合，可操纵反转，看接触器 KM2 是否吸合，如吸合，则证明 KM1 电路本身有故障。

再如反转接触器吸合时，电动机两相运转，可操作电动机正转，若电动机运转正常，说明 KM2 主触点或连线有一相接触不良或断路。

② 置转换元件法　某些电器的故障原因不易确定或检查时间过长时，为了保证机床的利用率，可置换同一型号性能良好的元器件试验，以证实故障是否由此电器引起。

运用置换元件法检查时应注意，当把原电器拆下后，要认真检查是否已经损坏，只有肯定是由于该电器本身因素造成损坏时，才能换上新电器，以免新换元件再次损坏。

③ 逐步开路法（或接入）法　多支路并联且控制较复杂的电路短路或接地时，一般有明显的外部表现，如冒烟、有火花等。电动机内部或带有护罩的电路短路、接地时，除熔断器熔断外，不易发现其他外部现象。这种情况可采用逐步开路（或接入）法检查。

逐步开路法：遇到难以检查的短路或接地故障，可重新更换熔体，把多支路并联电路，一路一路逐步或重点地从电路中断开，然后通电试验。若熔断器不再熔断，故障就在这条刚刚断开的支路上。然后再将这条支路分成几段，逐段地接入电路。当接入某段电路时熔断器又熔断，故障就在这段电路及其电气元件上。这种方法简单，但容易把损坏不严重的电气元件彻底烧毁。为了不发生这种现象，可采用逐步接入法。

逐步接入法：电路出现短路或接地故障时，换上新熔断器逐步或重点地将各支路一条一条地接入电源，重新试验。当接到某段时熔断器又熔断，故障就在这条电路及其所包含的电气元件上。这种方法称为逐步接入法。

（2）注意事项　逐步接入（或开路）法是检查故障时较少用的一种方法，它有可能使故障的电器损坏得更甚，而且拆卸的线头特别多，很费力，只在遇到较难排除的故障时才用这种方法。在用逐步接入法排除故障时因大多数并联支路已经拆除，为了保护电器，可用较小容量的熔断器接入电路进行试验。对于某些不易购买且尚能修复的电气元件，出现故障时，可用欧姆表或兆欧表进行接入或开路检查。

5. 强迫闭合法

在排除机床电器故障时，经过直观检查后没有找到故障点而临时也没有适当的仪表进行测量，可用一绝缘棒将有关继电器、接触器、电磁铁等用外力强行按下，使其常开触点或衔铁闭合，然后观察机床电器部分或机械部分出现的各种现象，如电动机从不转到转动，机床相应的部分从不动到正常运行等。利用这些外部现象的变化来判断故障点的方法称为强迫闭合法。

（1）检查方法和步骤

① 检查一条回路的故障　在异步电动机控制线路（见图 3-24）中，若按下启动按钮 SB1，接触器 KM 不吸合，可用一细绝缘棒或绝缘良好的螺丝刀（注意手不能碰金属部分），从接触器灭弧罩的中间孔（小型接触器用两绝缘棒对准两侧的触点支架）快速按下然后迅速松开，可能有如下情况出现。

a. 电动机启动，接触器不再释放，说明启动按钮 SB1 接触不良。

b. 强迫闭合时，电动机不转但有"嗡嗡"的声音，松开时看到三个触点都有火花，且亮度均匀。原因是电动机过载或辅助电路中的热继电器 FR 常闭触点跳开。

c. 强迫闭合时，电动机运转正常，松开后电动机停转，同时接触器也随之跳开，一般是辅助电路中的熔断器 FU 熔断或停止、启动按钮接触不良。

d. 强迫闭合时电动机不转，有"嗡嗡"声，松开时接触器的主触点只有两触点有火花，说明电动机主电路一相断路或接触器一主触点接触不良。

② 检查多支路自动控制线路的故障　在多支路自动控制降压启动电路（见图 3-24）启动时，定子绕组上串联电阻 R，限制了启动电流。在电动机上升到一定数值时，时间继电器 KT 动作，它的常开触点闭合，接通 KM2 电路，启动电阻 R 自动短接，电动机正常运行。如果按

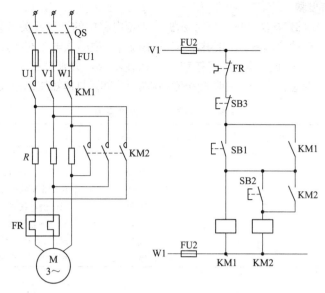

图 3-24 接触器降压启动控制线路

下启动按钮 SB1，接触器不吸合，可将 KM1 强迫闭合，松开后看 KM1 是否保持在吸合位置，电动机在强迫闭合瞬间是否启动。如果 KM1 随绝缘棒松开而释放，但电动机转动了，则故障在停止按钮 SB2、热继电器 FR 触点或 KM1 本身。如电动机不转，故障在主电路熔断器、电源无电压等。如 KM1 不再释放，电动机正常运转，故障在启动按钮 SB1 和 KM1 的自锁触点。

当按下启动按钮 SB1，KM1 吸合，时间继电器 KT 不吸合。故障在时间继电器线圈电路或它的机械部分。如时间继电器吸合，但 KM2 不吸合，可用小螺丝刀按压 KT 上的微动开关触杆，注意听是否有开关动作的声音，如有声音且电动机正常运行，说明微动开关装配不正确。

（2）注意事项　用强迫闭合法检查电路故障，如运用得当，比较简单易行；但运用不好也容量出现人身和设备事故，所以应注意以下几点。

a. 运用强迫闭法时，应对机床电路控制程序比较熟悉，对要强迫闭合的电器与机床机械间部分的传动关系比较明确。

b. 用强迫闭合法前，必须对整个故障的电气设备、电器作仔细的外部检查，如发现以下情况，不得用强迫闭合法检查。

• 具有联锁保护的正反转控制线路中，两个接触器中有一个未释放，不得强迫闭合另一个接触器。

• 丫-△启动控制线路中，当接触器 KM△ 没有释放时，不能强迫闭合其他接触器。

• 机床的运动机械部位已达到极限位置，又弄不清反向控制关系时，不要随便采用强迫闭合法。

• 当强迫闭合某电器可能造成机械部分（机床夹紧装置等）严重损坏时，不得用强迫闭合法检查。

• 用强迫闭合法时，所用的工具必须有良好的绝缘性能，否则会出现比较严重触电事故。

6. 短接法

机床电路或电器的故障大致归纳为短路、过载、断路、接地、接线错误、电器的电磁机构及机械部分故障等。诸类故障中出现较多的为断路故障。它包括导线断路、虚连、松动、触点接触不良、虚焊、假焊、熔断器熔断等。对这类故障除用电阻法、电压法检查外还有一种更为简单可靠的方法，就是短接法。方法是用一根良好绝缘的导线，将所怀疑的断路部位短接，如短接到某处，电路工作恢复正常，说明该处断路。

（1）检查方法和步骤

① 局部短接法　局部短接法如图 3-25 所示。当确定电路中的行程开关 SQ 和中间继电器常开触点 KA 闭合时，按下启动按钮 SB2，接触器 KM1 不吸合，说明该电路有故障。检查时，可首先测量 A、B 两点电压，若电压正常，可将按钮 SB1 按住不放，分别短接 1-3、3-5、7-9、9-11 和 B-2。当短接到某点时，接触器吸合，说明故障就在这两点之间。具体短接部位及故障原因见表 3-3。

表 3-3　短接部位及故障原因

故 障 原 因	短 接 标 号	接触器 KM1 的动作情况	故 障 原 因
按下启动按钮接触器 KM1 不吸合	B-2	KM1 吸合	FR 接触不良
	11-9	KM1 吸合	KM2 常闭触点接触不良
	9-7	KM1 吸合	KA 常开触点接触不良
	7-5	KM1 吸合	SB1 触点接触不良
	5-3	KM1 吸合	SB2 触点接触不良
	3-1	KM1 吸合	SQ 触点接触不良
	1-A	KM1 吸合	熔断器 FU 接触不良或熔断

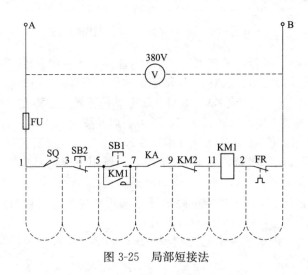

图 3-25　局部短接法

② 长短接法　长短接法（见图 3-26）是指一次短接两个或多个触点或线段，用来检查故障的方法。这样做既节约时间，又可弥补局部短接法的某些缺陷。例如，两触点 SQ 和 KA 同时接触不良或导线断路，短接法检查电路故障的结果可能出现错误的判断。而用长短接法一次可将 1-11 短接，如短接后接触器 KM1 吸合，说明 1-11 这段电路上一定有断路的地方，然后再用局部短接法来检查，就不会出现错误判断的现象。

长短接法另一个作用是把故障点缩小到一个较小的范围之内。总之应用短接法时可长短接合，就能加快排除故障的速度。

（2）注意事项

a. 应用短接法是用手拿着绝缘导线带电操作的，所以一定要注意安全，避免发生触电事故。

b. 应确认所检查的电路电压正常时，才能进行检查。

c. 短接法只适于压降极小的导线、电流不大的触点之类的短路故障。对于压降较大的电阻、线圈、绕组等断路故障，不得用短接法，否则就会出现短路故障。

d. 对于机床的某些要害部位，要慎重行事，必须在保障电气设备或机械部位不出现事故的情况下才能使用短接法。

e. 在怀疑熔断器熔断或接触器的主触点断路时，先要估计一下电流，一般在 5A 以下时才能使用，否则容易产生较大的火花。

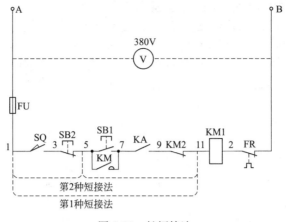

图 3-26　长短接法

第八节　电气设备检修经验

一、区别易坏部位和不易坏部位

要注意总结哪些部位以及哪些电气元件、线段、用电设备及网路容易出现故障和容易损坏，这是在机床电器维修中必须掌握的。遇到故障时一般要先检查易坏的部位，而后检查不易坏的部位。易坏部位和不易坏部位见表 3-4。

表 3-4　易坏部位和不易坏部位

易坏的部位	不易坏的部位
常动部位	不常动的部位
温度高的部位	温度低的部位
电流大的部位	电流小的部位
潮湿、油垢、粉尘多的部位	干燥、清洁的部位
穿管导线管口处	管内导线
振动撞击大的部位	振动撞击小的部位
腐蚀性、有害气体、浓度高的部位	通风良好、空气清新的部位
导线的接头部位	导线的中间部位
钢铝接触的部位	钢与钢、铝与铝接触路位
电器外部	电器内部
电器上部	电器下部
构造复杂（零部件较多）的电器	构造简单（零部件较少）的电器
启动频繁的电气设备	启动次数较少、负载较轻的电气设备

注：电器外部易坏是因为经常碰撞，拆卸比较频繁，易受腐蚀等。电器上部易坏是因铁屑、灰尘、油垢易落在上面造成短路。

由表 3-4 中可以看出，不但排除电气故障时要遵照先外后内、先检查易坏部位后检查不易坏部位的原则，而且平时维护保养时也要注意重点检查易坏部位，变易坏部位为不易坏部位。例如，易氧化的接点、触点等处要经常擦拭，潮湿的部位采取防潮措施等，可把故障消灭在萌芽状态。

检查故障要先作外部检查，再作内部检查。很多故障都有其外部表现，主要特征之一是电器颜色和光泽的改变。例如接触器、继电器线圈，正常时最外层绝缘材料有的呈褐色，有的呈棕黄色，烧毁后变成黑色或深褐色。绝缘材料如果本来是黑色或深褐色，烧毁时就不容易从颜色辨别，可以从外部光泽上来辨别，正常时有一定的光泽（浸漆所致）；烧毁后呈乌色，用手轻轻一抠会有粉末脱落，说明烧毁了。

转换开关、接触器等电器外壳，是用塑料或胶木材料制成的，正常时平滑光亮；烧毁或局部短路后，光泽消失起泡，如用刀刮一刮，有粉末落下，说明烧焦了。弹簧变形、弹性减退，这是经常出现的故障。用弹簧秤调整触点压力或调整弹簧压力不太方便，只有在特殊情况下采用。平时的维修工作中，对于弹簧的弹力、气压、油压、继电器各弹簧的压力等，都应锻炼用手的感觉来调整或测定。当然，用手的感觉来测出它们的准确值是相当的困难的，但要注意锻炼积累经验，经过多次调整试验，一般都能达到电器技术要求所规定的范围。锻炼用手测定压力范围的方法如下。

1. 比较法

如怀疑某电器的弹力减退或修理后弹力过大，可拿同型号的电器或同电盘中正常工作的电器，对比按压试验，如有明显差异，说明故障或修理过的电器弹力不正常。

2. 用仪表对照试验法

用仪表测量后，再用手试验，也是锻炼手测压力的好办法。例如，测试直流电动机的电刷压力，先用弹簧秤称一下弹簧压力的大小。再用手来测试几次，感觉一下弹簧力的大小。或估测一下数值，然后再用弹簧秤称一下，看自己感觉的误差。这样经过一段时间的锻炼，即可掌握手测方法。

二、 利用人体感官检查电气故障

1. 问

（1）问清发生故障时的外部表现　包括故障在什么状态下出现的，有无"放炮"、冒烟、杂音、振动等特殊情况，发生故障的部位，故障后机床的异常现象等。

（2）认真交接班　问明上班修理的情况，修理的部位，电器损坏情况，检查方法，更换的电器、导线等。

（3）设备平时的情况　要询问设备平时的运行情况，有无短时失灵、出现异常现象等。问明以上情况后，就可以大大减小故障的范围。

2. 看

a. 根据别人提供的和自己分析的部位，看有无明显的故障点。

b. 观察有无违章作业的情况，有无将短时或断续工作的电动机、电器作连续运转，工作负载是否超过电气设备的额定值，操作频率是否太高等。

c. 各种开关的位置有无变动，电动机的转速是否过高、过低，各种电器动作程控是否正确。

3. 听

（1）电动机的声音　电动机在两相运转和一相匝间短路故障时，都发出一种"嗡嗡"声且转速慢，但两相运转的声音低而沉闷，一相短路的声音高而杂。

直流电动机电刷压力过大时，发出一种尖叫声。当电刷下出现环火时，发出强烈的放电声音，同时伴有闪光。

（2）电器的声音　一般电器在运行时不应有响声（除吸合断开外），如出现响声可视为故障。但要根据不同的声音分清不同的故障。例如，接触器的噪声较小可判断为电路的故障，声音过大可判断为磁路或机械上的故障。

4. 嗅

嗅就是用鼻子分辨电动机、电器在正常工作情况下和烧毁时的不同气味。气味主要是电动机和电器在温度过高时产生的，有四种物质的气味最强烈：绝缘漆、塑料、橡胶及油污。维修电工要善于从不同气味中辨别高温时电动机和电器损坏的程度及不同物质。例如，发现一台电动机冒烟，若有强烈的绝缘漆烧毁的焦臭味，且时间较长，可判断为绕组烧毁。若嗅到的是塑料或橡胶烧毁时的气味而无绝缘漆的焦臭味，可判为电动机引线短路，这种气味时间较短。拆开电动机检查后并未发现绕组变色，可更换引线继续使用。若发现电动机冒烟，但只有油污的气味，说明电动机绕组上有油污，在电动机产生高温时蒸发所致，一般拆开电动机，排除引起电动机发热的因素后，可继续使用。

另外还有一种情况：电动机冒白烟，其温升不高，又无异常气味。原因是长期存放后开始使用时从电动机内吹出的灰尘，可视为电动机无故障。

5. 摸

摸主要是用手来感觉一下电动机、电器的温度、振动及某些继电器和部件的压力线头是否松动等，从而判断有无故障。

温度过高是电器的常见故障，维修时经常使用温度计或其他工具测量，既不方便又费时间，而人手是一个很好的感温计，正常人的体温是基本恒定的，可以用手摸的方法判断温度是否过高。手感不可能准确到1℃不差的程度，要根据经验定出自己的标准。下面仅以额定温升为60℃的电动机为例，介绍人体温度与电动机温升的关系。

（1）电动机运行时的三个范围　手感很凉或稍有温感电动机是良好状态。手感温度较高，但手放到机壳上烫感不强，一般可以继续使用。当手碰到机壳烫得立即移开，并闻到一种绝缘漆在高温下发出的气味时，一般属于电动机故障，不能继续使用。

（2）环境温度、电动机温度、人体温度的关系　不同环境、季节，对电动机的手感温度要能正确识别。例如，一台电动机在炎热天气（周围温度在35℃左右）手感温度在70℃左右，若周围温度在0℃也是同样的温度。尽管冷天电动机温度低，有可能属于故障温度；虽然热天电动机温度高，但也可能是正常温度。

（3）工作时间和电动机温度的关系　有两台同型号、同负载的电动机，一台工作了3h，达到了额定温升；一台电动机工作了30min，就达到了额定温升，则后者应判断为故障温度。

（4）负载和电动机温度的关系　在正常情况下，电动机超载会引起温升过高。如果电动机处于轻载而温度过高，则说明电动机有故障。

为了较快地掌握用手测温的技能，在用水壶烧水时，可用温度计测量几个温度点（35℃、50℃、70℃、90℃等），然后用手感温度锻炼，不长时间即可掌握。必须注意，运行60min以上的电动机，机壳温度比绕组温度一般低10℃左右；运行不足15min的电动机，如发现温升增长过快，应立即停车，待温度散发到机壳后再摸，这才是较为真实的温度。

三、牢记基本电路及机电联锁的关系

基本电路是复杂控制电路的基础，不但要知道这些电路的工作原理、故障分析方式，而且要记熟，这是排除机床电路故障的基本功之一。从机床发展的趋势看，向机电一体化发展的速度越来越快，在操纵机械的过程中，同时也操纵了电器。机械部分的故障有时反映为电器故障，电器故障也必然影响机械。有些故障很难分辨是机械故障还是电器故障，如果它们之间的连接关系没有充分的认识，是很难排除的。

四、造成疑难故障的原因

由于维修电工技术理论水平、实践经验与分析和检查方法的差异，在电气维修工作中会遇到难以排除的故障（称为疑难故障）。出现这种情况的原因有以下三种。

（1）故障时，不知如何分析及检查　主要原因是对该机床电气控制电路认识不足。在机床控制电路中使用的电器、电动机种类很多，控制形式也是多种多样的，如果对这些设备不能允分掌握，遇到故障时就不能顺利排除。

（2）一些不难排除的故障，总是找不到故障点　其原因是理论不能和实践相结合，思路窄、检查方法单一或对电气设备不够熟悉。

（3）外部现象很奇怪，无法用电气图和控制程序进行推测　主要原因可能是系统接地或电路接错等。

机床电气线路检修

第一节　X62W 型万能铣床电气线路的分析

X62W 型万能铣床电气控制线路如图 4-1 所示。

一、主电路

有三台电动机，M1 是主轴电动机，M2 是进给电动机，M3 是冷却泵电动机。

a. 主轴电动机 M1 通过换相开关 SA4 与接触器 KM1 配合，能实现正、反转控制，与接触器 KM2、制动电阻器 R 及速度继电器的配合，能实现串电阻瞬时冲动和正、反转反接制动控制，并能通过机械机构进行变速。

b. 进给电动机 M2 通过接触器 KM3、KM4 与行程开关及 KM5、牵引电磁铁 YA 配合，可实现进给变速时的瞬时冲动、三个相互垂直方向的常速进给和快速进给控制。

c. 冷却泵电动机 M3 只需正转。

d. 电路中 FU1 作机床总短路保护，也兼作主轴电动机 M1 的短路保护；FU2 作为 M2、M3 及控制、照明变压器一次侧的短路保护；热继电器 FR1、FR2、FR3 分别作 M1、M2、M3 的过载保护。

二、控制电路

1. 主轴电动机的控制

a. 主轴电动机的两地控制由分别装在机床两边的停止按钮和启动按钮 SB1、SB3 与 SB2、SB4 完成。

b. KM1 是主轴电动机启动接触器，KM2 是反接制动和主轴变速冲动接触器，SQ7 是与主轴变速手柄联动的瞬时动作行程开关。

c. 主轴电动机启动之前，要先将换相开关 SA4 扳到主轴电动机所需的旋转方向，然后再按启动按钮 SB3 或 SB4，完成启动。

d. M1 启动后，速度继电器 KS 的一副常开触点闭合，为主轴电动机的停转制动作好准备。

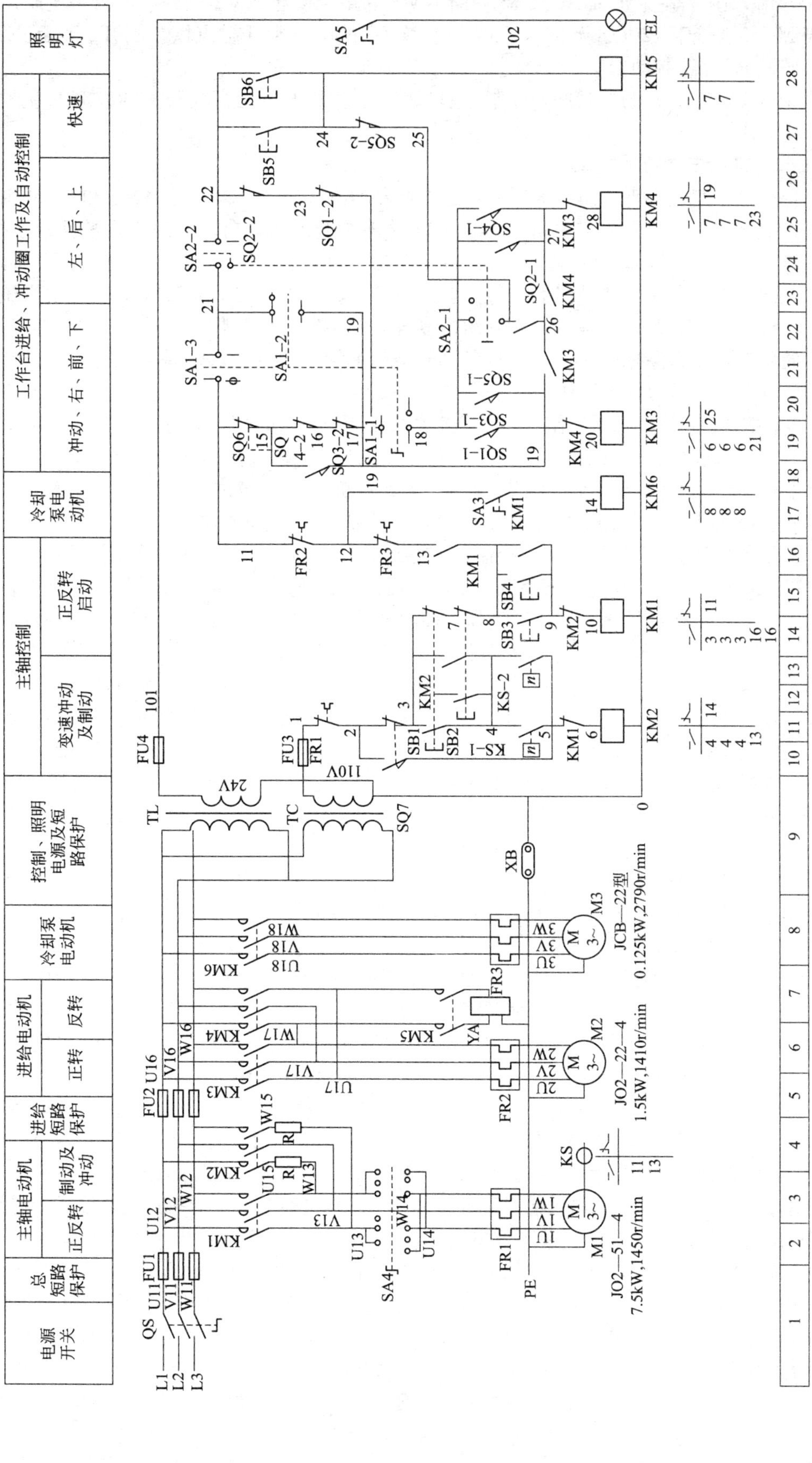

图 4-1 X62W 型万能铣床电气原理图

e. 停车时，按停车按钮 SB1 或 SB2 切断 KM1 电路，接通 KM2 电路，进行串电阻反接制动。当 M1 转速低于 120r/min 时，速度继电器 KS 的一副常开触点恢复断开，切断 KM2 电路，M1 停转，完成制动。

f. 主轴电动机变速时的瞬时冲动控制，是利用变速手柄与冲动行程开关 SQ7 通过机械上的联动机构完成的。

2. 工作台进给电动机的控制

工作台在三个相互垂直方向上的运动由进给电动机 M2 驱动，接触器 KM3 和 KM4 由两个机械操作手柄控制，使 M2 实现正反转，用以改变进给运动方向。这两个机械操作手柄，一个是纵向（左、右）运动机械操作手柄，另一个是垂直（上、下）和横向（前、后）运动机械操作手柄。纵向运动机械操作手柄与行程开关 SQ1、SQ2 联动，垂直及横向运动机械操作手柄与行程开关 SQ3、SQ4 联动，相互组成复合联锁控制，使工作台工作时只能进行其中一个方向的移动，以确保操作安全。这两个机械操作手柄各有两套，都是复式的，分设在工作台不同位置上，以实现两地操作。

机床接通电源后，将控制圆工作台的组合开关 SA1 扳到断开位置，此时不需圆工作台运动，触点 SA1-1(17-18) 和 SA1-3(11-21) 闭合，而 SA1-2(19-21) 断开，再将选择工作台自动与手动控制的组合开关 SA2 扳到手动位置，使触点 SA2-1(18-25) 断开，而 SA2-2(21-22) 闭合，然后启动 M1，这时接触器 KM1 吸合，使 KM1(8-13) 闭合，就可进行工作台的进给控制。

（1）工作台纵向（左、右）运动的控制 工作台纵向运动由纵向运动操作手柄控制。手柄有三个位置：向左、向右、零位。当手柄扳到向右或向左位置时，手柄的联动机构压下行程开关 SQ1 或 SQ2，使接触器 KM3 或 KM4 动作，控制进给电动机 M2 的正、反转。工作台左右运动的行程，可通过调整安装在工作台两端的挡铁位置来实现。当工作台纵向运动到极限位置时，挡铁撞动纵向运动操作手柄，使它回到零位，工作台停止运动，从而实现了纵向极限保护。

（2）工作台垂直（上、下）和横向（前、后）运动的控制 工作台的垂直和横向运动，由垂直和横向运动操作手柄控制。手柄的联动机械一方面能压下行程开关 SQ3 或 SQ4，同时能接通垂直或横向进给离合器。其操作手柄有五个位置：上、下、前、后和中间位置，五个位置是联锁的。工作台的上下和前后运动的极限保护是利用装在床身导轨旁与工作台座上的挡铁，将操纵十字手柄撞到中间位置，使 M2 断电停转。

（3）工作台快速进给控制 当铣床不作铣切加工时，为提高劳动生产效率，要求工作台能快速移动。工作台在三个相互垂直方向上的运动都可实现快速进给控制，且有手动和自动两种控制方式，一般都采用手动控制。

当工作台作常速进给移动时，再按下快速进给按钮 SB5（或 SB6），使接触器 KM5 得电吸合，接通牵引电磁铁 YA，电磁铁通过杠杆使摩擦离合器合上，减少中间传动装置，使工作台按原运动方向作快速进给运动。松开快速进给按钮时，电磁铁 YA 断电，摩擦离合器断开，快速进给运动停止，工作台仍按原常速进给时的速度继续运动。可见快速移动是点动控制。

（4）进给电动机变速时瞬动（冲动）控制 变速时，为使齿轮易于啮合，进给变速也设有变速冲动环节。进给变速冲动是由进给变速手柄配合进给变速冲动开关 SQ6 实现的。需要进给变速时，应将转速盘的蘑菇形手轮向外拉出并转动转速盘，将所需进给量的标尺数字对准箭头，然后再把蘑菇形手轮用力拉到极限位置并随即推回原位。在将蘑菇形手轮拉到极限位置的瞬间，其连杆机构瞬时压下行程开关 SQ6，使 SQ6 的常闭触点 SQ6(11-15) 断开，常开触点 SQ6(15-19) 闭合，使 KM3 得电，电动机 M2 正转。由于操作时只使 SQ6 瞬时压合，所以 KM3 是瞬时接通的，故能达到 M2 瞬时转动一下，从而保证变速齿轮易于啮合。由于进给变速瞬时冲动的通电回路要经过 SQ1～SQ4 四个行程开关的常闭触点，因此，只有当进给运动的操作手柄都在中间（停止）位置时，才能实现进给变速冲动控制，以保证操作时的安全。同时，与主轴变速时冲动控制一样，电动机的通电时间不能太长，以防止转速过高，在变速时打坏齿轮。

3. 圆工作台运动的控制

为铣切螺旋槽、弧形槽等曲线，X62W 型万能铣床附有圆形工作台及其传动机构，可安装在工作台上。圆形工作台的回转运动也是由进给电动机 M2 经传动机构驱动的。

圆工作台工作时，首先将进给操作手柄扳到中间（停止）位置，然后将组合开关 SA1 扳到接通位置，这时触点 SA1-1(17-18) 及 SA1-3(11-21) 断开，SA1-2(19-21) 闭合。按下主轴启动按钮 SB3 或 SB4，则接触器 KM1 与 KM3 相继吸合，主轴电动机 M1 与进给电动机 M2 相继启动并运转，进给电动机仅以正转方向带动圆工作台做定向回转运动。由于圆工作台控制电路是经行程开关 SQ1~SQ4 四个行程开关的常闭触点形成闭合回路的，所以操作任何一个长方形工作台进给手柄，都将切断圆工作台控制电路，实现了圆工作台和长方形工作台的联锁。若要使圆工作台停止转动，可按主轴停止按钮 SB1 或 SB2，则主轴与圆工作台同时停止工作。

4. 冷却泵电动机的控制与照明电路

冷却泵电动机 M3 通常在铣削加工时由转换开关 SA3 操作。扳至接通位置时，接触器 KM6 得电，M3 启动，输送切削液，供铣削加工冷却用。机床照明由照明变压器 TL 输出 24V 安全电压，由转换开关 SA5 控制照明灯 EL。

三、 电气元件明细表

X62W 型万能铣床电气元件明细表见表 4-1。

表 4-1　X62W 型万能铣床电气元件明细表

代　号	名　称	型号与规格	件数	备　注
M1	主轴电动机	J02-51-4、7.5kW、1450r/min	1	380V、50Hz、T2
M2	进给电动机	J02-22-4、1.5kW、1410r/min	1	380V、50Hz、T2
M3	冷却泵电动机	JCB-22、0.125kW、2790r/min	1	380V、50Hz
KM1、KM2	交流接触器	CJ0-20、110V、20A	2	
KM3~KM6		CJ0-10、110V、10A	4	
TC	控制变压器	BK-150、380/110V	1	
TL	照明变压器	BK-50、380/24V	1	
SQ1、SQ2	位置开关	LX1-11K	2	开启式
SQ3、SQ4		LX2-131	2	自动复位
SQ5~SQ7		LX3-11K	3	开启式
QS	组合开关	HZ1-60/E26、三极、60A	1	
SA1		HZ1-10/E16、三极、10A	1	
SA2		HZ1-10/E16、二极、10A	1	
SA4		HZ3-133、三极	1	
SA3、SA5		HZ10-10/2、二极、10A	2	
SB1、SB2	按　钮	LA2、500V、5A	2	红色
SB3、SB4		LA2、500V、5A	2	绿色
SB5、SB6		LA2、500V、5A	2	黑色
R	制动电阻器	ZB2、1.45W、15.4A	2	
FR1	热继电器	JR0-40/3、额定电流 16A	1	整定电流 14.85A
FR2		JR10-10/3、热元件编号 10	1	整定电流 3.42A
FR3		JR10-10/3、热元件编号 1	1	整定电流 0.415A

续表

代　号	名　　称	型号与规格	件数	备　注
FU1	熔断器	RL1-60/35、熔体 35A	3	
FU2～FU4		RL1-15、熔体 10A（3 只）、6A 和 2A（各 1 只）	5	
KS	速度继电器	JY1、380V、2A	1	
YA	牵引电磁铁	MQ1-5141、线圈电压 380V	1	拉力 150N
EL	低压照明灯	K-2、螺口	1	配灯泡 24V、40W

第二节　X62W 型万能铣床电气线路检修

从 X62W 型万能铣床电气控制线路分析中可知，它与机械系统的配合十分密切，例如进给电动机采用电气与机械联合控制，整个电气线路的正常工作往往与机械系统正常工作是分不开的。因此，在出现故障时，正确判断是电气故障还是机械故障以及对电气与机械相配合情况的掌握，是迅速排除故障的关键。同时，X62W 型万能铣床控制线路联锁较多，这也是其易出现故障的一个方面。下面以几个实例来叙述 X62W 型万能铣床的常见故障及其排除方法。

一、主轴的制动故障检修

1. 主轴停车制动效果不明显或无制动

首先检查按下停止按钮 SB1 或 SB2 后，反接制动接触器 KM2 是否吸合，如 KM2 不吸合，可先操作主轴变速冲动手柄，若有冲动，则故障范围就缩小到速度继电器和按钮支路上。若 KM2 吸合，则故障就可能是在主电路的 KM2、R 制动支路上，可能是二相或三相断路，使主轴停车无制动；或者是速度继电器过早断开，使 KM2 过早断开，造成主轴停车制动效果不明显。可见，这个故障较多是由于速度继电器 KS 发生故障引起的。速度继电器的两对常开触点是用胶木摆杆推动动作的，如果胶木摆杆断裂，将使 KS 常开触点不能正常闭合，使主轴停车无制动。另外，KS 轴伸端圆销扭弯、磨损或弹性连接件损坏，螺钉、销钉松动或打滑等，都会使主轴停车无制动。若 KS 常开触点过早断开，则可能是 KS 动触点的反力弹簧调节过紧或 KS 的永久磁铁转子的磁性衰减等，这些故障会使主轴停车效果不明显。

2. 主轴停车后短时反向旋转

一般是由于速度继电器 KS 动触点弹簧调整得过松，使触点复位过迟，导致在反接的惯性作用下主轴电动机出现短时反向旋转。

3. 主轴变速时无瞬时冲动

可能是冲动行程开关 SQ7 在频繁压合下，开关位置改变以致压不上或触点接触不良。

4. 按下停止按钮后主轴不停

产生该故障的原因可能有：接触器 KM1 主触点熔焊、反接制动时两相运行、启动按钮 SB3 或 SB4 在启动后绝缘被击穿损坏。

5. 工作台不能快速进给

常见原因是牵引电磁铁 YA 电路不通，如线圈烧毁、线头脱落或机械卡死。如果按下 SB5 或 SB6 后接触器 KM5 不吸合，则故障在控制电路部分；若 KM5 能吸合，且牵引电磁铁 YA 也吸合正常，则故障大多为机械故障，如杠杆卡死或离合器摩擦片间隙调整不当。

6. 工作台控制电路的故障

这部分电路故障较多，现仅举一例说明。工作台能够纵向进给但不能横向或垂直进给。从故障现象看，工作台能够纵向进给，说明进给电动机 M2、主电路、接触器 KM3、KM4 及与纵向进给相关的公共支路都正常，这样就缩小了故障范围。操作垂直和横向进给手柄无进给，可能是由于该手柄压合的行程开关SQ3或SQ4压合不上，也可能是SQ1或SQ2在纵向操纵手柄扳回中间位置后不能复位，引起联锁故障，致使22-23-17支路被切断，无法接通进给控制电路。

二、继电器的检修

继电器是一种根据外界输入的信号如电气量（电压、电流）或非电气量（热量、时间、转速等）的变化接通或断开控制电路，以完成控制或保护任务的电器。继电器有三个基本部分，即感测机构、中间机构和执行机构。检修各种继电器装置，主要就是检修这三个基本部分。

1. 感测机构的检修

（1）电磁式继电器　对于电磁式（电压、电流、中间）继电器而言，其感测机构即为电磁系统。电磁系统的故障，主要集中在线圈及动、静铁芯部分。

① 线圈故障检修　线圈故障通常有：线圈绝缘损坏；受机械损伤形成匝间短路或接地；由于电源电压过低，动、静铁芯接触不严密，使通过线圈电流过大，线圈过热以至于烧毁。其修理时，应重绕线圈。

如果线圈通电后衔铁不吸合，可能是线圈引出线连接处脱落，使线圈断路。检查出脱落处后焊接上即可。

② 铁芯故障检修　铁芯故障主要有：

a. 通电后，衔铁吸不上。这可能是由于线圈断线，动、静铁芯被卡住，动、静铁芯之间有异物，电源电压过低等造成的。应区别情况修理。

b. 通电后，衔铁噪声大。可能是由于动、静铁芯接触面不平整或有油污造成的。修理时，应取下线圈，锉平或磨平其接触面；如有油污应用汽油进行清洗。噪声大可能是由于短路环断裂引起的，修理或更换新的短路环即可。

c. 断电后，衔铁不能立即释放。这可能是由于动铁芯被卡住、铁芯气隙太小、弹簧劳损和铁芯接触面有油污等造成的。检修时应针对故障原因区别对待，或调整气隙，使其保持在0.02～0.05mm或更换弹簧或用汽油清洗油污。

（2）热继电器　对热继电器而言，其感测机构是热元件。其常见故障是热元件烧坏或热元件误动作、不动作。

① 热元件烧坏　这可能是由于负载侧发生短路或热元件动作频率太高造成的。检修时应更换热元件，重新调整整定值。

② 热元件误动作　这可能是由于整定值太小、未过载就动作，或使用场合有强烈的冲击及振动，使其动作机构松动脱扣而引起误动作造成的。

③ 热元件不动作　这可能是由于整定值太大，使热元件失去过载保护功能，以致过载很久仍不动作。检修时应根据负载工作电流来调整整定电流。

2. 执行机构的检修

大多数继电器的执行机构都是触点系统。通过它的"通"与"断"，来完成一定的控制功能。触点系统的故障一般有触点过热、磨损、熔焊等。引起触点过热的主要原因是容量不够，触点压力不够，表面氧化或不清洁等；引起磨损加剧的主要原因是触点容量太小，电弧温度过高使触点金属汽化等；引起触点熔焊的主要原因是电弧温度过高或触点严重跳动等。触点的检修顺序如下。

a. 打开外盖，检查触点表面情况。

b. 如果触点表面氧化，对银触点可不作修理，对铜触点可用油光锉锉平或用小刀轻轻刮去其表面的氧化层。

c. 如触点表面不清洁，可用汽油或四氯化碳清洗。

d. 如果触点表面有灼伤烧毛痕迹，对银触点可不必整修，对铜触点可用油光锉或小刀整修。不允许用砂布或砂纸来整修，以免残留砂粒，造成接触不良。

e. 触点如果熔焊，应更换触点。如果是因触点容量太小造成的，则应更换容量大一级的继电器。

f. 如果触点压力不够，应调整弹簧或更换弹簧来增大压力。若压力仍不够，则应更换触点。

3. 中间机构的检修

a. 对空气式时间继电器而言，其中间机构主要是气囊。其常见故障是延时不准。这可能是由于气囊密封不严或漏气，使动作延时缩短，甚至不延时；也可能是气囊空气通道堵塞，使动作延时变长。修理时，对于前者应重新装配或更换新气囊，对于后者应拆开气室清除堵塞物。

b. 对速度继电器而言，其胶木摆杆属于中间机构。如反接制动时电动机不能制动停转，就可能是胶木摆杆断裂。检修时应予以更换。

三、 电缆的故障检修

1. 电缆常见故障

① 线路故障　主要包括断线和不完全断线故障。

② 绝缘故障　包括绝缘损坏或击穿，如相间短路、单相接地等。

③ 综合故障　兼有以上两种故障。

2. 故障原因的分析

电缆产生故障的原因很多，电缆常见故障如下。

① 机械损伤　电缆直接受到外力损伤，如基建施工时受挖掘工具的损伤，或由于电缆铅包层的疲劳损坏、铅包龟裂、弯曲过度、热胀冷缩等引起电缆的机械损伤。

② 绝缘受潮　由于设计或施工不良，使水分浸入，造成绝缘受潮，绝缘性能下降。绝缘受潮是电缆终端头和中间接线盒最常见的故障。

③ 绝缘老化　电缆中的浸渍剂在电热作用下化学分解，使介质损耗增大，导致电缆局部过热，绝缘老化造成击穿。

④ 电缆击穿　由于设计不当，电缆长期过热，使电缆过热击穿或由于操作过电压，造成电缆过电压击穿。

⑤ 材料缺陷　材料质差引起，如电缆中间接线盒或电缆终端头等附件的铸铁质量差，有细小裂缝或砂眼，造成电缆损坏。

⑥ 化学腐蚀　由于电缆线路受到酸、碱等化学腐蚀，使电缆击穿。

3. 电缆故障的检测

a. 无论何种电缆，均须在电缆与电力系统完全隔离后，才可进行鉴定故障性质的试验。

b. 鉴定故障性质的试验，应包括每根电缆芯的对地绝缘电阻、各电缆芯间的绝缘电阻和每根电缆芯的连续性。

c. 鉴定故障性质可用兆欧表试验。电缆在运动或试验中已发现故障，兆欧表不能鉴别其性质时，可用高压直流来测试电缆芯间及芯与铅包间的绝缘。

d. 电缆二芯接地故障时，不允许利用另一芯的自身电容做声测试验。

e. 电缆故障的测寻方法可参照表4-2进行。测出故障点距离后，应根据故障的性质，采用声测法或感应法定出故障点的确切位置。充油电缆的漏油点可采用流量法和冷冻法测寻。

4. 故障点的精测方法

① 感应法　感应法原理是当音频电流经过电缆线时，在电缆周围产生电磁波，当携带感应接收器沿电缆线路移动时，可以听到电磁波的音响。在故障点，音频电流突变，电磁波的音响也发生突变。该方法适用于寻找断线、相间低电阻短路故障，不适用于寻找高电阻短路及单相接地故障。

② 声测法　声测法原理是利用电容器充电后经过球隙向故障线芯放电，故在故障点附近用拾音器可判断故障点的准确位置。

表 4-2　测寻电缆故障点的方法

故障情况		电 桥 法	感 应 法	脉冲反射示波器法	脉冲振荡示波器法
接地电阻小于10kΩ	单相	○	△①	△②	○
	二相 短路接地	○	△①	△②	○
接地电阻小于10kΩ	三相 短路接地	△③	△①	△②	○
	护层接地	○	△①	△②	○
高阻接地		△	×	×	○
断 线		△	×	○	×
闪 络		×	×	×	○

① 结合烧穿法，电阻小于 1000Ω。
② 结合烧穿法，电阻小于 100Ω（电缆波阻抗值的 2～3 倍）。
③ 放全长临时线，或借用其他电缆芯作回线。
注：○表示推广方法；△表示可用方法；×表示不用方法。

四、　故障处理措施

a. 发现电缆故障部位后，应按《电业安全工作规程》的规定进行处理。

b. 清除电缆故障部分后，必须进行电缆绝缘的潮气试验和绝缘电阻试验。检验潮气用油的温度为 150℃。对于橡塑电缆则以导线内有无水滴作为判断标准。

c. 电缆故障修复后，必须核对相位，并做耐压试验，合格后，才可恢复运行。

第三节　Z3040 型摇臂钻床电气线路检修

一、　主要结构及运动形式

1. 主要结构

摇臂钻床主要由底座、内立柱、外立柱、摇臂、主轴箱、工作台等组成，如图 4-2 所示。内立柱固定在底座上，在它外面套着空心的外立柱，外立柱可绕着不动的内立柱回转一周。摇臂一端的套筒部分与外立柱滑动配合，借助于丝杠，摇臂可沿着外立柱上下移动，但两者不能作相对转动（由于该丝杠与外立柱连成一体，而升降螺母固定在摇臂上），因此摇臂将与外立柱一起相对内立柱回转。主轴箱是一个复合的部件，它具有主轴部分及主体运动和进给运动的全部传动机构和操作机构，包括主传动电动机在内。主轴箱可沿着摇臂上的水平导轨作径向移动。当进行加工时，主轴箱紧固在摇臂导轨上，外立柱紧固在内立柱上，摇臂紧固在外立柱上，然后进行钻削加工。

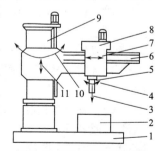

图 4-2　Z3040 型摇臂钻床结构及运动情况示意图

1—底座；2—工作台；3—主轴纵向进组；4—主轴旋转主运动；5—主轴；6—摇臂；7—主轴箱沿摇臂径向运动；8—主轴箱；9—内外立柱；10—摇臂回转运动；11—摇臂垂直运动

2. 运动形式

主轴的旋转运动为主运动，主轴的垂直运动为进给运动，摇臂沿外立柱的升降运动、主轴箱沿摇臂径向移动、摇臂与外立柱一起相对于内立柱的回转运动为辅助运动。

二、　电力拖动形式及控制要求

摇臂钻床可在大、中型零件上进行钻孔、扩孔、铰孔、攻螺纹等多种形式的加工，因此要求它的主轴的旋转运动和进给运动有较大的调速范围，且用一台三相笼型异步电动机拖动主轴的转速和进刀量用变速箱改变。钻床加工螺纹时，主轴需要正反转。摇臂钻床主轴的正反转用机械方法变换，故主轴电动机只作单方向运转。摇臂沿外立柱的升降运动由一台摇臂升降电动机拖动。摇臂、外立柱、主轴箱的松开与夹紧由一台液压泵电动机拖动。摇臂的回转和主轴箱的径向移动采用手动操作。钻床加工时，用冷却泵电动机供给切削液冷却钻头和工件。摇臂钻床的主轴旋转和摇臂升降不允许同时进行，以保证安全生产。

三、电气控制线路分析

Z3040 型摇臂钻床电气控制线路如图 4-3 所示。Z3040 型摇臂钻床的主轴旋转运动和进给运动由 M1 拖动，主轴的正反转通过机械转换，因此 M1 只有单方向运转，由 KM1 控制；摇臂的升降由 M2 拖动，M2 必须能正反转，由 KM2、KM3 控制；摇臂、主轴箱、外立柱的松开与夹紧由 M3 供给压力油实现，M3 必须能正反转，由 KM4、KM5 控制；M4 供给切削液对加工刀具进行冷却。

1. M1 的启、停控制

要 M1 启动，合上 Q1，此时如果外立柱、主轴箱是夹紧的，则 SQ4 的常开触点（101-103）闭合，指示灯 HL2 亮，SQ4 的常闭触点（101-102）断开，指示灯 HL1 不亮。按下 SB2，KM1 得电自保，M1 启动运转，同时由于 KM1 的常开辅助触点（101-104）闭合指示灯 HL3 亮。要 M1 停车，按下 SB1，KM1 失电，M1 停转，HL3 灭。

2. 摇臂的升、降控制

摇臂松开时，SQ2 的常开触点（6-7）闭合，SQ2 的常闭触点（6-13）断开，SQ3 的常闭触点（1-21）闭合；摇臂夹紧时，SQ2 的常开触点（6-7）断开，SQ2 的常闭触点（6-13）闭合，而 SQ3 的常闭触点（1-21）断开。SQ1(5-6)、SQ1(12-6) 分别为摇臂升降限位行程开关。要想让摇臂上升，按下 SB3，其常闭触点（7-10）先断开，起机械联锁作用，其常开触点（1-5）后闭合，KT1 得电。KT1 得电后，其断电延时复位的常闭触点（21-22）先断开，起电联锁作用，瞬动常开触点（13-14）后闭合，因为摇臂是夹紧的，所以 KM4 得电。KM4 得电后，其常闭触点（22-23）先打开，起电联锁作用，其常开主触点后闭合，M3 正转，压力油经分配阀体进入摇臂的松开油腔，推动活塞使摇臂松开。摇臂松开后，SQ3 常闭触点（1-21）复位，活塞杆通过弹簧片使 SQ2(6-13) 断开，KM4 失电，SQ2(6-7) 闭合，KM2 得电。KM2 得电后，其常开主触点先复位，M3 停转；其常闭辅助触点后复位，为 KM5 得电作准备。KM2 得电后，其常闭触点（10-11）先断开，起电联锁作用，其常开主触点后闭合，M2 正转，摇臂上升。当摇臂上升到位时，松开 SB3，KM2、KT1 失电。KM2 失电后，M2 停转，摇臂停止上升。KT1 失电后，到达其整定时间，其延时复位的常闭触点（21-22）复位，KM5 得电。KM5 得电后，其常闭辅助触点（15-16）先打开，起电联锁作用；其常开主触点后闭合，M3 反转，压力油经分配阀体进入摇臂夹紧腔，摇臂夹紧，夹紧到一定程度，活塞杆通过弹簧片使常闭的 SQ3（1-21）打开，KM5 失电，M3 停转，完成了摇臂的松开→上升→夹紧动作。

摇臂自动夹紧程度由 SQ3 控制，如果夹紧机构液压系统出现故障不能夹紧，则 SQ3(1-21) 断不开，或者 SQ3(1-21) 安装调整不当，摇臂夹紧后仍不能压下 SQ3，这都会使 M3 处于长期过载状态，易将 M3 烧毁，为此 M3 用 FR2 作长期过载保护。摇臂的下降过程与上升过程相似。

3. 立柱、主轴箱的松开与夹紧控制

外立柱、主轴箱的松开与夹紧，由转换开关 SA 预选。当 SA 扳到"Ⅰ"位时，为外立柱的松开与夹紧；当 SA 扳到"Ⅱ"位时，为主轴箱的松开与夹紧；当 SA 在"0"位时，外立柱与主轴箱同时松开与夹紧。立柱、主轴箱的松开由复合按钮 SB5 通过 KT2、KT3、KM4 点动控制；立柱、主轴箱的夹紧由复合按钮 SB6 通过 KT2、KT3、KM5 点动控制。要主轴箱松开，先将 SA 扳到"Ⅱ"位，触点（26-27）接通，触点（26-28）断开。然后按下 SB5，

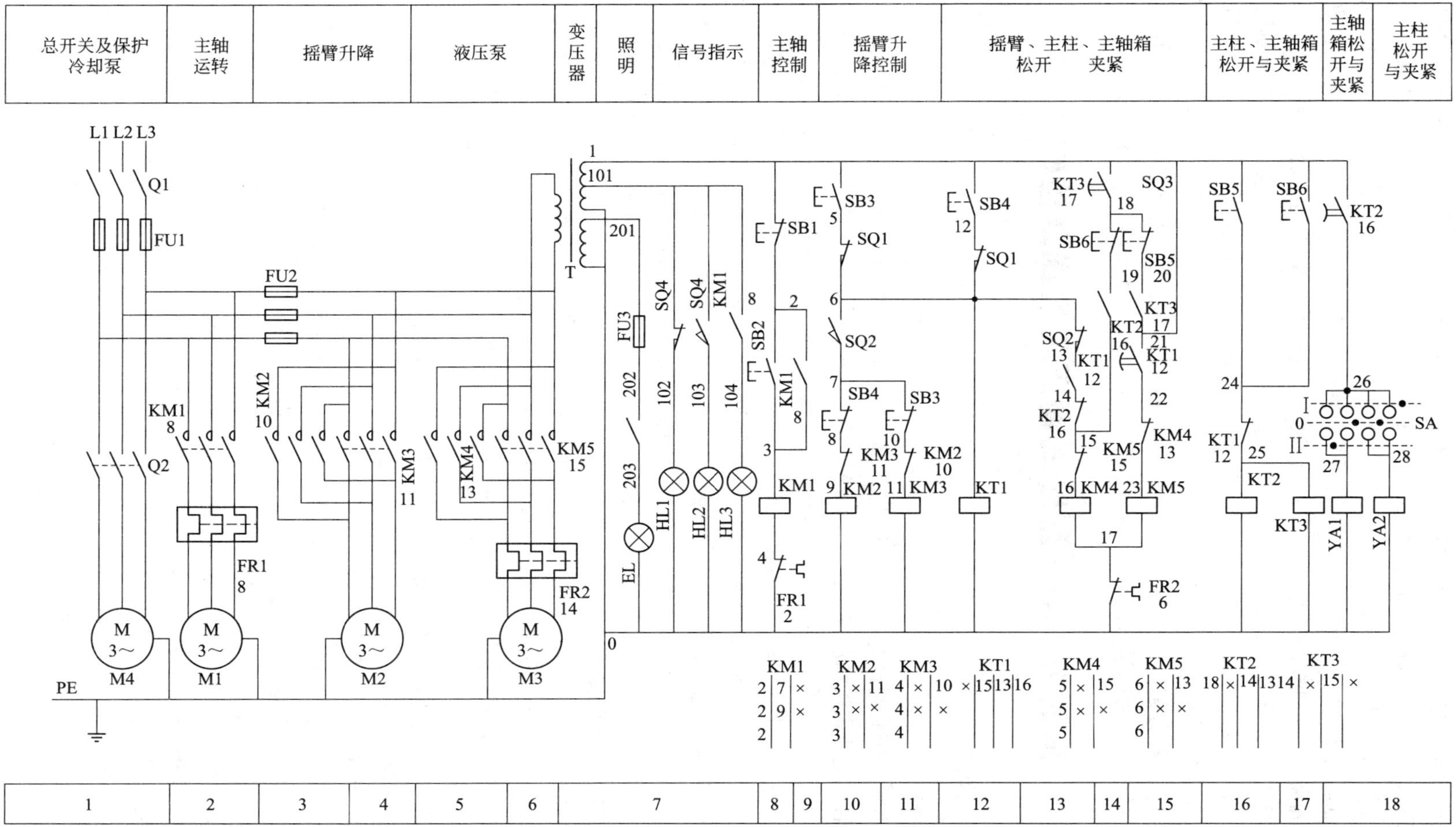

图 4-3 Z3040 型摇臂钻床电气控制线路

其常闭触点先断开，起机械联锁作用；其常开触点后闭合，KT2、KT3 同时得电。KT2 得电后，其断电延时复位的常开触点（1-26）瞬时闭合，电磁铁 YA1 得电。瞬动的常开触点 KT2（15-19）、KT3（20-21）也瞬时闭合。经过 1~3s 后，KT3 的通电延时闭合的常开触点（1-18）闭合，KM4 通过 1-18-19-15-16-17-0 通电，其常闭辅助触点（22-23）先断开，起电联锁作用，其常开主触点后闭合，M3 正转，压力油经分配阀体到达主轴箱液压缸，推动活塞使主轴箱松开。主轴箱的夹紧与主轴箱的松开相似。要立柱松开，先将 SA 扳到"I"位，触点（26-28）闭合，触点（26-27）断开。然后按下 SB5，KT2、KT3 同时得电。KT2 得电后，其断电延时复位的常开触点（1-26）瞬时闭合，YA2 得电。KT2、KT3 的瞬动常开触点（15-19）、（20-21）也瞬时闭合。到达 KT3 的整定时间，其通电延时闭合的常开触点（1-18）闭合，KM4 通电，M3 正转，压力油经分配阀体到达外立柱液压缸，推动活塞使立柱松开。外立柱松开后，活塞杆使 SQ4 的常开、常闭触点均复位，HL1 亮，HL4 灭。立柱的夹紧与松开相似。

第四节　T68 型卧式镗床电气线路检修

一、工作原理

1. 机床概况

T68 型卧式镗床有两台电动机 M1 和 M2。电动机 M1 控制主轴运转和进给，系双速异步电动机，正反转和变速由接触器控制。电动机 M2 是快速移动电动机。该镗床主要由床身、前立柱、镗头架、工作台、后立柱和尾架等部分组成。床身是一个整体的铸件，在它的一端固定有前立柱，在前立柱的垂直导轨上装有镗头架，可沿导轨垂直移动。镗头架中装有主轴部分、主轴变速箱、进给箱与操纵机构等部件。后立柱的尾架用来支持装夹有镗轴上的镗杆末端，它与镗头架同时升降，保证两者的轴心在同一轴线上。后立柱可沿床身导轨在镗轴的轴线方向调整其位置。工作台安置在床身的导轨上，它由下溜板、上溜板和可转动的工作台组成。工作台可以在平行于（纵向）和垂直于（横向）镗轴轴线方向移动，并可绕垂直的轴线转动。

2. 电路特点及控制要求

a. 主电动机拖动镗轴旋转和旋盘的运动作为主运动，并具有工作台、镗轴的轴向进给。

b. 镗头架、工作台和尾架的快速移动，由单独的电动机拖动。

c. 为适应各种工件的加工工艺，主轴应有较大的调速范围，多采用交流电动机驱动的滑移齿轮有级变速系统。

d. 在变速时，为防止顶齿现象，要求主轴系统作低速断续冲动。

e. 由于镗床各部件之间的运动较多，所以必须有联锁保护以及过载和限位保护等。

3. 电路工作原理（如图 4-4 所示）

（1）开车准备　接通电源开关 QS，选择所需要的主轴变速和进给量。

（2）主轴电动机启动　按下按钮 SB，中间继电器在 KA1 线圈通电吸合并自锁，它的三个常开触点（5-7、6-8、25-29）均闭合，常闭触点（13-11）断开，与 KA2 联锁。触点 KA1（6-8）闭合后，接通接触器 KM6 线圈电路，其电流回路是：2→FU3→FR→6→KA1 常开触点→8→KM6 线圈→17→SQ3→15→SQ5→5→SQ3→3→SQ1→1。KM6 通电吸合，常开触点（29-5）闭合。中间继电器 KA1 另一个触点（25-29）和 KM6 触点（29-5）闭合后，接通电动机正转电路。接触器 KM1 通电吸合，KM1 的常闭触点（33-31）断开，对 KM2 进行联锁，KM1 触点（21-3）闭合后，接触器 KM3 的线圈电路接通，其电流回路是：6→KM3 线圈→37→KM4 常闭触点→35→KT 延时断开常闭触点→21→KM1 常开触点→3→SQ1→1。KM3 通电吸合，主触点把电动机 M1 接成△，按 1500r/min 作正向运转。如需电动机反转，可先停车后，再按反转按钮 SB2，其控制情况与上述基本相似。电动机作 1500r/min 运转时，可将变速开关 KA4(19-17) 断开；选择的速度为 3000r/min 时，KA4 闭合。在 KA1(或 KA2) 的常开触点（6-8）闭合时，KT 将与 KM6 同时通电，由于 KT 的延时作用，接触器 KM3 线圈先通电，电动机 M1 先按 1500r/min 转起来。在 KT 的延时作用完毕后，延时断开的常闭触点（35-21）断开，延时闭合的常开触点（39-21）闭合，KM3 断电，KM4、KM5 吸合，电动机从 1500r/min 转换到 3000r/min 运转。

（3）停车　电动机启动约在 120r/min 时，速度继电器的常开触点 KS(31-21) 闭合为反接制动停车作准备。停车时，可按停止按钮 SB3，其常闭触点（5-3）断开，常开触点（21-3）闭合，KA1、KM6、KT 的线圈同时断电，KT 的触点（35-21）闭合，触点（39-21）断开，因此 KM3 线圈通电，使电动机转换成 1500r/min，进行反接制动，动作过程如下。

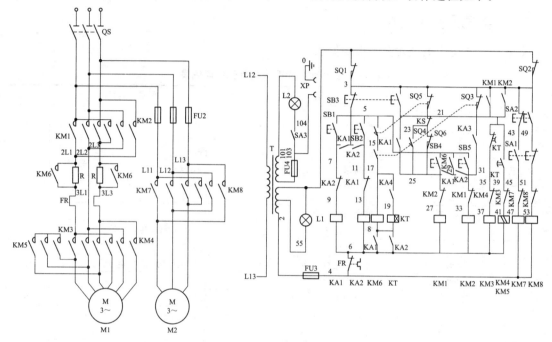

图 4-4　T68 型卧式镗床电气原理图

接触器 KM6 及 KM1 断电，KM1 的常闭触点（33-31）闭合。此时，电动机的转速仍很高，速度继电器的常开触点 KS(31-21) 仍处于闭合状态，因此 KM2 线圈的电流回路是：6→KM2 线线圈→33→KM1 的常闭触点→31→KS→21→SB3→3→SQ1→1。反转接触器通电并自锁，电动机开始经电阻作反接制动。当电动机转速降至 120r/min 时，速度继电器的常开触点 KS 断开，KM3 断电制动结束。如果电动机是反转，速度继电器的另一个常开触点 KS(25-21) 闭合，制动过程与正转基本相同。

（4）主轴调整（即主轴点动）　需要调整转速，可按下点动按钮 SB4(或 SB5)，接触器 KM1(或 KM2)、KM3 接通电动机主电路经电阻接成△按 1500r/min 转动。SD4(或 SB5) 松开时，主轴电动机自然停止。

（5）主轴变速　主轴有 18 种转速，是用变速操纵盘和变速手柄通过机械和电气的联锁来实现的。在变速时必须先拉出变速手柄（不必要按停止按钮），这时开关 SQ5 断开，KM6 断电，其常开触点（29-5）断开，KM1 断电，速度继电器的常开触点 KS（31-21）仍借助电动机 M1 的惯性闭合，接触器 KM2 接通，电动机反接制动。停车后 KS(31-21) 打开，另一触点（23-21）闭合，目的是在齿轮啮合不好时，给 M1 低速转动准备条件。变速齿轮卡住，手柄推合不上时，开关 SQ6 闭合，由于 KS(23-21) 已闭合，接触器 KM1 和 KM3 通电吸合，当速度达到 120r/min 以下时，KS 在闭合状态，电动机重新启动，这样重复动作，直至齿轮啮合后方能推合手柄。齿轮啮合后，重新将开关 SQ5 闭合，交流接触器 KM6、KM1、KM3（或 KM4、KM5）接通，电动机启动并按选择速度运转。

（6）进给变速　与主轴变速基本相同，只要推上进给变速手柄压下开关 SQ3 和 SQ4 即可。

（7）快速移动　为了缩短辅助时间，机床设有快速移动机构，由电动机 M2 拖动。用手柄压下开关 SA1（或 SA2），使接触器 KM7（或 KM8）的线圈通电，快速电动机就按正向（或反向）旋转并带动机械部分快速移动。手柄松开时，电动机停转快速移动停止。

（8）联锁保护装置　开关 SQ1 和 SQ2 并接在主电动机 M1 及快速电动机 M2 的控制电路中，开关 SQ1 与手柄用机械机构连接着，此手柄操纵工作台进给及主轴箱进给装置。手柄动作时，开关 SQ2 断开，便不能开动机床或进行快速移动，从而进行联锁。

二、 电气元件明细表

T68 型卧式镗床电气元件明细表见表 4-3。

表 4-3　T68 型卧式镗床电气元件明细表

代　号	名　称	用　途	型号与规格	件数
KM1		主轴正转	CJO-40	1
KM2		主轴反转	CJO-40	1
KM6		主轴制动	CJO-20	1
KM3	交流接触器	主轴低速	CJO-40	1
KM4、KM5		高轴高速	CJO-40	2
KM7		快速移动正转	CJO-20	1
KM8		快速移动反转	CJO-20	1
FR	热继电器	主轴电动机过载保护	FR2-1	1
KA1	中间继电器	接通主轴正转	JZ4-44，线圈电压 127V	1
KA2	中间继电器	接通主轴反转	ZJ4-44	1
KT	时间继电器	主轴调整延时启动	线圈电压为 127V 整定值为 7s	1
KS	速度继电器	主轴反接制动	JY-1	
R	电阻元件	主轴电动机反接制动	ZB-9，0.9Ω	8
T	变压器	控制和照明两用	BK-300VA，380V/127V/36V/6.3V	1
SA1、L	照明开关、灯具	局部照明	JC6-2	1
L1	信号灯	电源接通指示灯	AD38-22 或 DZ99-4，绿色灯罩	
SB5	按钮	主轴反转点动	LA2	1
SB4		主轴正转点动	LA2	1
SB2	按钮	主轴反转启动	LA2	1
SB5		主轴正转启动	LA2	1
SB6		主轴停止	LA2	1
SQ1		主轴进刀与工作台互锁	LX1-11J 防溅式	1
SQ2	限位开关	主轴进刀与工作台移动互锁	LA3-11K 开启式	1
SQ3		进给速度变换	LX1-11K 开启式	1
SQ4		进给速度变换	LX1-11K 开启式	1
SQ5		主轴速度变换	LX1-11K 开启式	1
SQ6		主轴速度变换	LX1-11K 开启式	1
KA3	限位开关	接通高速	LX5-11 开启式	1
SA2		快速移动正转	LX3-1K 开启式	1
SA1		快速移动反转	LX3-11K 开启式	1
XP	接插器	工作照明		1

三、 故障分析

1. 常见故障与检修

T68 型卧式镗床控制电路的某一个工作状态要涉及几个电器同时动作。例如，主轴电动机 1500r/min 正转，必须在 KA1 继电器、KM6、KM1、KM3 等接触器动作后才能完成。因此，采用强迫闭合法检查电路故障就比较方便。

（1）主轴电动机正转方向不能启动　当选好所需要手柄及进给量，按下正转按钮 SB1 后，继电器 KA1 不动作，可看机床照明灯和电源信号灯是否亮。灯亮，说明电源电压正常。然后用两种方法检查电路故障。

按顺序强迫闭合相应的电器检查故障点。

a. 强迫闭合继电器 KA1，看 KM6、KM1、KM3 是否闭合，主轴电动机是否运转。可能有三种情况出现：一是强迫闭合 KA1 后，其他接触器均无反应，故障原因可能是熔断器 FU3 熔断；SB3、FR 接触不良；SQ1 和 SQ2 都在动作位置。二是当松开 KA1 后，它不再跳开，其他接触器和电动机都正常工作，故障原因是正转启动按钮 SB1 接触不良；KA1 本身的机械部分有卡住的现象。三是强闭合时，其他电器和电动机都工作，松开后也随之停止工作，故障原因可能是 KA1 的线圈电路断路；继电器 KA2 的常闭触点（9-7）接触不良。

b. 经检修，继电器 KA1 吸合，但电动机不转，可强迫闭合 KM6，看其所控制电器是否动作。如动作正常，说明接触器 KM6 本身或控制电路断路，如 KA1 触点（6-8）、SQ3 触点（17-15）、SQ5 触点（15-5）中有触点接触不良。

c. 如果 KA1、KM6 吸合，看 KM1 是否吸合，电动机是否运转。KM1 吸合，KM3 不吸合（选用 1500r/min 时），故障在 KM3 电路或其本身。如有关电器工作正常，电动机不转，故障在 M1 的主电路。如 KM1 不吸合，可强迫闭合 KM1，这时电动机正常运行，故障在 KM1 及其电路。首先对关键电器进行强迫闭合，就可把有关电路分成两段或几段进行检查。例如，按下按钮 SB1，电动机不转，应首先分清故障的大体部位。可将接触器 KM1 强迫闭合，注意观察电动机 M1。如电动机开始运转，说明 KM1 以下的电路（指 KM3 及其控制电路）正常，故障在 KM1 以上的电路。这样就把电路分成两大部分。另外，还可以用操作按钮来检查故障。例如按启动按钮 SB1，电动机不转，可再按点动按钮 SB4。如电动机转动，故障在 KM1 以上的电路中。

（2）主轴电动机低速能工作但不能转换成高速挡　首先看时间继电器 KT 是否吸合。如不吸合可将其强迫闭合，待延时完毕，看速度是否变换，主轴电动机是否停车。当发现既不变速也不停车时，说明微动开关调整的位置不正确。这时，可将时间继电器衔铁松开，做第二种实验，即直接用螺丝刀头部按压微动开关触杆。如电动机转速可以变换，证明前面的判断是正确的，可调动微动开关，减小它与触杆的距离。若转速不但不能变换而且电动机停转，说明微动开关触点（39-21）接触不良或接触器 KM3 的常闭触点闭合不好。为了进一步确定故障点，把 KM3 触点（41-39）暂时短接，然后进行上述实验。如情况同上，证明微动开关触点接触不良，否则是 KM3 常闭触点接触不良。还可能出现时间继电器吸合后，接触器 KM4、KM5 有一个吸合、而另一个不吸合的现象。考虑到 KM4、KM5 是并联运行的两个接触器，所以故障原因是不吸合的那个接触器连线松动或本身故障。

2. 检修注意事项

由于 T68 型镗床主轴电动机的主电路较一般电动机的主电路复杂，它既有正反转控制，又可进行两种速度的切换，在制动时电路中还要串联电阻，所以主电路中的触点较多。如其中一个触点接触不良，就可导致电动机两相运转。电动机两相运动表现形式有两种，一种是明显的两相运转，电动机强烈的振动或发生比较明显的"嗡嗡"声而不转。其原因是熔断器 FU1 某相熔断；接触器 KM1、KM2、KM3、KM4、KM5 之中某触点接触不良；热继电器的感温元件烧断或连接导线开路等。另一种是不明显的两相运动，电动机有较小的振动且有轻微的"嗡嗡"声，转速没有明显下降。造成这种故障的原因一般是接触器 KM6 的主触点（2L1-3L1 或 2L3-3L4）中某触点接触不良。这种情况下很容易将电阻 R 烧断。

第五章

实用电子电路与电子器件

第一节　模拟电路基础

一、二极管

1. PN 结及其单向导电性

不含杂质且具有完整晶体结构的半导体称为本征半导体。本征半导体的载流子数量太少，不能直接用来制造半导体器件。为了提高半导体的导电能力，需在本征半导体中掺入适量的杂质元素，如磷、硼、砷、铟等，成为杂质半导体。若在本征半导体中掺入五价（磷）元素后称为 N 型半导体，若在本征半导体中掺入三价（硼）元素后称为 P 型半导体。

利用掺杂质的方法：可以使一块半导体的一部分成为 P 型半导体，而另一部分成为 N 型半导体，它们的交界面就形成一个具有特殊性质的区域，称为 PN 结，如图 5-1 所示。

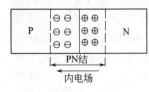

图 5-1　PN 结的形成

若 PN 结两端外加电压极性为：P 区接正极性端，N 区接负极性端，称为外加正向电压或正向偏置。此时正向电流较大，PN 结呈现很低的电阻，处于正向导通状态，如图 5-2 所示。

若 PN 结两端外加电压极性为：P 区接负极性端，N 区接正极性端，称为外加反向电压或反向偏置。此时反向电流很小，PN 结呈现高电阻特性，基本不导电，处于反向截止状态，如图 5-3 所示。

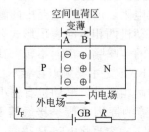

图 5-2　PN 结外加正向电压

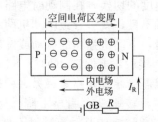

图 5-3　PN 结外加反向电压

2. 二极管的结构及符号

半导体二极管的主要构成部分就是一个 PN 结。在一个 PN 结两端接上相应的电极引线，外面用金属（或玻璃、塑料）管壳封装起来，就成为半导体二极管。从 P 端引出的电极称为阳极，从 N 端引出的电极称为阴极。

a. 按照内部结构的不同，二极管可分为点接触型和面接触型等类型。点接触型二极管的 PN 结结面积很小，因而极间电容很小，适用于高频工作，但不能通过较大电流。因此，它主要用于高频检波、脉冲数字电路，也可用于小电流整流电路。面接触型二极管的 PN 结结面积大，因而极间电容也大，一般用于整流电路，而不宜用于高频电路中。

b. 按材料不同二极管分为硅管和锗管，其中硅管使用最多。

c. 二极管的结构及符号如图 5-4 所示，图 5-5 所示为二极管的实物。

3. 二极管的伏安特性

二极管的伏安特性是指二极管两端电压与流过二极管电流之间的关系，如图 5-6 所示。可以看出曲线有如下特点。

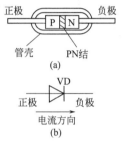

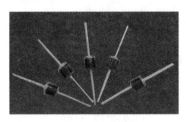

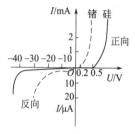

图 5-4　二极管的结构及符号　　　图 5-5　二极管的实物　　　图 5-6　二极管的伏安特性曲线

（1）正向特性　由图 5-6 可见，当二极管外加的正向电压很小时，正向电流几乎为 0，这一段称为死区。硅管的死区电压约为 0.5V，锗管的死区电压约为 0.1V。当外加的电压超过死区电压时，电流随电压增加而迅速增大，二极管导通。导通后二极管两端电压变化很小，硅管约为 0.7V，锗管约为 0.3V。

（2）反向特性　当二极管外加反向电压时，反向电流很小，且不随反向电压变化。一般锗管的反向电流为几十微安，而硅管则小于 $0.1\mu A$。温度升高时，反向电流将增加。

（3）反向击穿特性　当反向电压增加到一定值时，反向电流急剧增加，这种现象称为反向击穿，相应的电压称为反向击穿电压。若不限制击穿电流，PN 结会被烧毁。所以使用二极管时，外加的反向电压应小于反向击穿电压。温度升高时，反向击穿电压将下降。

由上述分析可知，二极管具有单向导电性，是非线性元件。由于二极管正向导通时，两端电压很小，可忽略不计，看成短路；反向截止时，反向电流很小，可忽略不计，看成开路。具有这种理想特性的二极管称为理想二极管。

4. 二极管的主要参数

二极管的参数是表征二极管的性能及其适用范围的数据，是选择和使用二极管的重要参考依据。二极管的参数主要有以下几个。

（1）最大整流电流 I_{FM}　这是指二极管长期工作时允许通过的最大正向电流平均值。实际应用时，通过二极管的正向平均电流不允许超过此值，以免二极管过热烧坏。

（2）最高反向工作电压 U_{RM}　这是使保证二极管不被击穿所允许的最高反向工作电压。使用时，二极管上的实际反向电压峰值不能超过此值，以免二极管击穿损坏。

（3）最大反向电流 I_{RM}　它是二极管加最高反向工作电压时的反向电流。此值越小，二极管的单向导电性能越好。

（4）最高工作频率 F_M　由于 PN 结存在结电容，高频电流很容易从结电容通过，从而失去单向导电性。因此，规定二极管有一个最高工作频率。

5. 二极管的型号与规格

二极管的型号由五部分组成，其符号命名方法见表 5-1。

表 5-1　二极管的型号

第 一 部 分		第 二 部 分		第 三 部 分				第四部分	第五部分
用数字表示器件的电极数目		用拼音字母表示器件的材料和极性		用汉语拼音字母表示器件的类型				用数字表示器件的序号	用汉语拼音字母表示规格号
符号	意义	符号	意义	符号	意义	符号	意义		
2	二极管	A B C D E	N 型锗材料 P 型锗材料 N 型硅材料 P 型硅材料 化合物	P Z W K L	普通管 整流管 稳压管 开关管 整流堆	C U N BT	参量管 光电器件 阻尼管 半导体特殊器件		

例如：

6. 二极管的好坏判断

（1）直观判断　有的将电路符号印在二极管上标示出极性；有的在二极管负极一端印上一道色环作为负极标记；有的二极管两端形状不同，平头为正极、圆头为负极。使用中应注意识别，带有符号按符号识别。不用表测量晶体二极管可用万用表进行引脚识别和检测。万用表置于 $R×1k$ 挡，两表笔分别接到二极管的两端，如果测得的电阻值较小，则为二极管的正向电阻，这时与黑表笔（即表内电池正极）相连的是二极管正极，与红表笔（即表内电池负极）相连的是二极管负极。

（2）好坏判断　如果测得的电阻值很大，则为二极管的反向电阻，这时与黑表笔相接的是二极管负极，与红表笔相接的是二极管正极。二极管的正、反向电阻应相差很大，且反向电阻接近于无穷大。如果某二极管正、反向电阻均为无穷大，说明该二极管内部断路损坏；如果正、反向电阻均为 0，说明该二极管已被击穿短路；如果正、反向电阻相差不大，说明该二极管质量太差，不宜使用。

二、 三极管

1. 三极管的结构、符号及分类

（1）三极管的结构及符号　三极管种类很多，外形不同，但是它们的基本结构相同，都是通过一定工艺在一块半导体基片上制成两个 PN 结引出三个电极，然后用管壳封装而成的。因此，它是一种具有两个 PN 结、三个电极的半导体器件。

根据结构不同，三极管可分为两种类型：NPN 型和 PNP 型。三极管的结构如图 5-7（a）所示。NPN 型管或 PNP 型管的三层半导体形成三个不同的导电区。三极管的文字符号为 VT，图形符号如图 5-7（b）和图 5-7（c）所示。图 5-8 所示为三极管的实物。两种类型符号的区别在于发射极的箭头方向不同，箭头的方向就是发射结正向偏置时电流的方向。

（2）三极管的分类　按用途分为低频小功率管、低频大功率管、高频小功率管、高频大功率管、开关管等。

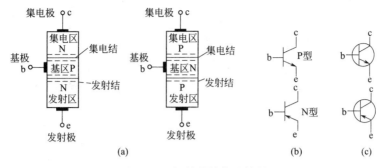

图 5-7　二极管的结构及符号

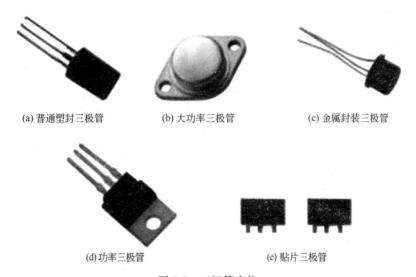

(a) 普通塑封三极管　　(b) 大功率三极管　　(c) 金属封装三极管

(d)功率三极管　　　　　(e) 贴片三极管

图 5-8　三极管实物

2. 三极管的电流放大作用

三极管的主要特点是具有电流放大作用。为了实现电流放大，必须外接直流电源，使发射结正偏，集电结反偏。在图 5-9 所示的放大电路中，基极电源 U_{BB} 使发射结正偏，电源 U_{CC} 使集电结反偏。R_B 为基极电阻，R_C 为集电极电阻。I_B 为基极电流，I_C 为集电极电流，I_E 为发射极电流。由于发射极为公共端，所以称为共发射极放大电路。

每次调节 R_B，可得到相对应的 I_B、I_C、I_E 的测量值。从上述实验可得出如下结论。

（1）三极管的发射极电流 I_E　发射极电流 I_E 等于集电极电流 I_C 与基极电流 I_B 之和，即 $I_E = I_B + I_C$。

由于 $I_C \gg I_B$，故 $I_C \approx I_E$。

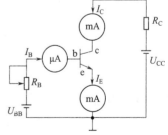

图 5-9　三极管的电流放大作用

表 5-2　三极管中的 I_B、I_C、I_E

$I_B/\mu A$	0	10	20	30	40	50	60
I_C/mA	0.001	0.43	0.88	1.33	1.78	2.22	2.66
I_E/mA	0.001	0.44	0.90	1.36	1.82	2.27	2.72

（2）三极管具有电流放大作用　由表 5-2 可见，很小的基极电流 I_B 能产生较大的集电极电流 I_C，这就是三极管的电流放大作用。I_C 与 I_B 的比值称为共发射极直流电流放大系数，

用 $\overline{\beta}$ 表示，即

$$\overline{\beta}=\frac{I_C}{I_B}$$

从表 5-2 还可以看出，基极电流有很小的变化（ΔI_B）时，集电极电流有较大的变化（ΔI_C），ΔI_C 与 ΔI_B 的比值称为共发射极交流电流放大系数，用 β 表示，即

$$\beta=\frac{\Delta I_C}{\Delta I_B}$$

（3）三极管各极电流、电压之间的关系　各电极电流关系为 $I_E=I_C+I_B$，又由于 I_B 很小可忽略不计，则 $I_E\approx I_C$。各极电压关系为：b 极电压与 e 极电压变化相同，即 $U_B\uparrow$、$U_E\uparrow$；而 B 与 E 关系相反，即 $U_B\uparrow$、$U_C\downarrow$。

3. 三极管特性曲线

表示三极管各极电流与极间电压关系的特性，称为三极管的特性曲线。它可分为输入特性曲线和输出特性曲线两种。

（1）输入特性曲线　输入特性曲线是指 U_{BE} 一定时，输入回路中基极电流 I_B 与基极、发射极间电压 U_{BE} 的关系曲线。由于发射结正偏，所以输入特性曲线与二极管正向特性相似，如图 5-10 所示。U_{BE} 大于死区电压后，三极管才导通，形成基极电流 I_B，这时三极管的 U_{BE} 变化不大，一般硅管约为 0.7V，锗管约为 0.3V。

（2）输出特性曲线　输出特性曲线是指 I_B 定时，输出回路中集电极电流 I_C 与集、射极间电压 U_{CE} 的关系曲线，如图 5-11 所示。

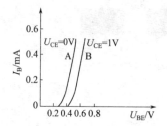

图 5-10　三极管的输入特性曲线

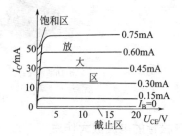

图 5-11　三极管的输出特性曲线

三极管有三种工作状态，在输出特性曲线上分为三个区域。

① 放大区　工作放大区条件为：发射结正偏，集电结反偏。放大区的特点是 I_C 受 I_B 的控制，即 $I_C=\beta I_B$，有电流放大作用。I_C 与 U_{CE} 几乎无关。

② 截止区　工作截止区条件为：发射结反偏或零偏，集电结反偏。截止区时通过集电极的电流极小，即 $I_C=0$。这时的三极管相当于一个断开的开关。

③ 饱和区　工作饱和区条件为：发射结和集电结都正偏。饱和区内 I_C 不受 I_B 的控制。饱和电压（用 U_{CEO} 表示）很小，小功率硅管约为 0.3 V，锗管约为 0.1 V，这时三极管相当于一个闭合的开关。

三极管作放大使用时，工作在放大区；三极管作开关使用时，工作在截止区或饱和区。

4. 三极管的主要参数

（1）集电极最大耗散功率 P_{CM}　三极管在工作时，集电结要承受较大的反向电压和通过较大的电流，因消耗功率而发热。当集电结所消耗的功率（集电极电流与集电极电压的乘积）无穷大时，就会产生高温而烧坏。一般锗管的 PN 结最高结温为 75～100℃，硅管的最高结温为 100～150℃。因此，规定三极管集电极温度升高到不至于将集电结烧毁所消耗的功率为集电极最大耗散功率 P_{CM}。放大电路不同，对 P_{CM} 的要求也不同。使用三极管时，不能超过这个极限值。

（2）共发射极电流放大系数 β　它是指三极管的基极电流 I_B 微小的变化能引起集电极电

流 I_C 较大的变化，这就是三极管的放大作用。由于 I_B 和 I_C 都以发射极作为共用电极，所以把这两个变化量的比值称为共发射极电流放大系数，用 β 或 h_{FE} 表示。即 $\beta = \Delta I_C / \Delta I_B$。式中"$\Delta$"表示微小变化时，是指变化前的量与变化后的量的差值，即增加或的数量。常用的中小功率晶体管 β 值在 20～250 之间。β 值的大小应根据电路上的要求来选择，不要过分追求放大量，β 值过大的管子，往往其线性和工作稳定性都较差。

（3）穿透电流 I_{CEO}　　I_{CEO} 是指基极开路，集电极与发射极之间加上规定的反向电压时，流过集电极的电流。穿透电流也是衡量管子质量的一个重要标准。它对温度更为敏感，直接影响电路的温度稳定性。在室温下，小功率硅管的 I_{CEO} 为几十微安，锗管约为几百微安。I_{CEO} 大的管子，热稳定性能较差，且寿命也短。

（4）集电极最大允许电流 I_{CM}　　集电极电流大到晶体管所能允许的极限值时，称为集电极的最大允许电流，用 I_{CM} 表示。使用三极管时，集电极电流不能超过 I_{CM} 值，否则，会引起三极管性能变差甚至损坏。

（5）集电极和基极击穿电压 $V_{(BV)CBO}$　　它是指发射极开路时，集电极的反向击穿电压。在使用中，加在集电极和基极间的反向电压不应超过 $V_{(BV)CBO}$。

（6）发射极和基极反向击穿电压 $V_{(BR)EBO}$　　它是指集电极开路时，发射结的反向击穿电压。虽然通常发射结加有正向电压，但当有大信号输入时，在负半周峰值时，发射结可能承受反向电压，该电压应远小于 $V_{(BR)EBO}$，否则易使三极管损坏。

（7）特征频率 f_T　　表示共发射极电路中，电流放大倍数（β）下降到 1 时所对应的频率。若三极管的工作频率大于特征频率时，三极管便失去电流放大能力。

（8）集电极反向电流 I_{CBO}　　I_{CBO} 是指发射极开路时，集电结的反向电流。它是不随反向电压增高而增加的，所以又称为反向饱和电流。在室温下，小功率锗管的 I_{CBO} 约为 $10\mu A$，小功率硅管的 I_{CBO} 则小于 $1\mu A$。I_{CBO} 的大小标志着集电结的质量，性能良好的三极管 I_{CBO} 应该是很小的。

（9）集电极-发射极反向击穿电压 $V_{(BR)CEO}$　　它是指基极开路时，允许加在集电极与发射极之间的最高工作电压值。集电极电压过高，会使晶体管击穿。所以，使用时加在集电极的工作电压（即直流电源电压）不能高于 $V_{(BR)CEO}$。一般应限 $V_{(BR)CEO}$ 高于电源电压的 1 倍。

由以上分析可以知道，为了使管子能够安全正常地工作，三极管工作时应满足：

$$I_C < I_{CM} \quad U_{CE} < U_{CEO} \quad I_C U_{CE} < P_{CM}$$

5. 三极管的型号

我国国家标准规定的三极管的型号见表 5-3。

表 5-3　三极管的型号

第一部分		第二部分		第三部分		第四部分	第五部分
用数字表示器件的电极数目		用拼音字母表示器件的材料和极性		用汉语拼音字母表示器件的类型		用数字表示器件的序号	用汉语拼音字母表示规格号
符号	意义	符号	意义	符号	意义		
3	三极管	A B C D	PNP 型锗材料 NPN 型锗材料 PNP 型硅材料 NPN 型硅材料	X G D A U K CS	低频小功率管 高频小功率管 低频大功率管 高频大功率管 光电器件 开关管 场效应管		

例如：

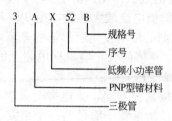

规格号
序号
低频小功率管
PNP型锗材料
三极管

6. 三极管的好坏判断

（1）电极判定

① 判定基极 区分 NPN、PNP 管先假设一个极为基极，用万用表 $R\times1\sim R\times100$ 挡，黑表笔接假设基极，红表笔分别测量另两个电极。如果指针均摆动，说明假设正确（如一次动一次不动，则不正确，应再次假定一个基极）。此时黑表笔所接为 NPN 管基极。如指针均不动，假定也正确，说明黑表笔所接为 PNP 管基极。

② 判别集电极和发射极引脚的方法 设为 NPN 管，在找出 B 极之后，要分清另两个引脚。方法是：红、黑表笔分别接除 B 引脚之外的两个引脚，然后用手捏住基极和黑表笔所接引脚，此时若指针向右偏转一个角度（阻值变小），则说明黑表笔所接引脚为集电极，另一个红表笔所接引脚为发射极。如不摆动，对换表笔再次测量即可。测 PNP 管时相反，即黑表笔为 E 极，红表笔为 C 极，手捏的为 B、C 极。

快速识别窍门：由于现在的晶体管多数为硅管，可采用 $R\times10k$ 挡（万用表内电池为15V），红、黑表笔直接测 C、E 极，正反两次，其中有一次指针摆动（几百千欧左右）。如两次均摆动，以摆动大的一次为准。NPN 管：红表笔所接 C 极，黑表笔所接为 E 极。PNP 管：红表笔接 E 极，黑表笔接 C 极（注意：此法只适用于硅管，与上述方法相反，另外此法也是区分光电耦合器中 C、E 极最好的方法）。

（2）好坏判断 用万用表 $R\times100$ 挡测各极间的正、反向电阻来判别管子好坏。

a. C、E 间的正向电阻（即 NPN 管黑表笔接 B 极，红表笔分别接 C、E 两极；PNP 型管应对调表笔），对于硅管来讲为几千欧，而锗管则为几百欧。电阻过大，说明管子性能不好；电阻无穷大，说明管子内部断路；电阻为 0，说明管子内部短路。

b. E 与 C 之间的电阻，硅管几乎是无穷大，小功率锗管在几十千欧以上，大功率锗管在几百欧以上。如果测得电阻为 0Ω，说明管子内部短路。在测量管子的反向电阻或 E 与 C 间的电阻时，如果随测量的时间延长，电阻慢慢减小，说明管子的性能不稳定。

c. B、C 间的反向电阻，硅管接近无穷大，锗管在几百千欧以上。如果测量阻值太小，表明管子性能不好；如果测量阻值为 0，说明管子内部短路。

三、 单管基本放大电路

由三极管组成的放大电路的主要作用是将微弱的电信号（如电压、电流）放大成为所需要的较强电信号。三极管放大电路在生产、科研及日常生活中的应用是极其广泛的。

1. 放大电路的组成

单管共发射极放.大电路如图 5-12 所示，需要放大的电压信号 U_{in} 接在放大电路输入端，放大后的电压 U_{out} 从放大电路的集电极与发射极输出。发射极 E 是输入信号和输出信号的公共端，组成共发射极放大电路。电路中各元件的作用如下。

VT：NPN 型三极管，是电路的放大元件。

U_{CC}：直流电源，它是放大电路的能

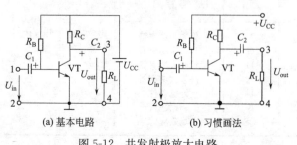

(a) 基本电路 (b) 习惯画法

图 5-12 共发射极放大电路

源，U_{CC}一方面通过基极电阻R_B给三极管发射结提供正偏电压；另一方面通过集电极电阻R_C给集电结提供反偏电压，使三极管工作在放大状态。这时，集电极电位最高，基极电位其次，发射极电位最低，即$U_C > U_B > U_E$。U_{CC}一般为几伏到几十伏。

R_B：基极偏置电阻，给基极提供一个合适的基极电流I_B，R_B一般为几十到几百千欧。

R_C：集电极电阻，它将集电极电流的变化转化为电压变化，实现电压放大。R_C一般为几千欧到几十千欧。

C_1、C_2：耦合电容或称隔直电容，它能通过交流隔断直流。对交流而言，由于容抗X_C很小，可将电容C_1、C_2看成短路，实现对交流信号的传递和放大，电容器不能通直流，使信号源和负载免受直流电源的影响。C_1、C_2一般为几到几十微法，采用电解电容器，因此连接时一定要注意其极性。为了简化电路，省略电源符号，只是在电源正极端标出$+U_{CC}$，如图5-12(b)所示的习惯画法。对于PNP型三极管放大电路，将U_{CC}反接，即U_{CC}的正极接地，则$U_C > U_B > U_E$。

2. 静态工作情况

放大电路没有输入信号，即$U_{in}=0$时的工作状态称为静态。这时输入端相当于短路，如图5-13(a)所示。在直流电源U_{CC}作用下，三极管各极电流和极间电压都是直流值，其值称为静态值或静态工作点。静态分析的首要任务是确定放大电路的静态值（直流值）I_B、I_C、U_{CE}。放大电路的质量与静态值关系极大。

为了分析静态值，常需要画出直流通路。因电容C_1、C_2具有隔直作用，对直流而言相当于开路，如图5-13(b)所示。

放大电路的静态值是指静态时的基极电流I_{BQ}、集电极电流I_{CQ}和集、射极间电压U_{CEO}（用大写字母表示）。可通过基极回路求I_{BQ}，即

$$I_{BQ} = \frac{U_{CC} - U_{BE}}{R_B} \approx \frac{U_{CC}}{R_B}$$

式中，U_{BE}为发射结的正偏电压，硅管约为0.7V，锗管约为0.3V。一般U_{BE}比U_{CC}小得多，可忽略不计。集电极电流为$I_{CQ} = \beta I_{BQ}$，集、射极间电压为$U_{CEQ} = U_{CC} - I_{CQ} R_C$。

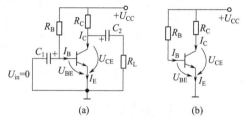

图5-13　放大电路静态工作点

【例5-1】 在图5-12所示放大电路中，已知$U_{CC}=6V$，$R_C=2k\Omega$，$R_B=200k\Omega$，$\beta=50$。试问：

(1) 求放大电路的静态工作点；

(2) 若R_B处断开，三极管工作在什么状态；

(3) 若R_B减小，I_C、U_{CE}怎样变化，三极管接近什么状态。

解： (1) $I_{BQ} = \dfrac{U_{CC} - U_{BE}}{R_B} \approx \dfrac{U_{CC}}{R_B} = \dfrac{6V}{200k\Omega} = 0.03mA = 30\mu A$

$I_{CQ} \approx \beta I_{BQ} = 50 \times 0.03mA = 1.5mA$

$U_{CEQ} = U_{CC} - I_{CQ} R_C = 6V - 1.5mA \times 2k\Omega = 3V$

(2) R_B处断开，$I_B=0$，$I_C=0$，$U_{CE} \approx U_{CC} = 6V$，三极管工作在截止状态。

(3) R_B减小时，I_B增加，I_C也增加，U_{CE}不断减小，当$U_{CE} \approx 0.3V$时，三极管进入饱和工作状态。饱和时的集电极电流为

$$I_C \approx \frac{U_{CC}}{R_C} = \frac{6V}{2k\Omega} = 3mA$$

从例中可看出，放大电路的静态值是由基极偏置电阻R_B阻值决定的，因此，通常用调节R_B阻值的办法使放大电路获得一个合适的静态值。

3. 动态工作情况

放大电路有输入信号（$U_{in} \neq 0$）时的工作状态称为动态。这时放大电路在直流电源U_{CC}和

输入交流信号 U_{in} 的共同作用下，电路中的电流和电压既有直流分量，又有交流分量（交流信号用小写字母表示）。

当交流信号 U_{in} 通过电容 C_1 加到三极管的基极和发射极间时，U_{BE} 就发生了变化，从而引起基极电流 i_b 的变化。由于 i_b 是输入电压引起的交流 $i_{b\sim}$ 和直流 I_m 叠加而成的，如果 I_m 的数值大于 $i_{b\sim}$ 的幅值，那么 $i_b=i_{b\sim}+I_{bQ}$ 就始终是单方向的脉动直流。这就是发射结始终处于正偏，保证放大器工作在放大状态，输出波形不会失真。当 i_c 流过集电极电阻 R_C 时，将产生压降 $i_c R_C$，则三极管集电极的对地电压为：

$$U_{ce}=E_{c\sim}-i_c R_C=E_c-(i_{c\sim}+I_{cQ})R_C=E_c-i_{c\sim}R_C-I_{cQ}R_C$$

$$U_{CEQ}=E_c-I_{cQ}R_C$$

$$u_{ce}=U_{CEQ}-i_{c\sim}R_C$$

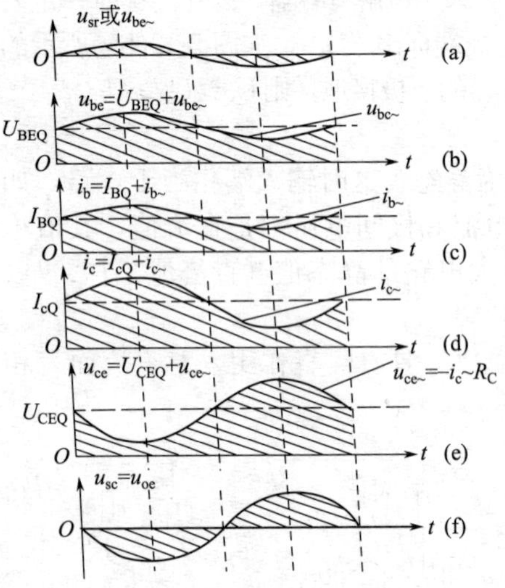

上式表明，三极管集电极与发射极间的总电压 u_{ce} 由两部分组成，其中 U_{CEQ} 为直流，$-i_{c\sim}$，R_C 为交流。由于电容 C2 的隔直通交作用，所以放大器的输出电压只有交流，即：

$$U_{out}=-i_{c\sim}R_C$$

上式说明，放大器的输出电压是一个频率与 i 相同的交流电压，其大小是 $i_{c\sim}$ 在 R_C 上产生的压降，相位与 $i_{c\sim}$ 相反（式中，负号就表示 U_{out} 的相位与 $i_{c\sim}$ 相反）。又因 $i_{c\sim}$ 与 $i_{b\sim}$ 及 U_{in} 同相，则 U_{out} 与 U_{in} 的相位就相反。这是放大器的一个重要特性，称为放大器的倒相作用。

放大器各部分的电流和电压波形图，如图 5-14 所示。

图 5-14 放大器的波形图

四、 单相整流电路

在生产、科学实验和日常生活中，除了广泛使用交流电以外，在某些场合（如电解、电镀和直流电动机等）需要直流电源；而在电子线路和自动控制装置中，一般需要电压非常稳定的直流电源。虽然在某些情况下，可利用直流发电机或化学电池作为直流电源，但是在大多数情况下，广泛采用各种半导体直流电源，利用它们可将电网提供的交流电转换成为直流电。

小功率直流稳压电源，通常由电源变压器、整流电路、滤波电路和稳压电路四部分组成，其原理框图如图 5-15 所示。

各环节的作用如下。

电源变压器：将电网 220V 或 380V 的工频交流电压变换为符合整流需要的电压值。

整流电路：利用二极管的单向导电性将交流电压变成脉动的直流电压。

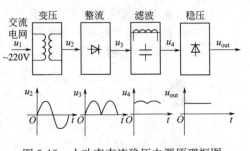

图 5-15 小功率直流稳压电源原理框图

滤波电路：利用电容、电感等电路元件的储能特性，将脉动直流电压变成恒定的直流电压。

稳压电路：当电网电压波动或负载变化时，稳压电路自动维持直流输出电压稳定。

1. 单相半波整流电路

它是最简单的整流电路，由整流变压器 TR、二极管 VD 及负载电阻 R_L 组成。电路如图5-16(a)所示。

由于二极管 VD 具有单向导电性，只有当它的阳极电位高于阴极电位时才能导通。在变

压器二次侧电压 u_2 的正半周，其极性为上正下负，即 a 点的电位高于 b 点，二极管因承受正
向电压而导通。这时负载电阻 R_L 上的电压
为 u_{out}，通过的电流为 i_{out}。在电压 u_2 的负
半周时，a 点的电位低于 b 点，二极管因承
受反向电压而截止，负载电阻 R_L 上没有电
压。因此，在负载电阻 R_L 上得到的是半波
电压 u_{out}，故称为半波整流。在导通时，二
极管的正向压降很小，可以忽略不计。因
此，可以认为 u_{out} 的半波和 u_2 的正半波是相
同的，如图 5-16(b) 所示。

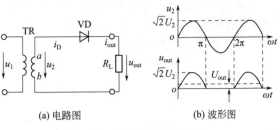

(a) 电路图　　　(b) 波形图

图 5-16　单相半波整流电路

　　在整流电路中，输出直流电压用一个周期的平均值来表示。单相半波整流电压的平均值
为 $u_{out}=0.45u$。

　　整流元件的选择一方面考虑流过二极管的平均电流 $I_D=i_{out}$，另一方面还要考虑二极管截
止时所承受的最高反向电压 $U_{DRM}=\sqrt{2}U_2$。

　　单相半波整流电路简单，但因只利用了电流的半个周期，所以整流效率低，脉动较大，
只适用于对平滑程度要求不高的小功率整流。

2. 单相全波整流电路

　　(1) 电路和工作原理　　单相全波整流电路如图 5-17(a) 所示，它由二次侧绕组带中心抽
头的变压器 TR、整流二极管 VD1 和 VD2、负载电阻 R_L 组成。

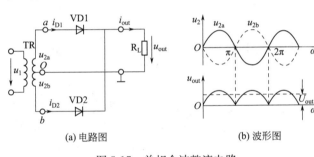

(a) 电路图　　　(b) 波形图

图 5-17　单相全波整流电路

　　变压器二次侧绕组的中心抽头把
二次侧电压分成大小相等、相位相反
的两个电压 u_{2a} 和 u_{2b}。单相全波整流
电路的波形如图 5-17(b) 所示。在 ωt
为 $0\sim\pi$ 的半周内，变压器二次侧绕组
a 端为正，b 端为负，使二极管 VD2
反偏而截止，二极管 VD1 正偏而导
通，电流 i_{D1} 的路径是 $a\rightarrow$VD1$\rightarrow R_L\rightarrow$
0；在 ωt 为 $\pi\sim2\pi$ 的半周内，变压器
二次侧绕组 b 端为正，a 端为负，使二极管 VD1 反偏而截止，二极管 VD2 正偏而导通，电
流 i_{D2} 的路径是 $b\rightarrow$VD2$\rightarrow R_L\rightarrow0$。

　　由此可见，在交流电的一个周期内，二极管 VD1、VD2 轮流导通，在负载 R_L 两端获得
上正下负的单方向的脉动电压，如图 5-14(b) 所示，故称为全波整流电路。

　　(2) 负载 R_L 上的直流电压和电流　　由图 5-17(b) 中的 U_{out} 波形可见，全波整流电路负载
R_L 上的直流电压为半波整流电路的 2 倍，即 $U_{out}=0.9U_2$。

　　通过负载 R_L 的直流电流为

$$I_{out}=\frac{U_{out}}{R_L}=0.9\frac{U_2}{R_L}$$

　　(3) 整流二极管的选择　　由于负载 R_L 中的电流 I_{out} 是由两个二极管轮流导通供给的，所
以每个二极管的平均电流 I_D 为 I_{out} 的一半，故选择的二极管的最大整流电流为

$$I_{FM}>I_V=\frac{1}{2}I_{out}$$

　　二极管反向截止时承受的最高反向电压为变压器二次侧绕组总电压的峰值 $2\sqrt{2}U_2$，故选
择的二极管的最高反向电压为

$$U_{RM} > U_{DRM} = 2\sqrt{2}U_2$$

单相全波整流电路的整流效率高，脉动小，但变压器二次侧绕组只有半个周期有电流，变压器利用率不高，而二极管承受的反向电压却很高。

3. 单相桥式整流电路

最常用的是单相桥式整流电路。单相桥式整流电路是由四个二极管接成电桥形式构成的，如图 5-18 所示。

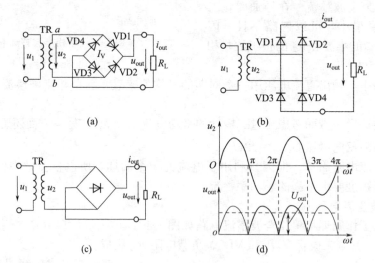

图 5-18　单相桥式整流

在变压器二次侧电压 u_2 的正半周时，其极性为上正下负，即 a 点的电位高于 b 点，二极管 VD1 和 VD3 导通，VD2 和 VD4 截止，电压 u_1 的通路是：$a \to VD1 \to R_L \to VD3 \to b$。这时，负载电阻 R_L 上得到一个半波电压。

在电压 u_2 的负半周时，变压器二次侧的极性为上负下正，即 b 点的电位高于 a 点。因此 VD1 和 VD3 截止，VD2 和 VD4 导通，电压 u_2 的通路是：$b \to VD2 \to R_L \to VD4 \to a$。同样，在负载电阻上得到一个半波电压。

输出电压的平均值为

$$U_{out} = 0.9U_2$$

流过负载 R_L 上的直流电流为

$$I_{out} = \frac{U_{out}}{R_L} = 0.9\frac{U_2}{R_L}$$

整流元件的选择：流过每个二极管的平均电流 $I_D = \frac{1}{2}I_{out}$。故所选二极管的最大整流电流为 $I_{FM} > I_D = \frac{1}{2}I_{out}$。二极管截止时所承受的最高反向电压 $U_{DRM} \geqslant \sqrt{2}U_2$。

五、 滤波电路

整流后得到的是单向脉动电压，对某些负载（如电镀、对电池充电等）可直接使用。若要减小脉动程度，使电压平滑，就要去除交流成分，即进行滤波。常用的滤波电路有电容滤波、电感滤波和 π 形滤波。

1. 电容滤波

电路如图 5-19(a) 所示，在整流电路的输出端与负载并联一个电容量较大的电容 C，利用电容 C 的充放电作用，从而使负载的电压和电流趋于平滑。

电容两端电压 U_C 即为输出电压 U_{out}，其波形如图 5-19(b) 所示。由图可见，与未并联 C 时相比输出电压的脉动程度大为减小，而且输出电压平均值 U_{out} 提高了。负载上直流电压平均值及其平滑程度与放电时间常数，与电路中 R_1、C 有关，T 越大，放电越慢，输出平均电压平均值越大，波形越平滑。一般取：

$$\tau = (3 \sim 5)T/2$$

式中　T——交流电的周期。

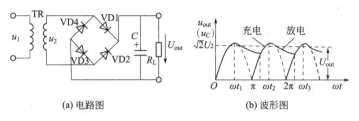

(a) 电路图　　　　　　　　(b) 波形图

图 5-19　电容滤波电路

此时负载上直流电压的估算式为

$$U_{out} = 1.2U_2$$

电容滤波适用于要求输出电压较高、负载电流较小且负载基本不变的场合，此时能得到较平滑的直流电压。

2. 电感滤波

图 5-20 所示为桥式整流电感滤波电路，滤波电感 L 与负载 R_L 串联。由于电感中的自感电动势具有阻碍电流变化的作用，即电流增加时，自感电动势阻碍电流增加；反之，电流减小时，自感电动势阻碍电流减小。因此，负载上的电压和电流变得比较平滑，从而达到滤波的目的。

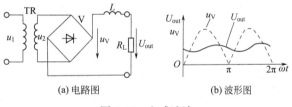

(a) 电路图　　　　(b) 波形图

图 5-20　电感滤波

电感滤波效果较好，但电感线圈体积大、笨重、价格高。电感滤波一般用在负载电流大和负载变化的场合。

3. 复式滤波

为了提高滤波效果，减小输出电压的脉动程度，可用电容和电感组成复合式滤波电路。常见的复式滤波电路如图 5-21 所示。

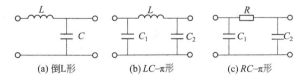

(a) 倒L形　　　　　(b) LC-π形　　　　　(c) RC-π形

图 5-21　复式滤波电路

六、 稳压电路及集成稳压器

交流电经过整流滤波后得到的直流电压虽然比较平滑，但是当电网电压波动或负载变化时，其输出的直流电压和电流的大小也会随之变化，使许多电子设备无法正常工作。为了使输出的直流电压稳定，通常在整流滤波电路后，增加一级直流稳压电路。常用的稳压电路有稳压管并联型稳压电路、串联型稳压电路、集成稳压器和开关型稳压电路等。

1. 稳压二极管特性

硅稳压二极管由硅材料制成的面结合型晶体二极管，它是利用 PN 结反向击穿时的电压基本上不随电流的变化而变化的特点，来达到稳压的目的。因为它能在电路中起稳压作用，简称稳压管，其图形符号和伏安特性曲线如图 5-22 所示。与一般二极管不同的是，稳压管工作在反向击穿区，当反向电流在一定范围内 $I_{Zmin} \sim I_{ZM}$ 变化时，稳压管两端的电压 U_Z 基本不变，起到稳定电压的作用。

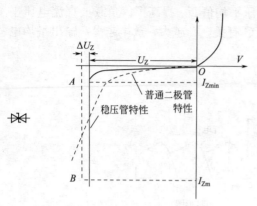

图 5-22　硅稳压管的图形符号及伏安特性曲线

当反向电压达到 U_Z 时，即使电压有一微小的增加，反向电流亦会猛增（反向击穿曲线很陡直）。这时，稳压管处于击穿状态，如果把击穿电流限制在一定的范围内，稳压管就可以长时间在反向击穿状态下稳定工作。

2. 直流稳压电源

许多电子电路都需要直流稳压电源，普通直流稳压电源的基本组成如图 5-23(a) 所示。

稳压电源稳压电路有多种类型，应用较多的是图 5-23(b) 所示的串联稳压电路。其原理是从稳压电路的输出电压中取样，与基准环节确定的稳压值比较，用比较差控制调整环节调节输出电压，其构成实质是电压负反馈电路。这种电路的特点是输出电压稳定、负载能力强。

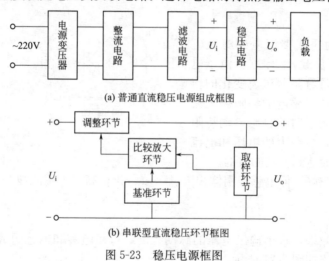

(a) 普通直流稳压电源组成框图

(b) 串联型直流稳压环节框图

图 5-23　稳压电源框图

电子电路的集成化已将调整环节、比较放大环节、基准环节和保护电路等做在一块芯片上，制成集成稳压器。常用的是三端集成稳压器，可分为四种类型。

a. 三端固定输出正稳压器，如 CW78×× 系列（×× 代表输出的稳压值，例如 CW7805 的输出电压为 +5V）。

b. 三端固定输出负稳压器，如 CW79×× 系列（例如 CW7905 的输出电压为 -5V，以下类同）。

c. 三端可调输出正稳压器，如 CW317 系列（其输出电压可在 1.2～37V 间调节）。

d. 三端可调输出负稳压器，如 CW237 系列。

另外，稳压器的输出电流有 0.5A、1A、3A 等之分，使用时按负载要求适当选择。

同一种集成稳压器有不同的外形，不同类型稳压器的引脚的意义不同。CW78×× 系列稳压器的外形及典型应用电路如图 5-24

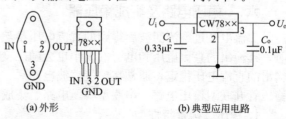

(a) 外形　　　　　　　　(b) 典型应用电路

图 5-24　CW78×× 系列稳压器的外形及典型应用电路

所示。

引脚 1 为电压输入端，接在整流滤波环节后；引脚 3 为输出端，接负载。当输入端远离整流滤波电路时需外接电容 C_1，用以减小波纹电压；C_2 用以改善负载的瞬态响应。

CW317 型稳压器的外形及典型应用电路如图 5-25 所示。引脚 1 为调整端，引脚 2 电压输入端。R_1、R_2 决定输出电压的大小，C_1、C_2 的作用与 CW78×× 稳压器应用电路相同。

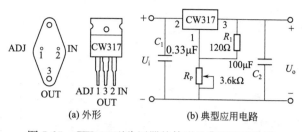

图 5-25　CW317 型稳压器的外形及典型应用电路

3. 三端固定输出正稳压器组成的稳压电路

a. 按图 5-26 所示连接电路。

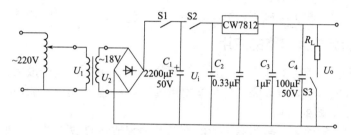

图 5-26　采用三端固定稳压器的稳压电源电路

b. 接通电源，调节调压器的输出电压为 220V，断开 S1，分别测量变压器二次电压 U_2 及整流输出电压 U_i，用示波器观察 U_2 及 U_i 的电压波形，并验证

$$U_{i-} = 0.9U_2$$

式中　U_2——变压器二次电压的交流有效值；

U_{i-}——整流输出直流电压的平均值。

c. 闭合 S1、断开 S2，测量滤波后的空载电压值 U_i，观察滤波后的电压波形并验证

$$U_i = \sqrt{2}U_2$$

d. 测量稳压电路的输出电压。闭合 S1、S2、S3，用数字电压表测量负载两端的电压 U_{oL}，观察输出电压的波形并验证

$$U_{oL} = 12V$$

e. 测量输出电阻。断开 S3，用数字万用表测量空载输出电压，记为 U_{o0}，则有

$$r_o = \left(\frac{U_{o0}}{U_{oL}} - 1\right) R_L$$

f. 测量电压调整率。闭合 S1、S2、S3，调节自耦调压器，使其输出电压变化为 $\pm 10\%$，测量所对应的输出直流电压值为 U_{oL}，则有

$$S_V = \frac{\pm (U_{oL}' - U_{oL})}{U_{oL}} \times 100\%$$

4. 三端可调输出正稳器组成的稳压电路

a. 按图 5-27 连接电路。

b. 检查稳压电路的工作情况。接通电源，调节调压器的输出电压为 220V，闭合 S，调节 R_P，输出电压 U_o。若没有变化，则电路工作基本正常。

c. 测量稳压电源的输出电压范围。调节 R_P，分别测量稳压电源的最大输出电压和最小输出电压，并观察输出电压的波形。

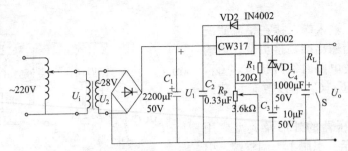

图 5-27　采用三端可调稳压器的稳压电源电路

d. 测量输出电阻。调节 R_P，使输出电压 $U_{oL}=9V$。断开 S 测量相应的空载电压 U_{oo}，并计算输出电阻 r_o。

e. 测量电压调整率。闭合 S，调节 R_P，使输出电压 $U_o=9V$。调节自耦调压器，使其输出电压变化为 $\pm10\%$，测量所对应的输出直流电压值 U_{oL}，并计算电压调整率 S_V。

七、集成运算放大电路的应用

集成运算放大器（简称集成运放）是一种高增益的多级直接耦合放大器，给它外接不同的反馈网络和输入网络后，可以完成各种模拟量的运算，是一种广泛应用的集成电路器件。

1. 集成运算放大器的特点

在线性范围内，对输入信号为有限值的高增益的集成运算放大器，可近似看作增益 $A=\infty$，差动输入电阻 $R_{id}=\infty$ 的理想运算放大器。因此得出以下两个结论。

a. 虚短，即

$$U_+ = U_-$$

式中　U_+——同相输入端（IN＋）的电位；

$\quad\quad U_-$——反相输入端（IN－）的电位。

也可理解为输入电压差为"0"，即 $U_+ - U_- = 0$。

b. 虚断，即

$$I_+ = I_- = 0$$

式中　I_+——同相输入端（IN＋）的电流；

$\quad\quad I_-$——反相输入端（IN－）的电流。

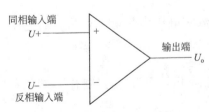

图 5-28　集成运算放大器符号

也可理解为输入电流为"0"，即 $I_+ - I_- = 0$。我们在以后的学习中就是运用这两个结论分析集成运放应用电路，符号如图 5-28 所示。

2. 集成运算放大器的线性应用

在线性应用电路中，运放带尝试负反馈，可近似为理想器件，具有"虚短"和"虚断"的特点，其本身处于线性工作状态，即输入量之间成线性关系，外加的反馈网络决定了电路输出量与输入量之间的具体关系。

（1）反相比例运算　电路如图 5-29 所示，U_i 从反相输入端输入，设组件为理想元件，则闭环放大倍数为

$$A_{uf} = \frac{U_o}{U_i} = -\frac{R_F}{R_1}$$

即输出电压是输入电压的 R_F/R_1 倍，且 U_o 与 U_i 反相。若 $R_F=R_1$，则 $U_o=-U_i$，电路称反相器。

（2）同相比例运算　电路如图 5-30 所示，U_i 从同相输入端输入，则电路的闭环放大倍数为

$$A_{uf} = \frac{U_o}{U_i} = \left(1 + \frac{R_F}{R_1}\right)$$

即输出电压是输入电压的 $(1+R_F/R_1)$ 倍，且 U_o 与 U_i 同相。若只 $R_1 = \infty$（断开）或 $R_F = R_2 = R_1$，则 $U_o = U_i$ 称为电压跟随器。

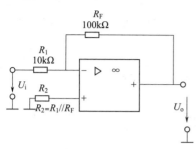

图 5-29　反相放大器

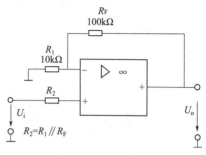

图 5-30　同相放大器

（3）反相加法运算　电路如图 5-31 所示，两个输入信号 U_{i1} 和 U_{i2} 分别经 R_1 和 R_2 从反相输入端输入，根据叠加原理，有

$$U_o = -\left(\frac{R_F}{R_1}U_{i1} + \frac{R_F}{R_2}U_{i2}\right)$$

当 $R_1 = R_2 = R_F$，时，则 $U_o = - (U_{i1} + U_{i2})$，此电路称为反相加法器。

（4）减法运算　电路如图 5-32 所示，两个输入信号分别从两个输入端输入，由叠加原理可得

$$U_o = -\frac{R_F}{R_1}U_{i1} + \frac{R_3}{R_2 + R_3}\left(1 + \frac{R_F}{R_1}\right)U_{i2}$$

若 $R_1 = R_2$，$R_F = R_3$，则有

$$U_o = \frac{R_F}{R_1}(U_{i2} - U_{i1})$$

当 $R_F = R_1$ 时，$U_o = U_{i2} - U_{i1}$，此电路称为减法器。

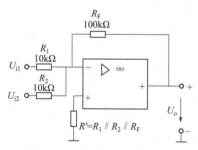

图 5-31　反相加法运算电路

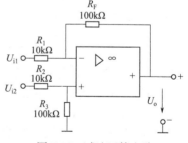

图 5-32　减法运算电路

3. 集成运算放大器的非线性应用

在非线线应用电路中，运放处于无反馈（开环）或带正反馈的工作状态，运放的输出电压不是正向饱和值 $+U_{oM}$ 就是负向饱和值 $-U_{oM}$，即其输出电压 U_o 与输入电压 U_i 之间为非线性关系。

（1）反相输入滞回电压比较器　由于运放开环增益很大，因此其两个输入端只要有极小的电压差，其输出就为运放的正向饱和值 $+U_{oM}$ 或负向饱和值 $-U_{oM}$。显然，开环工作的运放就是一个电压比较器，它将接在运放一个输入端的信号电压与另一个输入端的参考电压进行比较，而运放的输出端的正负则反映了两个电压比较的结果。这种由开环运放组成的电压比较器具有电路简单、灵敏度高的优点，但抗干扰能力较差。当输入信号电压受到干扰而在比较器的阈值电压（这种由开环运放组成的电压比较器的阈值电压等于参考电压值）左右变动

时，电压比较器的输出电压就会发生来回跳变。

为提高电压比较器的抗干扰能力，可采用由带正反馈的运放组成的滞回差电压比较器（又称施密特触发器），其输出电压高电平和低电平两者之间的相互转换，对应于两个不同的阈值电压，因而具有滞回控制特性。

图 5-33 所示为反相输入滞回电压比较器。图中的 U_i 为输入信号，U_R 为参考电压，稳压管 VZ 起限幅作用，使输出电压的正负最大值为 $\pm U_Z$。

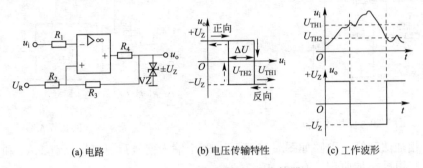

(a) 电路   (b) 电压传输特性   (c) 工作波形

图 5-33 反相输入滞回电压比较器

比较器输出电压发生跳变的临界条件是运放同相输入端的电压 U_+ 与运放反相输入端的电压 U_- 相等。运用叠加定理，可得运放同相输入端的电压为

$$U_+ = U_R R_3 / (R_2 + R_3) + U_o R_2 / (R_2 + R_3)$$
$$= (R_3 U_R + R_2 U_o) / (R_2 + R_3)$$

由于 $U_- = U_i$，而 $U_- = U_+$ 时所对应的 U_i 值就是阈值电压，故此电压比较器的阈值电压 U_{TH} 为

$$U_{TH} = (R_3 U_R + R_2 U_o) / (R_2 + R_3)$$

式中，U_o 为输出高电压 $+U_Z$ 或输出低电压 $-U_Z$。

将 $U_o = +U_Z$ 和 $U_o = -U_Z$ 分别代入上式，即可得到两个不同的阈值，即

$$U_{TH1} = (R_3 U_R + R_2 U_Z) / (R_2 + R_3)$$
$$U_{TH2} = (R_3 U_R - R_2 U_Z) / (R_2 + R_3)$$

两个阈值电压之差称为回差电压，即

$$\Delta U = U_{TH1} - U_{TH2} = \frac{2R_2 U_Z}{R_2 + R_3}$$

反相输入滞回电压比较器的电压传输特性如图 5-33(b) 所示，当 $U_i < U_{TH2}$ 时，$U_o = +U_Z$；若 U_i 逐渐上升，直到 $U_i = U_{TH1}$ 时，U_o 才发生跳变，$U_o = -U_Z$；若 U_i 继续上升，则 U_o 将保持不变，仍为 $-U_Z$。当 $U_i > U_{TH1}$ 时，$U_o = -U_Z$；若 U_i 逐渐降低，直到 $U_i = U_{TH2}$ 时，U_o 才发生跳变，$U_o = +U_Z$；若 U_i 继续降低，则 U_o 仍为 $+U_Z$。

当输入信号电压因受干扰而发生异常变动时，只要其不超过相应的阈值电压，这种滞回电压比较器的输出就保持稳定不变，如图 5-33(c) 所示。因此，滞回电压比较器具有一定的抗干扰能力，通常用于环境干扰较大的场合和波形整定等。

滞回电压比较器还可作为双位调节器用于自动控制中。例如，当输入信号为反映被控温度的电压时，用滞回电压比较器的输出来驱动继电器，控制加热器的通断，便可组成简单的双位自动温控系统。改变参考电压 U_R 可改变温度的设定值；改变回差电压 ΔU，可改变被控温度的上、下限，从而确定温控的精度。

(2) 锯齿波发生器   图 5-34(a) 所示为锯齿波发生器的原理图。图中，运放 A1 组成同相输入滞回电压比较器，运放 A2 组成积分器。该电路利用二极管的单向导电性，使积分器电容的充电回路与放电回路有所不同，从而得到锯齿波输出。

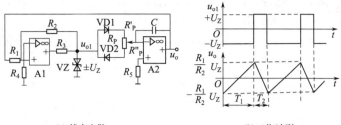

(a) 基本电路　　　　　　　　　(b)工作波形

图 5-34　锯齿波发生器

设 $t=0$ 时，$U_{o1}=-U_Z$，则二极管 VD2 导通，VD1 截止，电容 C 被充电，在忽略二极管导通电阻的情况下，充电时间常数约为 $R''_P C$，积分器输出 U_o 按线性规律逐渐上升，形成锯齿波的正程。随着 U_o 上升，A1 的同相输入端的电位 U_{+1} 也逐渐上升，当 U_{+1} 上升并由负值过零时，U_{o1} 从 $-U_Z$ 跳变到 $+U_Z$，同时 U_{+1} 也跳变到比零更高的值。在 U_{o1} 变为 $+U_Z$ 后，二极管 VD1 导通，VD2 截止，电容 C 放电，在忽略二极管导通电阻的情况下，放电的时间常数为 $R'_P C$，积分器输出 U_o 开始按线性规律逐渐下降，形成锯齿波的回程。U_{+1} 也随 U_o 逐渐下降，当 U_{+1} 下降过零时，U_{o1} 从 $+U_Z$ 又跳变到 $-U_Z$。如此周而复始，产生振荡。当 $R''_P C > R'_P C$ 时，充电时间常数远大于放电时间常数，积分器 A2 输出电压 U_o 的正程时间大于回程时间，U_o 的波形为锯齿波，而比较器输出 U_{o1} 则为矩形波，如图 5-34（b）所示。如果使用 $R''_P C = R'_P C$，则 U_o 的波形为三角形，而 U_{o1} 为方波。

从上面分析可知，当 U_{o1} 发生跳变时 U_o 的值就是输出电压的峰值，而 U_{o1} 发生跳变的临界条件是运放 A1 的两个输入端电位相等，即 $U_{+1}=U_{-1}=0$，此时流过电阻 R_1 的电流等于流过 R_2 的电流，即 $I_1=I_2=U_Z/R_2$。因此，锯齿波发生器输出电压的峰值 U_{oM} 为

$$U_{oM}=I_1 R_1 = R_1/R_2 \times U_Z$$

锯齿波的振荡周期 T 为锯齿波发生器的正程时间 T_1 与回程时间 T_2 之和，即

$$T=T_1+T_2=2R''_P C R_1/R_2 + 2R'_P C R_1/R_2 = 2R_P C R_1/R_2$$

锯齿波的回程时间 T_2 与周期 T 之比为

$$T_2/T=R'_P/R_P$$

因此，当调节 R_P 时，可以改变矩形波的占空比。由于 R_P 不变，故可以在保持锯齿波的振荡周期 T 不变的情况下，改变锯齿波的正程时间 T_1 与回程时间 T_2，从而可以改变锯齿波的波形。

4. 集成功率放大器

μA741 是常见的一种集成运算放大器，它的引脚和符号排列如图 5-35 所示，各引脚的用途是：2 脚为反相输入端（IN−），信号由此端输入，U_o 与 U_i 反相；3 脚为同相输入端（IN＋），信号由此端输入，U_o 与 U_i 同相；4 脚为外接负电源端，一般接−15V 直流稳压电源；7 脚为外接正电源端，一般接＋15V 直流稳压电源；1 脚和 5 脚为调零端，外接调零电位器，通常为 4.7kΩ 电位器；6 脚端为输出端；8 脚为空脚。

5. 集成功率放大电路

实质上集成功率放大电路还是一种集成运算放大器，不过它的输出级常用复合管组成的 OCL 电路，具有较强的功率放大作用。功率放大电路的集成化，解决了 OCL 电路中选配推挽对称管带来的麻烦，也给功率放大电路的安装与调试带来了极大的方便，因此得到了广泛的应用。集成功率放大器按应用分为通用型和专用型两类。

LA4100 集成功率电路属专用功率放大器，其引脚排列如图 5-36 所示。

由 LA4100 组成的功率放大电路如图 5-37 所示。图中外接电容 C_1、C_2、C_9 为耦合电容，

C_3 为滤波电容，C_4 为自举电容，C_5、C_6 用以消除自励振荡，C_7、C_8 为退耦滤波电容。

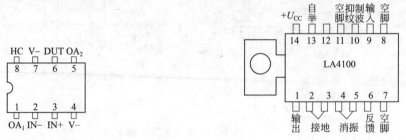

图 5-35　μA741 引脚和符号排列　　　　　图 5-36　LA4100 集成功率放大器

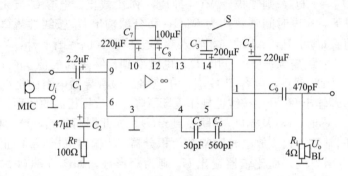

图 5-37　LA4100 功率放大电路

第二节　逻辑电路基础

一、逻辑电路简介

逻辑电路中的变量取值只能是"0"或"1"两种数值，而不会出现第三种数值。而这里的"0"或"1"不再表示具体的数量大小，只表示状态的不同，如开关的"开"和"关"、电压的"高"和"低"、事件的"真"和"假"、结果的"有"和"无"、灯泡的"发光"和"熄灭"、负载的"得电"和"断电"。

a. 逻辑电路虽然功能不同，品种较多，但它们的逻辑关系可用"与"运算、"或"运算、"非"运算三种基本的逻辑运算综合而成。

b. 目前使用的数字集成电路主要有 TTL 和 MOS（包括 PMOS 和 CMOS）两种类型。使用时，TTL 型集成电路不用的输入端可以悬空；MOS 型集成电路不用的输入端不能悬空；必须根据电路功能的要求接高电平或低电平。另外，它们的工作速度、功耗、抗干扰能力等参数也不相同。在工作速度方面，TTL 电路的速度最高，超高速的 TTL 电路的平均传输时间约为 10ns（相当于 100MHz），中速 TTL 电路也有 50ns（相当于 20MHz）的速度，PMOS 电路的速度最低在 500kHz 左右，CMOS 电路介于两者之间。在功耗方面，TTL 功耗最大，CMOS 功耗最小，PMOS 介于两者之间。在带负载力方面，TTL、PMOS 不相上下，CMOS 较好。在输出电压方面，TTL 输出幅度低，CMOS 输出范围较大，PMOS 输出幅度较高。在输出电流方面，TTL 电路一般 10～300mA，CMOS 只能输出几百皮安电流，PMOS 输出的电流更小。在抗干扰力方面，PMOS 和 CMOS 要比 TTL 好。还有一点要注意的是各类器件之间的电平匹配，对 TTL、CMOS 系列器件，TTL 输出低电平约为 0.3V，输出高电平为 3.2V；CMOS 输入低电平在 3V 以下，输出高电平不小于 7V。因此，当用 TTL 驱动 CMOS

时，可采用 TTL 集电极开路门（耐压一般在 20V 以上）或三极管电路组成的接口电路，也可采用上拉电阻的电子匹配方法来驱动；当 CMOS 驱动 TTL 电路时，可采用 C033 反相器并联使用进行电平转换的方法。

二、 基本逻辑门电路

数字集成电路中最基本的门电路是"与"、"或"、"非"三种电路，"与非"、"或非"以及其他复杂数字集成电路均由它们组合而成。"与"门、"或"门有多个输入端，一个输出端。"非"门只有一个输入端和一个输出端。A、B 是输入端，F 是输出端。

1. 基本的门电路

（1）"与"门　当两个条件都满足时，有结果产生。这种因果关系被称为逻辑"与"，如图 5-38 所示。A、B 是输入端，F 是输出端。数字电路中"与"逻辑关系用"与"运算来表示，其运算符号为"·"，有时也用"∧"来表示。"与"逻辑关系表示为

F＝A·B 或 F＝A∧B

读法："F 等于 A 与 B"，有时也称为"F 等于 A 乘 B"。

"与"的运算规则：

0·0＝0

0·1＝0

1·0＝0

1·1＝1

"与"也可以理解为开关串联关系。如图 5-39 所示，只有当两个开关都闭合时，灯才会发光；只闭合一个开关，灯不会发光。表 5-4 是"与"门的真值表。

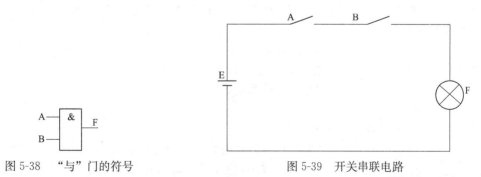

图 5-38　"与"门的符号　　　　　　图 5-39　开关串联电路

表 5-4　　"与"门的真值表

A	B	F
0	0	0
0	1	0
1	0	0
1	1	1

（2）"或"门　当一个或一个以上的条件满足时，有结果产生。这种因果关系被称为逻辑"或"。如图 5-40 所示，A、B 是输入端，F 是输出端。数字电路中"或"逻辑关系用"或"运算来表示，其运算符号为"＋"，有时也用"∨"来表示。"或"逻辑关系表示为

F＝A＋B 或 F＝A∨B

图 5-40　"或"门的符号

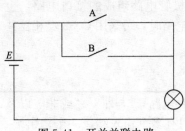

图 5-41　开关并联电路

读法："F 等于 A 或 B"，有时也称为"F 等于 A 加 B"。

"或"的运算规则：

$0+0=0$

$0+1=1$

$1+0=1$

$1+1=1$

"或"也可以理解为开关并联关系。如图 5-41 所示，只要有一个或一个以上的开关闭合，灯才会发光。表 5-5 为"或"门的真值表。

表 5-5　"或"门的真值表

A	B	F
0	0	0
0	1	1
1	0	1
1	1	1

（3）"非"门　又称反相器，输出和输入永远是相反的逻辑关系，符号如图 5-42 所示。当条件满足时，却不能产生结果；而当条件不满足时却产生了结果。如图 5-42 所示，A 是输入端，F 是输出端。数字电路中"非"逻辑关系用"非"运算来表示，其运算符号为"‾"，有时也用"⌐"来表示。"非"逻辑关系表示为

图 5-42　"非"门的符号

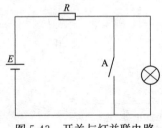

图 5-43　开关与灯并联电路

$F=\overline{A}$ 或 $F=\overline{A}$

读法：F 等于 A 非。

"非"的运算规则：

$\overline{0}=1$

$\overline{1}=0$

"非"也可以理解为开关与灯并联关系。如图 5-43 所示，当开关闭合时，灯不会发光；而当开关断开时，灯会发光。表 5-6 为"非"门的真值表。

表 5-6　"非"门的真值表

A	F
0	1
1	0

2. 复合门电路

（1）"与非"门　"与非"门的逻辑关系表示为

$F=\overline{AB}$

读法：F 等于 A 与 B 的非。

如图 5-44 所示，A、B 为输入端，F 为输出端。表 5-7 是"与非"门的真值表。

图 5-44　"与非"门的符号

表 5-7 "与非"门的真值表

A	B	F
0	0	1
0	1	1
1	0	1
1	1	0

（2）"或非"门 "或非"门的逻辑关系表示为

$$F=\overline{A+B}$$

读法：F 等于 A 或 B 的非。

如图 5-45 所示，A、B 为输入端，F 为输出端。表 5-8 是"或非"门的真值表。

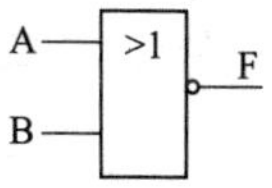

图 5-45 "或非"门的符号

表 5-8 "或非"门的真值表

A	B	F
0	0	1
0	1	0
1	0	0
1	1	0

（3）"异或"门 它是指两个输入信号相同时没有输出，而两个信号不同时则有输出。即相同为"0"，相异为"1"。运算符号为"⊕"。

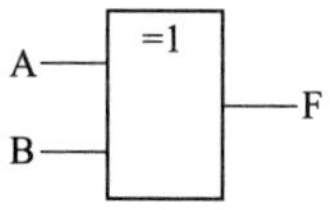

"异或"门的逻辑关系表示为

$$F=A\oplus B=A\overline{B}+\overline{A}B$$

读法：F 等于 A 异或 B。

如图 5-46 所示，A、B 为输入端，F 为输出端。表 5-9 是"异或"门的真值表。

图 5-46 "异或"门的符号

表 5-9 "异或"门的真值表

A	B	F
0	0	0
0	1	1
1	0	1
1	1	0

（4）"同或"门 它是一种与"异或"门运算相反的复合运算。即相同为"1"，相异为"0"。运算符号为"⊙"。

"同或"门的逻辑关系表示为

$$F=A\odot B=\overline{AB}+AB$$

读法：F 等于 A 同或 B。

如图 5-47 所示，A、B 为输入端，F 为输出端。表 5-10 是"同或"门的真值表。

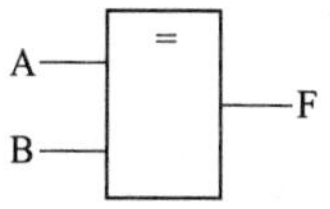

图 5-47 "同或"门的符号

表 5-10　"同或"门的真值表

A	B	F
0	0	1
0	1	0
1	0	0
1	1	1

3. 目前广泛采用的双列直插式集成逻辑门电路

图 5-48 所示为几种门电路集成块的外引线排列和内部逻辑结构示意图，每个集成块有 14 个引脚，14 脚接电源端 U_{CC}，7 脚是接地端 GND，电源电压一般为 5V。

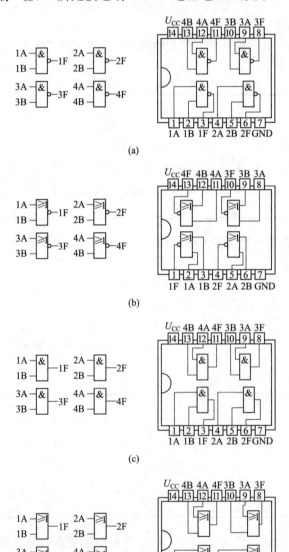

图 5-48　几种门电路集成块的外引线排列和内部逻辑结构示意图

三、 集成触发器

触发器又称双稳态触发器，由逻辑门电路组成，也是脉冲数字电路中的基本逻辑元件。它有两个稳定的工作状态，当输入信号有效时，这两种状态可转换；当输入信号无效时，触发器状态保持不变。触发器具有记忆功能，可作存储器和计数器使用，它的某一时刻的输出不仅和当时的输入状态有关，还和之前的电路工作状态有关。按功能不同，可将触发器分为RS 触发器、D 触发器、JK 触发器、T 触发器和 T′触发器。

1. 基本 RS 触发器

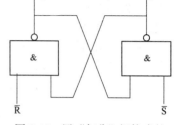

图 5-49 用"与非"门构成的
基本 RS 触发器

（1）电路结构 由两个与非门做正反馈闭环而成。它有两个输出端一个为 Q，另一个为 $\overline{Q}$。在正常情况下 Q 和 $\overline{Q}$ 这两个端永远是逻辑互补（相反）的，如果一个为"0"，那么另一个为"1"。它有两个输入端 $\overline{R}$ 和 $\overline{S}$，$\overline{R}$ 和 $\overline{S}$ 文字上的符号" ‾ "表示触发器输入端低电平有效。图 5-49 所示为用"与非"门构成的基本 RS 触发器。

该触发器的逻辑关系表示为

$$Q=\overline{\overline{S}\,\overline{Q}} \qquad\qquad \overline{Q}=\overline{\overline{R}\,Q}$$

（2）工作原理 若 $\overline{R}=1$、$\overline{S}=0$，$\overline{Q}$ 为任意状态，那么 Q=1、$\overline{Q}=0$。此时触发器输出处于置"1"状态，称为置位。若 $\overline{R}=0$、$\overline{S}=1$，$\overline{Q}$ 为任意状态，那么 Q=0、$\overline{Q}=1$。此时触发器输出处于置"0"状态，称为复位。因此将基本的 RS 触发器称为置位复位触发器。

2. 边沿 D 触发器

负跳沿触发的主从触发器工作时，必须在正跳沿前加入输入信号。如果在 CP 高电平期间输入端出现干扰信号，那么就有可能使触发器的状态出错。而边沿触发器允许在 CP 触发沿来到前一瞬间加入输入信号。这样，输入端受干扰的时间大大缩短，受干扰的可能性就降低了。边沿 D 触发器也称为维持-阻塞边沿 D 触发器。

（1）电路结构 如图 5-50 所示，该触发器由 6 个与非门组成，其中 G1 和 G2 构成基本 RS 触发器。

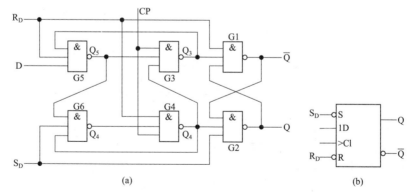

图 5-50 边沿 D 触发器的逻辑图和逻辑符号

（2）工作原理 S_D 和 R_D 接至基本 RS 触发器的输入端，它们分别是预置和清零端，低电平有效。当 $S_D=0$ 且 $R_D=1$ 时，不论输入端 D 为何种状态，都会使 $Q=1$，$\overline{Q}=0$，即触发器置 1；当 $S_D=1$ 且 $R_D=0$ 时，触发器的状态为 0，S_D 和 R_D 通常又称为直接置 1 和置 0 端。假设它们均已加入高电平，不影响电路的工作，其工作过程如下。

a. CP=0 时，与非门 G3 和 G4 封锁，其输出 $Q_3=Q_4=1$，触发器的状态不变。同时，由于 Q_3 至 Q_5 和 Q_4 至 Q_6 的反馈信号将这两个门打开，因此可接收输入信号 D，$Q_5=\overline{D}$，$Q_6=\overline{Q_5}=D$。

　　b. 当 CP 由 0 变 1 时触发器翻转。这时 G3 和 G4 打开，它们的输入 Q_3 和 Q_4 的状态由 G5 和 G6 的输出状态决定。$Q_3 = Q_5 = D$，$Q_4 = Q_6 = \overline{D}$。由基本 RS 触发器的逻辑功能可知，$Q = D$。

　　c. 触发器翻转后，在 CP＝1 时输入信号被封锁。这是因为 G3 和 G4 打开后，它们的输出 Q_3 和 Q_4 的状态是互补的，即必定有一个是 0，若 Q_3 为 0，则经 G3 输出至 G5 输入的反馈线将 G5 封锁，即封锁了 D 通往基本 RS 触发器的路径。该反馈线起到了使触发器维持在 0 状态和阻止触发器变为 1 状态的作用，故该反馈线称为置 0 维持线，置 1 阻塞线。Q_4 为 0 时，将 G3 和 G6 封锁，D 端通往基本 RS 触发器的路径也被封锁。Q_4 输出端至 G6 反馈线起到使触发器维持在 1 状态的作用，称为置 1 维持线；Q_4 输出至 G3 输入的反馈线起到阻止触发器置 0 的作用，称为置 0 阻塞线。因此，该触发器常称为维持-阻塞触发器。

　　总之，该触发器是在 CP 正跳沿前接收输入信号，正跳沿时触发翻转，正跳沿后输入即被封锁，三步都是在正跳沿后完成，所以有边沿触发器之称。与主从触发器相比，同工艺的边沿触发器有更强的抗干扰能力和更高的工作速度。表 5-11 为边沿 D 触发器的状态转移真值表。

表 5-11　边沿 D 触发器的状态转移真值表

n	$n+1$	说明
0		
0		
1		输出状态与 D 端状态相同
1		

3. JK 触发器

　　(1) 电路结构　主从 JK 触发器是在主从 RS 触发器的基础上组成的，如图 5-51 所示。在主从 RS 触发器的 R 端和 S 端分别增加一个两输入端的与门 G11 和 G10，将 Q 端和输入端经与门输出为原 S 端，输入端称为 J 端，将 $\overline{Q}$ 端与输入端经与门输出为原 R 端，输入端称为 K 端。

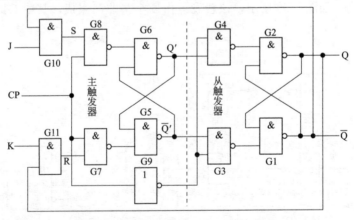

图 5-51　主从 JK 触发器的逻辑电路图

　　(2) 工作原理　由上面的电路可得到 $S = J\overline{Q}$，$R = KQ$。代入主从 RS 触发器的特征方程得到：$Q^{n+1} = J\overline{Q^n} + \overline{K}Q^n$；当 J＝1，K＝0 时，$Q^{n+1} = 1$；当 J＝0，K＝1 时，$Q^{n+1} = 0$；当 J＝K＝0 时，$Q^{n+1} = Q^n$；当 J＝K＝1 时，$Q^{n+1} = \overline{Q^n}$。

　　由以上分析，主从 JK 触发器没有约束条件。在 J＝K＝1 时，每输入一个时钟脉冲，触发器翻转一次。触发器的这种工作状态称为计数状态，由触发器翻转的次数可以计算出输入时钟脉冲的个数。表 5-12 为主从 JK 触发器的状态转移真值表。

表 5-12　主从 JK 触发器的状态转移真值表

J	K	Q^n	Q^{n+1}		说明
0	0	0			输出状态不变
0	0	1	n		
0	1	0			输出状态与 J 端状态相同
0	1	1			
1	0	0			输出状态与 J 端状态相同
1	0	1			
1	1	0			每输入一个脉冲输出状态改变一次

四、 编码器和译码器

编码器和译码器属组合逻辑电路。

1. 编码器

在数字系统里，常常需要将某一信息（输入）变换为某一特定的代码（输出）。把二进制码（如 8421 码、格雷码等）按一定的规律编排，使每组代码具有一特定的含义（代表某个数字或控制信号）称为编码。具有编码功能的逻辑电路称为编码器。编码器有若干个输入，在某一时刻只有一个输入信号被转换成为二进制码。如果一个编码器有 N 个输入端和 n 个输出端，则输出端与输入端之间应满足关系 $N \leqslant 2^n$。例如 8 线-3 线编码器和 10 线-4 线编码器分别有 8 输入、3 位二进制码输出和 10 输入、4 位二进制码输出。例如计算机的键盘，它的控制电路将键号变成二进制信息输出，实际上就是一种编码器。

下面分析 4 输入、2 位二进制输出的编码器的工作原理。4 线-2 线编码器的功能见表5-13。

表 5-13　4 线-2 线编码器功能表

输入				输出	
I_0	I_1	I_2	I_3	Y_1	Y_0
1	0	0	0	0	0
0	1	0	0	0	1
0	0	1	0	1	0
0	0	0	1	1	1

表 5-13 所示的编码器为高电平输入有效，因而可由功能表得到如下逻辑表达式：

$$Y_1 = I_0 I_1 I_2 I_3 + I_0 I_1 I_2 I_3$$
$$Y_0 = I_0 I_1 I_2 I_3 + I_0 I_1 I_2 I_3$$

根据逻辑表达式画出逻辑图如图 5-52 所示。该逻辑电路可以实现表 5-13 所示的功能，即当 $I_0 \sim I_3$ 中某一个输入为 1，输出 $Y_1 Y_0$ 即为相对应的代码，例如当 I_1 为 1 时，$Y_1 Y_0$ 为 01。注意：当 I_0 为 1、$I_1 \sim I_3$ 都为 0 和 $I_0 \sim I_3$ 均为 0 时，$Y_1 Y_0$ 都是 00，而这两种情况在实际中是必须加以区分的，这个问题留待后面加以解决。当然，编码器也可以设计为低电平有效。

2. 译码器

译码器的作用与编码器相反，即将代码的含义翻译出来，可以将输入的二进制代码翻译成一定的控制信号或另一种代码。译码器是有 n 个输入和 N 个输出的组合电路。译码器按用途大致可分为三类：变量译码器、码制变换译码器和显示译码器。

译码器可分为两种类型，一种是将一系列代码转换成与之相对应的有效信号。这种译码器可称为唯一地址译码器，它常用于计算机中对存储单元地址的译码，即将每一个地址代码转换成一个有效信号，从而选中对应的单元。另一种是将一种代码转换成另一种代码，所以也称为代码变换器。图 5-53 所示为表示二进制译码器的一般原理图，它具有 n 个 输入端、2^n 个输出端和一个使能输入端。在使能输入端为有效电平时，对应每一组输入代码，只有其中一个输出端为有效电平，其余输出端则为非有效电平。

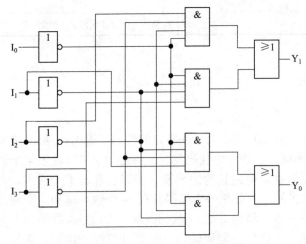

图 5-52　4 线-2 线编码器逻辑图

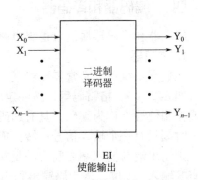

图 5-53　表示二进制译码器的一般原理图

五、 寄存器和计数器

寄存器和计数器均属时序电路。

1. 寄存器

存放数码的数字逻辑部件称为寄存器。具有记忆功能的触发器都能寄存数码，但由于一个触发器只能存放 1 位二进制数码，故存放多位数码时，必须使用多个触发器。常用的寄存器有数码寄存器和移位寄存器。

一个 4 位的集成寄存器 74LS175 的逻辑电路图和引脚图分别如图 5-54（a）、（b）所示。其中，R_D 是异步清零控制端。在往寄存器中寄存数据或代码之前，必须先将寄存器清零，否则有可能出错。1D～4D 是数据输入端，在 CP 脉冲上升沿作用下，1D～4D 端的数据被并行地存入寄存器。输出数据可以并行从 1Q～4Q 端引出，也可以并行从 1Q～4Q 端引出反码输出表 5-14 为 74LS175 的功能表。

表 5-14　74LS175 的功能表

输入						输出			
FD	CP	1D	2D	3D	4D	1Q	2Q	3Q	4Q
L	×	×	×	×	×	L	L	L	L
H	↑	1D	2D	3D	4D	1D	2D	3D	4D
H	H	×	×	×	×	保持			
H	L	×	×	×	×	保持			

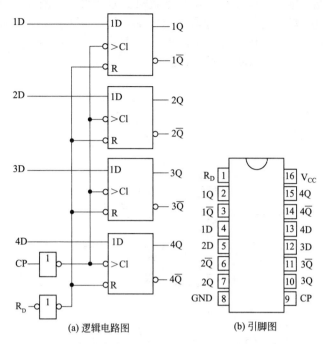

(a) 逻辑电路图　　　　　　(b) 引脚图

图 5-54　集成寄存器 74LS175 的逻辑电路图和引脚图

2. 计数器

（1）计数器概念　计数器是一种能够记录脉冲个数的装置，它是数字电路的主要部件之一，被广泛用于计算机和其他数字系统中。计数器按其进位制的不同，可分为二进制计数器和十进制计数器等；按其运算功能的不同，可分为加法计数器、减法计数器、可逆计数器等；按计数器中各触发器翻转次序的不同，可分为异步计数器和同步计数器。

（2）集成计数器的介绍　集成计数器在一些简单小型数字系统中被广泛应用，因为它们具有体积小、功耗低、功能灵活等优点。集成计数器的类型很多，表 5-15 列举了若干集成计数器产品。

表 5-15　几种集成计数器

CP 脉冲引入方式	型　　号	计 数 模 式	清 零 方 式	预置数方式
同步	74161	4 位二进制加法	异步（低电平）	同步
	74HC161	4 位二进制加法	异步（低电平）	同步
	74HCT161	4 位二进制加法	异步（低电平）	同步
	74LS191	单时钟 4 位二进制可逆	无	异步
	74LS193	双时钟 4 位二进制可逆	异步（高电平）	异步
	74160	十进制加法	异步（低电平）	同步
	74LS190	单时钟十进制可逆	无	异步
异步	74LS293	双时钟 4 位二进制加法	异步	无
	74LS290	二-五-十进制加法	异步	异步

（3）74161 的功能举例　74161 是 4 位二进制同步加计数器。图 5-55(a)、（b）所示分别是它的逻辑电路图和引脚图，其中 R_D 是异步清零端，LD 是预置数控制端，A、B、C、D 是预置数据输入端，EP 和 ET 是计数使能端，$RCO = ET \cdot Q_A \cdot Q_B \cdot Q_C \cdot Q_D$ 是进位输出端，它的设置为多片集成计数器的级联提供了方便。

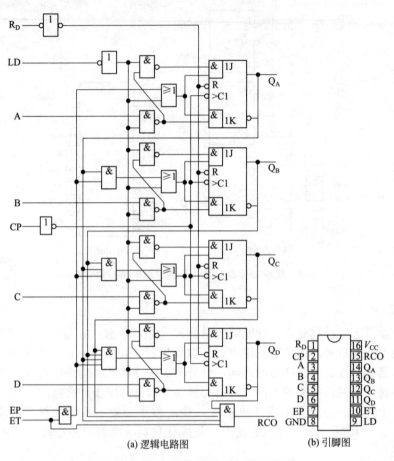

(a) 逻辑电路图　　　　(b) 引脚图

图 5-55　74161 的逻辑电路图和引脚图

表 5-16 为 74161 的功能表。

表 5-16　74161 的功能表

清零	预置	使	能	时钟	预置数据输入				输	出		
R_D	LD	EP	ET	CP	A	B	C	D	Q_A	Q_B	Q_C	Q_D
L	×	×	×	×	×	×	×	×	L	L	L	L
H	L	×	×	↑	A	B	C	D	A	B	C	D
H	H	L	×	×	×	×	×	×	保持			
H	H	×	L	×	×	×	×	×	保持			
H	H	H	H	↑	×	×	×	×	计数			

由表可知，74161 具有以下功能。

① 异步清零　当 $R_D = 0$ 时，不管其他输入端的状态如何（包括时钟信号 CP），计数器

输出将被直接置零，称为异步清零。

② 同步并行预置数　在 $R_D=1$ 的条件下，当 $LD=0$、且有时钟脉冲 CP 的上升沿作用时，A、B、C、D 输入端的数据将分别被 $Q_A \sim Q_D$ 所接收。由于这个置数操作要与 CP 上升沿同步，且 A~D 的数据同时置入计数器，所以称为同步并行置数。

③ 保持　在 $R_D=LD=1$ 的条件下，当 $ET \cdot EP=0$，即两个计数使能端中有 0 时，不管有无 CP 脉冲作用，计数器都将保持原有状态不变（停止计数）。需要说明的是，当 $EP=0$，$ET=1$ 时，进位输出 RCO 也保持不变；而当 $ET=0$ 时，不管 EP 状态如何，进位输出 $RCO=0$。

④ 计数　当 $R_D=LD=EP=ET=1$ 时，74161 处于计数状态，其状态表与表 5-16 相同。

六、 编码器、 译码器、 七段字形显示器的性能和使用方法

如图 5-56 所示，其中编码器 CT74LS147 的 9 个输入为 $\bar{I}_9$ $\bar{I}_8 \cdots \bar{I}_1$（高位优先，$\bar{I}_9$ 优先级最高），输出为 Y_a $Y_b \cdots Y_g$，低电平有效。CT74LS248 为 BCD-7 线译码器，三个控制端为 $\bar{S}_1$、$\bar{S}_2$、$\bar{S}_3$，决定了电路的状态，当 $S_1=1$，$\bar{S}_2=\bar{S}_3=0$ 时，译码器处于工作状态；否则，译码器被禁止。最右边部分为七段字形显示器，它可以用半导体型，也可以用荧光型数码管。

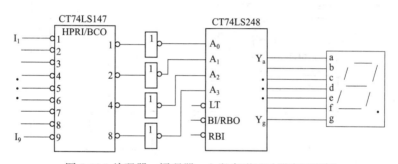

图 5-56　编码器、译码器、七段字形显示器应用举例

七、 数字集成电路综合应用

1. 电子抢答器

图 5-57 所示为四人抢答器的电子电路，主要元件的工作原理在前面几节叙述过。该电路可分为四部分，A、B、C、D 为第一部分，它们可看作是摆在四个比赛组面前的抢答按钮和指示用发光二极管，按下按钮进行抢答，若抢答成功，相应的发光二极管点亮。第二部分是由两块双 4 输入与门 7420、一块八 SR 触发器 4279 和一块四反相器 7402 构成的先按先通闭锁控制电路，当某一组抢先按下按钮时，其"1"信号率先加到相应与非门的输入端，使相应触发器抢先置 1，与此同时，利用该信号的反信号"0"封锁其他与非门，使其余各组的按钮输入信号无效。第三部分由优先编码器 74147、显示译码器和七段数码管构成的显示电路组成，数码管显示的数字是抢答成功组别号码。第四部分用 1/2 双 4 输入与门 7420 和音响集成块 KD-153 组成音响提示电路，有声、光和组别号提示，很容易判定哪组先抢答成功。

当裁判员已认清哪一组抢先答题后，可按下复位按钮 SBR，取消触发器记忆（使各 SR 触发器均为 0 态），为下次抢答问题的时间判别作好准备。

2. 彩灯控制器

图 5-58 所示为街头常见广告彩灯的闪烁控制电子电路。图中多谐振荡器采用 555 电路形

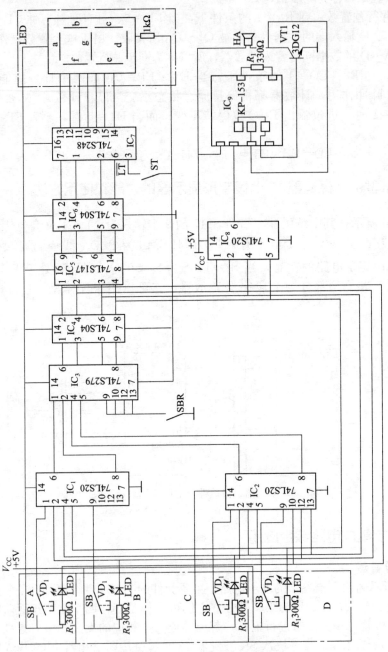

图 5-57　四人抢答器电子电路

式，由它提供占空比为 1∶1、频率为 2Hz 的脉冲。同步计数器 74161 接成八进制计数器，CP 作为计数脉冲输入端。双向移位寄存器 74198 的 8 个输出端 $Q_0 \sim Q_7$，经限流电阻接 8 个发光二极管 LED，8 个发光二极管一字排列（代替霓虹灯）。其 D_{sl} 和 D_{sr} 端分别为左移和右移串行数据输入端。M_a 和 M_b 为控制端，当 $M_a = M_b = 0$ 时，为保持状态；当 $M_a = 1$，$M_b = 0$ 时，寄存器执行右移操作；当 $M_a = 0$，$M_b = 1$ 时，寄存器执行左移操作；当 $M_a = M_b = 1$ 时，寄存器并行送数。当 $Cr = 0$ 时，寄存器执行清除操作。CP 为时钟脉冲输入端。另外，图中 D 触发器采用双 D 上升沿触发器 7474，与非门采用 4-2 输入与非门 7400。

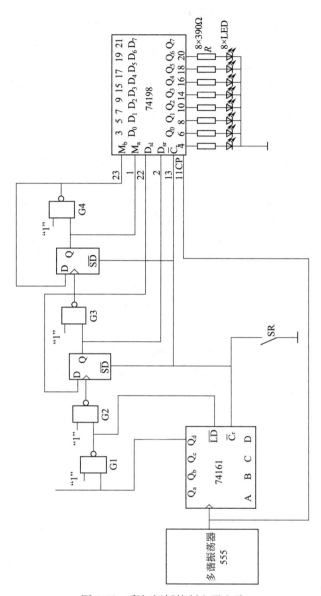

图 5-58　彩灯闪烁控制电子电路

第三节　电力半导体器件

一、晶闸管

晶闸管又称可控整流器，也称为可控硅，是晶体闸流管（Thyristor）的简称，它是一种大功率开关型半导体器件。晶闸管优点：高电压、大电流，体积小，重量轻，损耗小，控制特性好，应用广泛（如应用在可控整流、交流调压、无触点电子开关、逆变及变频等电子电路中）。缺点：属半控电力电子器件，多应用在交流电路中。

1. 晶闸管的分类

晶闸管的分类见表 5-17，其常见外形如图 5-59 所示。

表 5-17　晶闸管分类

晶闸管	单向晶闸管	
	双向晶闸管	
	特种晶闸管	快速晶闸管
		可关断晶闸管
		逆导晶闸管
		光控晶闸管

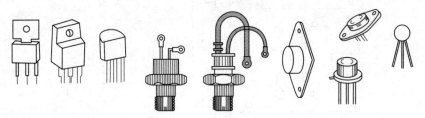

图 5-59　常见晶闸管外形

2. 单向晶闸管的构造及特性

单向晶闸管简称 SCR（SiliconControlled Rectifier），它是一种由 PNPN 四层半导体材料构成的三端半导体器件，三个引出电极的名称分别为阳极 A、阴极 K 和门极 G（又称控制极）。单向晶闸管的阳极与阴极之间具有单向导电的性能，其内部电路可以等效为由一只 PNP 三极管和一只 NPN 三极管组成的复合管，单向晶闸管的内部结构、等效电路及其在电路原理图中的符号如图 5-60 所示。

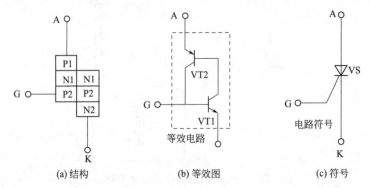

(a) 结构　　　　　(b) 等效图　　　　　(c) 符号

图 5-60　单向晶闸管的内部结构、等效电路及其在电路原理图中的符号

当单向晶闸管阳极 A 端接负电源、阴极 K 端接正电源时，无论门极 G 加上什么极性的电压，单向晶闸管阳极 A 与阴极 K 之间均处于断开状态。当单向晶闸管阳极 A 端接正电源、阴极 K 端接负电源时，只要其门极 G 端加上一个合适的正向触发电压信号，单向晶闸管阳极 A 与阴极 K 之间就会由断开状态转为导通状态（阳极 A 与阴极 K 之间呈低阻导通状态，A、K 极之间压降为 0.8~1V）。若门极 G 所加触发电压为负，则单向晶闸管也不能导通。

单向晶闸管一旦受触发导通后，即使取消其门极 G 端的触发电压，只要阳极 A 端与阴极 K 端之间仍保持正向电压，晶闸管将维持低阻导通状态。只有将阳极 A 端的电压降低到某一临界值或改变阳极 A 端与阴极 K 端之间电压极性（如交流过零）时，单向晶闸管阳极 A 与阴极 K 之间才由低阻导通状态转换为高阻断开状态。单向晶闸管一旦为断开状态，即使在其阳极 A 端与阴极 K 端之间又重新加上正向电压，也不会再次导通，只有在门极 G 端与阴极 K 端之间重新加上正向触发电压后方可导通。

3. 单向晶闸管的常用参数

晶闸管的主要电参数有正向转折电压U_{BO}、正向平均漏电流I_{FL}、反向漏电流I_{RL}、断态重复峰值电压U_{DRM}、反向重复峰值电压U_{RRM}、正向平均电压降U_F、通态平均电流I_T、门极触发电压U_G、门极触发电流I_G、门极反向电压和维持电流I_H等。

(1) 门极触发电流I_G　它是指在规定环境温度和晶闸管阳极与阴极之间正向电压为一定值的条件下，使晶闸管从关断状态转变为导通状态所需要的最小门极直流电流。

(2) 通态平均电流I_T　它是指在规定环境温度和标准散热条件下，晶闸管正常工作时A、K（或T1、T2）极间所允许通过电流的平均值。

(3) 正向转折电压U_{BO}　它是指在额定环境温为100℃且门极G开路的条件下，在其阳极A与阴极K之间加正弦半波正向电压，使其由关断状态转变为导通状态时所对应的峰值电压。

(4) 反向击穿电压U_{BR}　它是指在额定结温下，晶闸管阳极与阴极之间施加正弦半波反向电压，当其反向漏电电流急剧增加时所对应的峰值电压。

(5) 反向重复峰值电压U_{RRM}　它是指晶闸管在门极G开路时，允许加在A、K极间的最大反向峰值电压。此电压约为反向击穿电压减去100V后的峰值电压。

(6) 断态重复峰值电压U_{DRM}　它是指晶闸管在正向关断时，允许加在A、K（或T1、T2）极间最大的峰值电压。此电压约为正向转折电压U_{BO}减去100V后的电压值。

(7) 门极触发电压U_G　它是指在规定的环境温度和晶闸管阳极与阴极之间正向电压为一定值的条件下，使晶闸管从关断状态转变为导通状态所需要的最小门极直流电压，一般为1.5V左右。

(8) 反向重复峰值电流I_{RRM}　它是指晶闸管在关断状态下的反向最大漏电电流值，一般小于100 μA。

(9) 门极反向电压　它是指晶闸管门极上所加的额定电压，一般不超过10V。

(10) 正向平均电压降U_F　它也称通态平均电压或通态压降电压。它是指在规定环境温度和标准散热条件下，当通过晶闸管的电流为额定电流时，其阳极A与阴极K之间电压降的平均值，通常为0.4～1.2V。

(11) 维持电流I_H　它是指维持晶闸管导通的最小电流。当正向电流小于I_H时，导通的晶闸管会自动关断。

(12) 断态重复峰值电流I_{DRM}　它是指晶闸管在断开状态下的正向最大平均漏电电流值，一般小于100μA。

4. 晶闸管的好坏判断

(1) 判定各电极

① 外观识别　常用单向晶闸管各电极排列如图5-61所示。

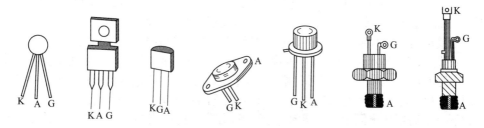

图5-61　常用单向晶闸管各电极排列

② 万用表检测　由单向晶闸管的结构图可知，它的门极G与阴极K之间是一个PN结，而阳极A与门极G之间有两个反极性串联的PN结。因此，用万用表R×100挡可很方便地判定出门极G、阴极K与阳极A。将黑表笔任接某一电极，红表笔依次去触碰另外两个电极。如测量结果有一次阻值为几百欧，即可判定黑表笔所接的是门极G。在阻值为几百欧的

测量中，红表笔接的便是阴极 K，另一个电极则是阳极 A（A 与 K、G 正反均不通）。

（2）判断好坏　根据单向晶闸管的导通、截止条件，可分以下三种情况对其进行检测。

① 用万用表检测　将万用表置于 $R×10$ 挡，红表笔接阴极 K，黑表笔接阳极 A，此时，万用表指针不动。用黑表笔接触门极 G（黑表笔移动时不能离开阳极 A），使门极 G 与阳极 A 短路，即给门极 G 加上了正向触发电压。此时，万用表指针明显向右摆动，并停在几欧至十几欧处，表明晶闸管因正向触发而导通。接着，保持红、黑表笔接法不变，将黑表笔离开门极 G（黑表笔在移动过程中不能离开阳极 A），这时，若万用表的指针仍保持在几欧至几十欧的位置不动，则说明晶闸管的性能良好，如指针返回到零位则为坏。

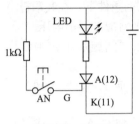

图 5-62　测试电路

② 用测试电路法检测　如图 5-62 所示，利用该电路可迅速找出单（双）向晶闸管的极性或判断其好坏。

图 5-62 中，A（T2）、K（T1）、G 分别为三个小插孔，LED 是一只红色发光二极管，E 为 6～9V 层叠电池，AN 是一只小型常开式按钮。使用方法是：

a. 判断单向晶闸管极性：将不明极性晶闸管的三脚任意插入三孔中，若 LED 立即发光，则表明 A 孔插的是 G 极（控制极），K 孔插的是 K 极（阴极），G 孔插的是 A 极（阳极）；若插入后 LED 不亮，按一下 AN，LED 发光，松开 AN 后，LED 发光，则表明 A 孔是 A 极，K 孔是 K 极，G 孔是 G 极。其他情况下根据工作原理亦能方便地判断。

b. 判断单向晶闸管好坏：将 A 极、K 极和 G 极分别插入 A、K、G 三孔，LED 应不亮，按一下 AN 后松开，LED 被点亮，直至断电，此时表明器件是好的。

③ 用数字万用表检测　将数字万用表拨至二极管挡，红表笔任意固定接在某个引脚上，用黑表笔依次接触另外两个引脚，如果在两次测试中，一次显示值小于 1V，另一次显示溢出符号"OL"或"1"（视不同的数字万用表而定），表明红表笔接的引脚是阴极 K。若红表笔固定接一个引脚，黑表笔接第二个引脚时显示的数值为 0.6～0.8V，黑表笔接第三个引脚显示溢出符号"OL"或"1"，且红表笔所接的引脚与黑表笔所接的第二个引脚对调时，显示的数值由 0.6～0.8V 变为溢出符号"OL"或"1"，由此就可判定该晶闸管为单向晶闸管。其中红表笔所接的引脚是阴极 K，第二个引脚为门极 G，第三个引脚为阳极 A。上述过程中，无论怎样调换引脚，均显示溢出或阻值很小为坏。

5. 单向晶闸管应用电路

（1）单相半控桥式整流电路工作原理　图 5-63（a）所示为单相半控桥式整流电路（简称半控桥）。

在 u_2 的正半周，晶闸管 VS1 和二极管 VD2 承受正向电压。若触发电路送出触发脉冲 U_G 到晶闸管 VS1 的控制极，则 VS1 和 VD2 导通，电流通路为 $a→VS1→R_L→VD2→b$，此时，VS2 和 VD1 因承受反向电压而截止。忽略掉晶闸管和二极管的管压降，则输出电压 $U_o = U_2$。

在 u_2 的负半周，晶闸管 VS2 和二极管 VD1 承受正向电压。若触发电路送出触发脉冲 U_G 到晶闸管 VS2 的控制极，则 VS2 和 VD1 导通，电流通路为 $b→VS2→R_L→VD1→a$，此时，VS1 和 VD2 因承受反向电压而截止。忽略晶闸管和二极管的管压降，则输出电压 $U_o = -U_2$。

u_2 的下一个周期情况同上述，循环往复，输出端得到直流电压。当改变触发脉冲到来的时间，即改变晶闸管控制角的大小时，输出电压就随之改变，就可以达到控制输出直流电压大小的目的。

（2）直流电机调速电路　晶闸管在直流电机调速中的应用电路如图 5-63（b）所示。

220V 市电经整流后，通过晶闸管 VS 加到直流电动机的电枢上，同时它还向励磁线圈 ML 提供励磁电流，只要调节 R_P 的值，就能改变晶闸管的导通角，从而改变输出电压的大小，实现直流电动机的调速（VD 是直流电动机电枢的续流二极管）。

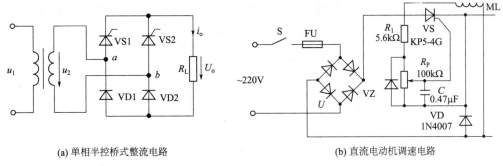

(a) 单相半控桥式整流电路　　　　　　　(b) 直流电动机调速电路

图 5-63　单向晶闸管应用电路

二、 双向晶闸管

1. 双向晶闸管的构造及特性

双向晶闸管（TRIAC）是在单向晶闸管的基础上研制的一种新型半导体器件。它是由 NPNPN 五层半导体材料构成的三端半导体器件，其三个电极分别为主电极 T1、主电极 T2 和门极 G。

双向晶闸管的阳极与阴极之间具有双向导电的性能，其内部电路可以等效为两只普通晶闸管反向并联组成的组合管。双向晶闸管的内部结构等效电路及电路原理图中的符号如图 5-64 所示。

双向晶闸管的伏安特性如图 5-65 所示。性能良好的双向晶闸管，其正、反向特性曲线具有很好的对称性。

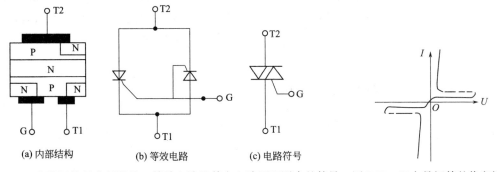

(a) 内部结构　　　　　(b) 等效电路　　　　(c) 电路符号

图 5-64　双向晶闸管的内部结构、等效电路及其在电路原理图中的符号　　图 5-65　双向晶闸管的伏安特性

双向晶闸管可以双向导通，即不论门极 G 端加上正的还是负的触发电压，均能触发双向晶闸管在正、反两个方向导通，故双向晶闸管有四种触发状态，如图 5-66 所示。

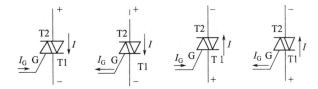

图 5-66　双向晶闸管的四种触发状态

当门极 G 和主电极 T2 相对于主电极 T1 的电压为正（$U_{T2}>U_{T1}$、$U_G>U_{T1}$）或门极 G 和主电极 T1 相对于主电极 T2 的电压为负（$U_{T1}<U_{T2}$、$U_G<U_{T2}$）时，晶闸管的导通方向为 T2→T1，此时 T2 为阳极，T1 为阴极。

当门极 G 和主电极 T1 相对于主电极 T2 的电压为正（$U_{T1}>U_{T2}$、$U_G>U_{T2}$）或门极 G 和主电极 T2 相对于主电极 T1 的电压为负（$U_{T2}<U_{T1}$、$U_G<U_{T1}$）时，则晶闸管的导通方向为 T1→T2，此时 T1 为阳极，T2 为阴极。

无论双向晶闸管的主电极 T1 与主电极 T2 之间所加电压极性是正向还是反向，只要门极

G 和主电极 T1(或 T2) 间加有正、负极性不同的触发电压，满足其必须的触发电流，晶闸管即可触发导通呈低阻状态。此时，主电极 T1、T2 间的压降约 1V。

双向晶闸管一旦导通，即使失去触发电压，也能继续维持导通状态。当主电极 T1、T2 电流减小至维持电流以下或 T1、T2 间电压改变极性，且无触发电压时，双向晶闸管即可自动关断。只有重新施加触发电压，才能再次导通。加在门极 G 上的触发脉冲的大小或时间改变时，其导通电流就会相应改变。

2. 应用电路

图 5-67 所示为双向晶闸管构成的台灯调光电路。

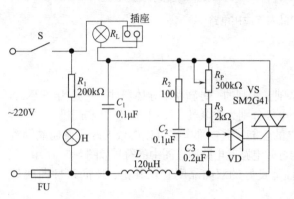

图 5-67　应用电路

闭合开关 S 后，电源经 R_L、R_P、R_3 给 C_3 充电，当 C_3 两端电压达到双向二极管 VD 的转折电压时，VD 导通，于是触发 VS 导通，VS 导通后两端压降很低（约 1V），使负载 R_L 两端的电压上升，电热毯温度升高，同时将 C_3 短接（C_3 放电），直至交流电压基本为零时，VS 才截止。当电源为负半周时，重复上述过程。如此循环，调节 R_P，改变 C_3 充电快慢，即可改变 VS 的导通角，也即改变了 R_L 在一个周期内的通电时间，从而实现了调光。图中，H 为指示灯，L、C_1 为高频滤波电路，R_2、C_2 为保护电路。将其他电器插头插入插座，还可完成多种电器的调压作用，如电热毯/电熨斗调温、电动机调速等。

三、门极可关断晶闸管

1. 可关断晶闸管的性能特点及参数

（1）性能特点　可关断晶闸管简称 GTO，也是一种 PNPN 四层半导体器件，其结构、等效电路与普通晶闸管相同。图 5-68 所示为 GTO 的电路符号及引脚排列图。大功率可关断晶闸管大多采用模块形式封装。GTO 和普通晶闸管相同，也有三个电极，分别为阳极 A、阴极 K 和门极 G。

GTO 触发导通的原理与普通晶闸管基本相同，但两者的关断原理和关断方式却有根本的区别。普通晶闸管门极 G 加上正触发信号导通后，即使撤去触发信号也能维持导通。要想使其关断，则将 A、K 间电源切断，使正向电流低于维持电流，或加上反向电压强迫关断。应用电路较复杂，并易产生波形失真和噪声。可关断晶闸管具有普通晶闸管电流大、耐压高等优点，而且还具有自行关断的功能。普通晶闸管在导通后处于深饱

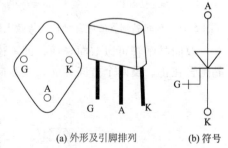

(a) 外形及引脚排列　　(b) 符号

图 5-68　GTO 的电路符号及引脚排列

和状态，而 GTO 导通后处于临界饱和状态，所以只要给 GTO 门极 G 加上负向触发信号即可使其关断。

（2）可关断晶闸管的主要性能参数　U_{RGM} 是门极反向峰值电压。断态重复峰值电压 U_{DRM}，表示 GTO 两端施加的断态电压的最高值。I_{ATM} 是最大可关断电流。关断增益 β_{off}，是非常重要参数，相当于晶体管的电流放大系数 h_{FE}。它等于阳极最大可关断电流 I_{ATM} 与门极最大负向电流 I_{GM} 的比值，即 β_{off} 值的大小可表征门极电流对阳极电流的控制能力的强弱。一般 β_{off} 为几倍速到十几倍速。β_{off} 越大，说明门极电流对阳极电流的控制能力越强。U_{TM} 是通态峰值电压。

2. 可关断晶闸管（GTO）的好坏判断

（1）判定电极 将万用表置于 $R \times 1$ 挡，轮换测量任意两引脚间的电阻值，只有当黑表笔接门极 G、红表笔接阴极 K 时，电阻才为低阻值，而其他情况下的电阻值均为无穷大。这样将门极 G 和阴极 K 确定后，余者便是阳极 A。

（2）检测触发能力 使用 $R \times 1$ 挡，将黑表笔接阳极 A，红表笔接阴极 K，此时电阻值应为无穷大。用黑表笔在接触阳极 A 的同时也接触门极 G，此时即给门极 G 加上了正向触发信号，指针应向右大幅度偏转，呈低阻值状态，表明 GTO 被触发导通，将黑表笔与 G 极脱开，万用表指针应保持低阻值不变，证明 GTO 能维持通态，触发能力正常。

（3）检测关断能力 用一只电解电容，先用万用表 $R \times 100$ 挡给电解电容充满电，然后将万用表拨至 $R \times 1$ 挡，按照检测触发能力的操作步骤使 GTO 的触发导通并维持通态；把电解电容的负极接 GTO 的门极 G，用电解电容的正极去触碰 GTO 的阴极 K，若指针迅速向左回摆至无穷大位置，则说明 GTO 关断能力正常。

3. 可关断晶闸管的应用电路

GTO 已被广泛用于交流电机调速、变频调速、暂波器、逆变电源及电子开关电路中。

（1）GTO 的门极供电电路 如图 5-69 所示，当高电平的导通信号加到 VT 的基极时，使 VT 导通，并经过电容 C 触发 GTO 进入导通状态工作。同时 U_{CC} 经过 R_1、VT 向 C 充电。当关断信号（正脉冲）加到高频晶闸管 VS 的门极时，VS 导通，电容 C 上的电量经 R_2、VS、GTO 的 K-G 极放电。由于 C 两端的电压不能突变，所以 GTO 的门极加上负向脉冲，使 GTO 迅速被关断失去供电。

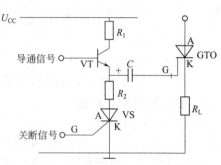

图 5-69 GTO 的门极供电电路

（2）交流电动机变频调速 如图 5-70 所示，由 GTO 构成的交流电动机变频调速系统的主电路。V1～V6 是三相桥式整流电路，电容 C 起滤波作用。GTO 为六只可关断晶闸管，用以驱动三相交流电动机 M。各可关断晶闸管的门极上分别加脉宽调制（PWM）触发信号，通过改变 PWM 脉宽信号宽度，改变可关断晶闸管的导通，从而改变电动机转速。VS 为保护电路。当电路中有过流或过热现象时，VS 通，BX 熔断保护。

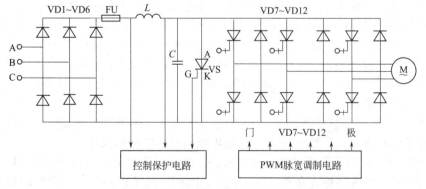

图 5-70 交流电动机变频调系统主电路

四、 电力晶体管

1. 基本结构和工作原理

电力晶体管（简称 GTR）属于电流控制型器件，是一种耐压高、电流容量大的双极型大功率晶体管。电力晶体管基本结构和工作原理与小功率晶体管类似，也有 PNP 型和 NPN 型两种。NPN 型电力晶体管的基本结构和图形符号分别如图 5-71(a)、(b) 所示。

为了简化 GTR 的驱动电路，减小控制电路的功率，常常将图 5-71(c) 所示的达林顿结构（复合管）电力晶体管、续流二极管、加速二极管等集成在同一芯片上，做成电力晶体管模块。这种达林顿模块具有大电流、高增益的晶体管特性，更便于在各种电力电子设备中应用。

电力晶体管和小功率晶体管一样，也有截止、放大和饱和三种工作状态。在电力电子技术中，电力晶体管作为大功率的开关器件，主要工作于截止和饱和两种状态。为了确保晶体管能安全可靠地长期工作，晶体管在开关过程中必须工作在图 5-72 所示的安全工作区（SOA）内。

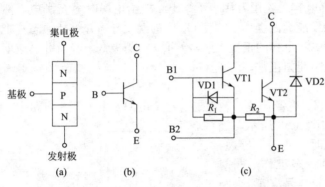
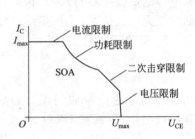

图 5-71　NPN 型电力晶体管的基本结构和图形符号　　图 5-72　晶体管安全工作区

2. GTR 的主要参数

GTR 的参数较多，这里仅简单介绍 GTR 的几个主要参数。

(1) 开路阻断电压　开路阻断电压主要反映 GTR 的耐压能力。

① U_{CB}　发射极开路时，集电极-基极间的反向击穿电压。

② U_{CE}　基极开路时，集电极-发射极间的反向击穿电压。

③ $U_{CE(sus)}$　基极开路时，集电极-发射极间能承受的持续电压。一般，$U_{CE(sus)} < U_{CE}$。

(2) 集电极最大允许电流 I_{CM}　它是指发射结正向偏置时，集电极允许的最大电流。

(3) 电流放大倍数 h_{FE}　它是指集电极电流与基极电流的比值，即 $h_{FE} = I_C / I_B$。

(4) 开关频率　GTR 作为开关器件的最高工作频率。它取决于 GTR 的开关时间（开关时间为开通时间 t_{on} 与关断时间 t_{off} 之和）。此外，GTR 的参数还有最高工作结温 T_{IM}、热阻 R_{ic} 等。通常，用开路阻断电压和集电极最大允许电流可以大致反映 GTR 的容量。如 1200V/300A 的 GTR，是指其 U_{CM} 为 1200V、I_{CM} 为 300A。选用 GTR 时，必须根据实际应用条件，确定所用管子的参数，以保证器件的正确使用。例如，电力电子设备用 380V 交流电供电时，大多选用 1200V 电压等级的 GTR。此外，由于 GTR 的结温直接影响到其工作寿命，因此还必须重视 GTR 的热参数，尤其是散热器的质量以及散热器与管壳之间的接触电阻。

3. GTR 的基极驱动

为了降低 GTR 在开关状态转换过程中的功率损耗，提高系统的安全可靠性，必须采用合理的基极驱动电路。图 5-73 所示为一种基极驱动基本电路和波形。

由图可见，GTR 对基极驱动的一般要求是：开通时要过驱动（$I_B = I_{B1}$），以缩短晶体管的导通时间；正常导通时要浅饱和（$I_B = I_{B2}$），以利于晶体管的关断；关断时要反偏（$I_B = I_{B3}$），以缩短晶体管的关断时间。基极驱动对 GTR 的正常运行起着极其重要的作用，较好的基极驱动是采用具有智能控制功能的电路，如 UA4002 专用集成电路，可以对晶体管实现较理想的基极电流优化驱动，并可以提供多种保护功能。

GRT 具有控制方便、开关时间短、高频特性好和通态压降较低等优点，其主要缺点是存在局部过热引起的二次击穿现象。目前，GTR 的最大容量为 1200V/400A，最佳工作频率为

图 5-73　基极驱动基本电路和工作波形

$1\sim10\mathrm{kHz}$，适用于 500V·A 以下的应用场合。

五、 电力场效应晶体管

1. 结构与工作原理

场效应晶体管（FET）是利用电场来控制固体材料导电能力的单极型有源器件。所谓单极型器件是指内部只有多数载流子参与导电的半导体器件。金属-氧化物-半导体场效应晶体管简称为 MOSFET。电力 MOS 场效应晶体管（简称电力 MOSFET）与小功率 MOSFET 一样，是绝缘栅场效应晶体管。它是通过改变栅极与源极间的电压，使其内部沟道反向及恢复，来控制漏极电流的，因此它属于电压控制型器件。目前，电力 MOSFET 一般采用图 5-74 所示的垂直导电双扩散 MOS 结构。实际的电力 MOSFET 是由几千个到几十万个这样结构的单元并联组成的一种功率集成器件。

由图 5-74 可见，栅极 G 与基片之间隔着氧化硅薄层，故它与其他两个极之间是绝缘的，因此电力 MOSFET 栅-源极之间的阻抗非常高；该器件在使用时，源极 S 接低电位，漏极 D 接高电位，即 $U_{\mathrm{DS}}>0$。当栅极与源极间为零偏压（即 $U_{\mathrm{GS}}=0$）时，由于 U_{m} 使 PN 结承受反向电压，故漏极到源极之间无电流，整个器件处于阻断状态；当栅极-源极间的正偏压超过某一临界值（栅极阈值电压 U_{T}）时，即 $U_{\mathrm{rm}}>U_{\mathrm{T}}$ 时，靠近氧化硅附近的区域表面层形成与 P 型半导体导电性相反的一层，即 N 反相层，该反相层称为 N 沟道。N 沟道将漏极与源极连接起来，成为导电的通道，使整个器件处于导通状态，电流 I_{D} 从漏极出发，经过 N 沟道，流入 N^- 区，最后从源极流出。由于这种电力 MOSFET 靠 N 型沟道来导电，故称为 N 沟道 MOSFET，其图形符号如图 5-74(b) 所示。

2. 特性与参数

电力 MOSFET 的输出特性如图 5-74(c) 所示。电力 MOSFET 的主要参数有最大漏极电流 I_{Dmax}、漏极-源极间击穿电压 U_{DS}、导通电阻、阈值电压 U_{T} 和开关频率等。

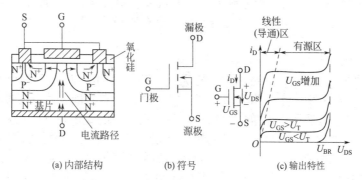

(a) 内部结构　　(b) 符号　　(c) 输出特性

图 5-74　一种基极驱动原理电路和波形

电力 MOSFET 的特点是驱动简单，驱动功率小，而且开关时间很短，一般为纳秒数量级，工作频率可达 50～100kHz，其控制较为方便，热稳定性好且没有二次击穿现象，耐过流和抗干扰能力强，安全工作区（SOA）宽，但其容量较小，耐压较低。目前，电力 MOSFET 的耐压等级为 1000V，电流等级为 200A，因此电力 MOSFET 现主要用于各种小容量电力电子装置。

六、绝缘栅双极型晶体管

1. 基本结构与工作原理

绝缘栅双极型晶体管（简称 IGBT）是由单极型 MOS 管和双极型 GTR 复合而成的新型功率器件。它既具有单极型 MOS 管的输入阻抗高、开关速度快的优点，又具有双极型电力晶体管的电流密度高、导通压降低的优点。IGBT 的结构及图形符号如图 5-75(a)、(b) 所示。

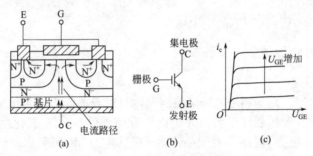

图 5-75　IGBT 的结构及图形符号

由图 5-75 可见，IGBT 是在 N 沟道电力 MOSFET 结构的基础上再增加一个 P+层构成的。IGBT 器件共有三个电极，分别为栅极 G、发射极 E、集电极 C。IGBT 应用时，C 接电源的高电位，E 接电源的低电位。IGBT 的导通原理与电力 MOSFET 基本相同，因此 IGBT 也属于电压控制型功率器件。

2. 特性与参数

IGBT 的输出特性如图 5-75(c) 所示。IGBT 的主要参数有：

① 集电极-发射极额定电压 U_{CE}　栅极-发射极短路时，IGBT 的耐压值。

② 栅极-发射极额定电压 U_{GE}　IGBT 是由栅极-发射极间电压信号 U_{CE} 控制其导通和关断的，而 U_{GE} 为该控制信号电压的额定值。IGBT 工作时，其控制信号电压不能超过 U_{GE}。目前，IGBT 的 U_{GE} 大多为±20V 左右。

③ 额定集电极电流 I_C　IGBT 导通时，允许流过管子的最大持续电流。

④ 集电极-发射极饱和电压 $U_{CE(SOA)}$　IGBT 正常饱和导通时，集电极-发射极之间的电压降。$U_{CE(SOA)}$ 越小，管子的功率损耗越小。

⑤ 开关频率　IGBT 的开关频率是由其导通时间 t_{on}、下降时间 t_f 和关断时间 t_{off} 来决定的。IGBT 的开关频率还与集电极电流 I_C、运行温度和栅极电阻 R_C 有关。当 R_C 增大、运行温度升高时，开关时间增大，管子允许的开关频率有所降低。IGBT 的实际工作频率比 GTR 高，一般可达 30～40kHz。

3. IGBT 的驱动

随着 IGBT 的广泛应用，针对 IGBT 的优点而开发出的各种专用驱动模块也应运而生。例如日本富士公司的 EXB841 专用驱动模块，模块内部装有光耦合器，有过电流保护电路和过电流保护信号端子，还可以用单电源供电。各种高性能的专用驱动模块，为 IGBT 的广泛应用提供了极大的方便。IGBT 是发展最快且已进入实用化的一种复合型功率器件。目前 ICBT 的容量已经达到 GTR 的水平，系列化产品的电流容量为 10～400A，电压等级为 500～1400V，工作频率为 10～50kHz。由于 IGBT 集 MOSFET 和 GTR 的优点于一身，因此它广泛应用于各种电力电子装置，有取代电力 MOSFET 和 GTR 的趋势。

七、 电力电子器件的选用和保护

目前,电力电子器件的应用越来越广泛,尤其是各种新型自关断功率器件的应用范围不断扩大。为了确保电力电子装置安全可靠运行,必须正确选用和保护电力电子器件。

1. 电力电子器件的选择

(1)电力电子器件种类的选择 在电力电子装置中,采用自关断器件省去了线路复杂、体积较大的强迫换相电路,既减小了装置体积,又降低了开关损耗和提高了效率。同时,由于这些器件开关频率的提高,电力电子装置可以采用 PWM 控制,既可以降低谐波损耗,又可以提高快速性,甚至还可以改善功率因数。因此,现代电力电子装置大量使用各种新型电力半导体器件。

现在,容量为 600kV·A 以下的装置一般采用 GTR 或 IGBT,容量为 600~4000kV·A 的装置一般采用 GTO 晶闸管,而容量为 4000kV·A 以上的装置才采用普通晶闸管。

(2)电力电子器件参数的选择 恰当地选择电力电子器件的参数,可以使电力电子装置功能良好、可靠、经济、维护方便。

① 器件电压的选择 选择器件的重复峰值电压(额定电压)的依据是:额定电压必须大于器件在电路中实际承受的最大电压,并有 2~3 倍的裕量。

② 器件电流的选择 选择器件的额定电流时,必须考虑到不同器件额定电流的表示方法有所不同,如普通晶闸管、快速晶闸管的额定电流是工频正弦半波电流(波形系数 K_f 为 1.57)平均值,而双向晶闸管用电流的有效值表示,GTO、GTR、MOSFET 和 IGBT 等则用电流的峰值表示,因此必须根据实际使用的器件来选择器件的额定电流。例如,选择普通晶闸管额定电流的依据是:晶闸管的额定电流 $I_{T(av)}$ 必须使管子的额定有效值($1.57I_{T(av)}$)不小于实际流过管子电流的最大有效值 I_T(即 $1.57I_{T(av)} \geqslant I_T$),才能保证晶闸管的发热与结温不超过额定值,而且通常选用管子的额定电流时也应考虑 1.5~2 倍的裕量,即 $I_{T(av)} \geqslant (1.5 \sim 2)I_T/1.57$($I_T$ 为工作时流过晶闸管的最大电流有效值)。

当单个器件额定电压不能满足电路电压要求时,可将多个器件串联使用,但器件串联时要保证各个串联器件所承受的电压基本相等(即均压);当单个器件额定电流不够大时,可将多个器件并联使用,但器件并联使用时要保证每个并联器件中流过的电流基本相等(即均流)。

2. 电力电子器件的保护

由于电力电子器件承受过电压和过电流的能力较差,因此必须采用相应的保护措施。过电压和过电流保护是提高电力电子装置运行可靠性所不能缺少的重要环节。

a. 常用的保护措施是用若干电路元件组成的保护部件,如阻容吸收、非线性元件(硒堆、压敏电阻)等,分散设置在所需要的部位,来限制瞬时过电压;用快速熔断器、过电流继电器、直流快速断路器等,快速切断故障过电流,实现过电流保护。此外,还可以通过检测电路中某点的电压或电流值,利用调节系统进行快速反馈控制,将电压、电流抑制在允许值以下;而当有严重故障时自动快速切断装置的电源,实现电压、电流保护。

为了确保装置安全可靠的运行,一般还在晶闸管电路中串入进线电感配合阻容吸收电路以及在晶闸管桥臂串入小电感,来限制加到晶闸管上的电压上升率 $\mathrm{d}u/\mathrm{d}t$;在晶闸管桥臂串入小电感配合整流式阻容吸收电路,来限制晶闸管电流上升率 $\mathrm{d}i/\mathrm{d}t$。

b. 对于 GTR、GTO、MOSFET 和 IGBT 等自关断器件,除了采用上述的保护措施外,还应尽量选用有自保护功能的驱动电路。应当注意,由于上述自关断器件的工作频率比普通晶闸管高得多,因此其缓冲电路与普通晶闸管也不尽相同。图 5-76 所示为一种常见的 GTR 缓冲电路,该缓冲电路也可用于 GTO、MOSFET 及 IGBT 的保护。

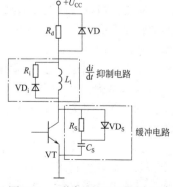

图 5-76 一种常见的 GTR 缓冲电路

第六章

典型电路应用与自动调速系统

第一节 开环直流电动机调速电路

一、简介

开环直流电动机调速电路具有电枢电压补偿功能,可以补偿电源电压变化引起的转速变化。另外还具有启停控制输入,通过外接的光电开关、霍尔开关等控制电机的启停。开环直流电动机调速电路原理图如图 6-1 所示,其实物电路板如图 6-2 所示。

二、电路原理图分析

220V 交流电通过二极管 VD1～VD4 整流给磁场供电,由于电动机的磁场线圈是电感性负载,电流为稳定的直流电,而交流侧为方波交流电流,电压为 100Hz 的半正弦波脉动直流电。

220V 交流电通过二极管 VD5、VD6 和晶闸管 VS1、VS2 组成的半控桥式整流电路整流给电枢供电,R1、C1、R2、C2 组成尖脉冲吸收电路,限制晶闸管的电压上升率。VD19 为电枢电感的续流二极管。a、b 两点的触发脉冲信号经过 R3、R4 分别触发 VS1、VS2。VD7 释放掉触发变压器二次侧的负脉冲,R3、R4 可以限制晶闸管的门极触发电流、减小两路触发电流大小差异,VD8、VD9 可以保证晶闸管的门极电流只有向内流的正电流,电容 C3 可以滤掉触发信号中的尖脉冲干扰。R5、R6 对电枢电压分压取样,经过 R7、C4 滤波从 C4 两端得到电枢电压取样信号,该电压经过 R8、R9 作为电枢电压对转速的补偿信号加到 R16 的两端,给定速度信号电压串联,对电源压引起的转速变化给予补偿,减少电源电压变化引起的转速变化。

220V 交流电经过 T1 降压隔离产生两路低压控制电源。9V 的一组交流电源经过 VD17 整流、C8 滤波产生对外的 12V 直流供电,可以对外接的光电开关、霍尔开关等供电,VD18 为电源指示发光二极管。

30V 的一组交流电源经过 VD10～VD13 组成的桥式整流电路产生 100Hz 的脉动直流电。该脉动直流电经过 R10 限流、VZ1 钳位,得到有过零点的梯形波的脉动直流电。该梯形波的脉动直流电给脉冲触发振荡器供电,零电压为同步标志,高电压为触发振荡器振荡工作电源。

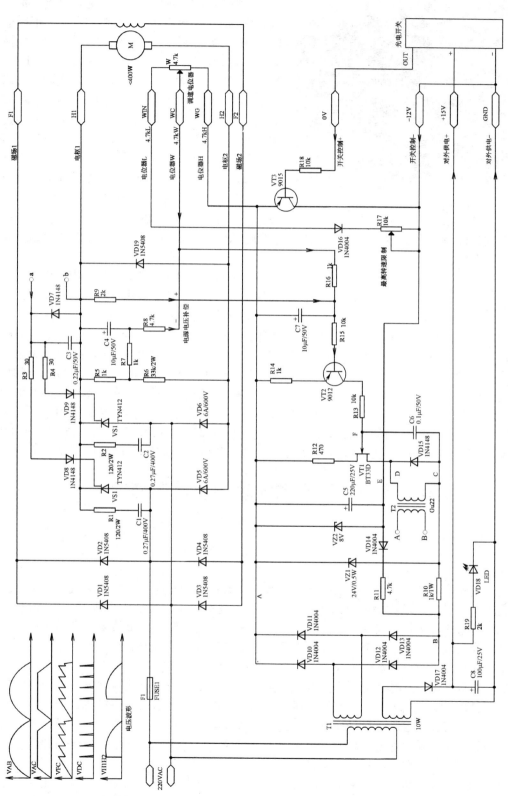

图 6-1 开环直流电动机调速电路原理图

VT1、R12、C4、R13、R14、VT2 等组成脉冲触发振荡器。梯形波的过零点的高电压通过 R13、R14、VT2 对电容 C4 充电，充电电流的大小受 VT2 基极电流的控制，经过一定时间 C4 的电压上升到 VS1 的峰值电压，VS1 突然导通，C4 对 T2 一次侧放电，电源通过 R12、VS1 对 T2 一次侧放电，在 T2 的二次侧感应出触发脉冲。放电过程中，当 C4 的电压降到 VT2 的谷点电压时停止放电，又开始了充电过程，在梯形波供电的时间内，C4 一般要进行多次充放电，产生多个触发脉冲，第一个触发脉冲使晶闸管触发导通。从梯形波的过零点到第一个触发脉冲产生的时间与晶闸管的触发角对应，它的大小与 VT2 的基极电流有关，基极电

图 6-2 开环直流电动机调速实物电路板

流增大触发角减小。VD11 为 T2 一次侧电感的续流二极管，限制电感电流减小时的负感生高电压，保护 VS1。

100Hz 脉动直流电源经过 R11、VT2、C5 限流稳压滤波得到电压 8V 的稳定直流电源，该电源给触发角调节电路供电。VD14 隔离了 C5 滤波电容对梯形波电源部分的影响，如果没有 VD14，在过零期间，C5 会通过 R11、R10 使梯形波的脉冲触发振荡器供电过零消失，失去了触发同步的过零信号。9V 稳定的电压经过电位器 W、R16、R17，产生可调的电压，通过 R16、R17 控制 VT2 的基极电流、控制触发角。C7 对该控制电压滤波，使触发角缓慢变化、电枢电压缓慢变化、转速缓慢变化。另外电枢电压的取样信号加到了 R16 的两端，当电枢电压降低时，VT2 基极电压降低、基极电流加大、触发角减小、电枢电压升高，补偿了因电源电压降低引起的电枢转速下降。R17 限制了 VT2 基极电压的最小值、限制了最小出发角、限制了电枢的最高转速。VT3 可以控制电枢电压的启停，当外部控制使控制端底电压时，VT3 饱和导通，使 C4 短路放电、VT2 基极电压上升、发射结电压接近 0V，VT1 不会产生触发脉冲，电动机停转。

第二节 KLC 系列大功率直流调速器

一、简介

1. 系统原理

电动机的速度由调速电位器的速度给定值决定，给定值为正电压，高电压代表高速。测速发电机的与电机转速成比例的电压为速度反馈值，是负电压，负电压数值大代表转速高。给定值与反馈值之和为转速误差，正值表示实际转速低于给定转速，负值表示实际转速高于给定转速。该误差经过速度调节器处理输出后的电压作为电流调节器的给定值，电流调节器的给定值为负电压，负电压数值大代表大电流。速度调节器对该值进行了双向限幅。从主整流器的交流电源的电流互感器得到实际电流信号，再经过整流得到电流反馈值，电流反馈值为正电压，高电压表示大电流。电流调节器的给定值与电流反馈值之和为电流误差信号，经过电流调节器处理输出控制信号，该信号为晶闸管触发电路的移相控制电压，也经过了双向限幅。触发器输出的触发脉冲的触发角受控制电压的控制，触发脉冲触发主整流晶闸管时，电机的电流按电流调节器的给定值变化，电机转速随速度给定值变化。

在某一稳定速度运转时，如果电机的速度因为电网的电压或负载变化而降低，速度误差增加、速度调节器的误差增加、电流调节器的给定值增加、电流调节器的误差增加、电流调节器的输出增加、主整流晶闸管的触发角减小、输出电流增大、电机转矩增大、电机转速升

高、补偿了电网的电压或负载变化而引起的转速降低。如果电机的速度因为电网的电压或负载变化而升高，同样能得到补偿。由于调节器采用了比例积分（PI）调节器，只要给定转速与实际转速有误差，即使很小，调节器的输出就会随时间上升或下降，调节电机的转速。只有误差为零，调节器的输出才会固定不变。所以该调节系统可以保证在稳定状态下，实际转速与给定转速严格相等而没有误差。

系统在启动过程中，转速给定值较高而转速实际值很小，则转速误差很大。由于速度调节器有输出限幅，即电流调节器的给定值有最大限制，所以电机的电流被限制在某一个最大值以下，这就限制了启动电流。在电机负载过重时，电机实际速度与给定速度也会相差过多，同样电机的电流被限制在某一个最大值以下，这就限制了堵转电流。由于实际电流信号来自交流电流互感器再整流成直流电压信号，最低电压不会为负电压，所以，电流调节器的给定值也就是速度调节器的输出最高值被限幅为 0V，所以如果实际转速高于给定转速，速度调节器也不会输出正电压。如果电流调节器的给定值小而电流实际值大，这会出现在降速状态时，电流调节器会输出负电压（即触发角大于 90°），这时主整流电路会工作在有源逆变状态，将电枢电感电流存储的能量向电网释放，使电机转速尽快下降。但是这不属于电机的发电制动，因为电机的机械惯性的能量没有变成电能向电网释放。

电机的励磁电源用单相电源经过自耦变压器调压，再经过桥式整流为直流电提供。可根据电机的要求调整。

系统保护有：快速熔断器短路保护；压敏电阻和阻容吸收限制过电压和电压上升率；电枢直流电流的过电流继电器作为过电流保护；主冷却风扇电机的停转与反转的风压保护；励磁回路的欠电流继电器作为欠电流和失磁保护；逆相序、缺相、欠电压、过电流、电机过热、主整流器过热等封锁调节器、封锁触发脉冲的保护。

安装前要检查单元内所有元件有无因运输等引起的损坏、脱落，紧固件有无松动，有无受潮、污物、绝缘不良，如有要修整烘干等处理好后方可使用。

2. 使用说明

（1）接线端子的功能说明　各接线端子如图 6-3 所示。1X、2X、3X 在 KLC1-A 1.1 上，4X、5X 在 KLC1.2 上，6X 在 KLC1-1.3 上。

① 7X 端子接线　7X1、7X2、7X3 分别接调速单元的同步电源 R、S、T，分别对应主整流电路的三相电源的 U13、V13、W13，并且为顺相序。7X4 接交流电源的保护地线 PE。

② 8X 端子　8X1、8X2 分别接励磁电源的自耦变压器的两输出端，8X3、8X4 为电机励磁电源输出，按电气电路图连接。

③ 1X 端子　1X1、1X2 直流测速发电机的接线，分别接负极、正极，不得反接，接反会导致速度正反馈。1X3、1X4、1X5 三相交流测速发电机的接线，分别接测速发电机的三相电，不用区分相序。也可以任意两线接直流测速发电机，不用区分正负极。测速发电机只能用一种接法。1X6、1X10 作为外接电流截止输入信号，本电路没连接。1X7、1X10 为张力、压力等的补偿输入端，根据具体结构如果为模拟量也要注意极性，如果是开关量要注意用常开触点还是常闭触点。1X8、1X9、1X10 外接调速电位器，1X9 接中心头的滑动触点，滑向 1X8 为高速，滑向 1X10 为低速。电位器要用绕线式的，精度高时用多圈的。1X11 对外提供 −10V，一般不用。1X12、1X13 接与整流主电路接触器同步动作的常开触点，接触器断电时封锁调节器。该触点闭合时调节器才工作，断开时为封锁状态。1X13、1X14 接主整流器上的温度开关，过热时闭合，保护动作。1X15、1X16 外接继电器 KA1 的 24V 线圈，电网欠电压、缺相、主整流器过热时，继电器吸合，实现电气保护。1X17、1X18 外接电机的转速表（本质是一个电压表），1X18 接正极。1X19、1X20 没有外接。1X21、1X22 接过电流保护继电器 KA2 的 24V 线圈，当整流主电路的三相交流电源过电流或短路时，如果电流调节器失灵，则该继电器吸合，切断整流主电路的供电。1X23、1X24 接电机转矩表（转矩表本质是

一个电压表），1X23 接正极。

④ 2X 端子　与 KLC1-A1.2 电源部分的 5X 端子同序号的端子连接。2X1 接电流检测信号。2X2、2X20 为相序检测输入，分别接同步变压器的 R1、T1 的同相信号 a、c。2X4、2X5 分别为 +15V、-15V 电源。2X7、2X14 分别为 +24V、-24V 电源。2X8、2X9、2X10 为三相同相同步信号 + T、+S、+R。2X11、2X12、2X13 为三相反相同步信号 -S、-R、-T。2X15、2X19 分别为 -10V、+10V 电源。2X16 为主电源地。2X17、2X18 分别为正极性的缺相、欠电压信号和负极性的缺相、欠电压信号，本系统没用正极性的。

⑤ 3X 端子　与触发变压器板 KLC-A1.3 的 6X 端子同序号的端子连接。为六路触发脉冲信号。

⑥ 4X 端子　接主整流电路 KQZ 的电流互感器，用于电流检测。

⑦ 5X 端子　与 KLC1-1.1 3X 端子同序号的端子连接，为六路触发脉冲信号输入。

⑧ 6X 端子　主整流电路 KQZ 的六个晶闸管的门极和阴极。

(2) 各电位器、指示灯、测试点　各电位器、指示灯、测试点参见调节器电路图 6-5 所示。

1RP1：测速发电机反馈量调整。当调速电位器调到最大时，调 1RP1 使发电机为标定转速。

1RP4：给定积分时间调整，可在 0~10s 的范围内调节启动时间。

1RP5：速度环的放大倍数调整，同时影响比例系数和积分时间。如果电机转速不稳出现振荡，顺时针调节减小放大倍数，放大倍数小会使自动调速作用慢。

1RP3：速度环输出限幅调整，可以改变堵转电流。顺时针调节减小堵转电流。

1RP6：电流环的放大倍数调整，调好后一般不再调整。

1RP7：电流环输出正限幅调整，调整最小触发角 $\alpha_{\min}$。

1RP8：电流环输出负限幅调整，调整最小逆变角 $\beta_{\min}$。

1RP9：超转矩量调整，调整超转矩保护的临界值。

1RP10：转矩表校准。

(3) 主控制板测试点　XJ0：地；XJ1：测速发电机反馈电压，-10~0V；XJ2：调节器封锁信号，封锁时 +10V，正常时 -15V；XJ3：给定积分的输出电压 0~+10V；XJ4 稳压器输出电压 -15V；XJ5 速度调节器输出电压 -7.8~0V；XJ6 电流调节器输出电压 -8~+8V；

电源板：XJ1 为 +24V，XJ2 为 -24V，XJ3 为 +15V，XJ4 为 -15V，XJ5 为 +10V，XJ6 为 -10V。

(4) 指示灯　V1 红灯亮表示欠电压、缺相或主整流电路过热，V2 红灯亮表示逆相序，V3 绿灯亮表示控制板电源正常，V4 红灯亮表示电动机过热，V5 红灯亮表示超转矩。

3. 操作

a. 按接线图接好各单元的连线：电源进线、风机、励磁、电枢、永磁测速发电机等。

b. 合上空气开关 QF3。

c. 合上总空气开关 QF1。

d. 合上空气开关 QF2，直流电动机的风机转向正确。

e. 合上空气开关 QF4，直流励磁正常；主控制板上的 V3 绿灯亮；主控板的六个红色触发脉冲指示灯亮。如果逆相序红色指示灯 V2 亮。要对调电源进线的任意两相，注意检查风机的转向是否正确。

f. 速度电位器调到最低转速位置，按下启动按钮 SB2，主接触器 KM1 吸合，调节调速电位器，电动机转速从零开始平稳升到最高速，并且无振荡现象，电枢电压平稳达到标定电压值，如果调速电位器调至最大值而电动机转速没达到标定值，或调速电位器没调至最大值而电动机转速已经达到标定值，可以调节主控板上的 1RP1，使调速电位器调至最大值时，电动机转速恰好达到标定值。

g. 停机时，一般应该调节调速电位器，将转速调到最低，然后再按下停止按钮 SB1，关断空气开关 QF1，其他空气开关可以不断开。

二、 电路原理图分析

KLC-C-D 系列晶闸管直流调速单元用三相交流电供电，三相交流电源 L1、L2、L3 经过开关 QF1 控制后为 U1、V1、W1，另外进线还有零线 N、保护地 PE。U1、V1、W1 一路通过 QF2 给主冷却风扇电动机 M1 供电。U1、V1、W1 的另一路通过变压器 TM1 将三相380V降压为三相 220V，再经过快速熔断器 KFU、接触器 KM1 接电枢主整流部分 KQZ 的 U13、V13、W13。快速熔断器有熔断检测开关 KFU，熔断时闭合。U1、V1、W1 的第三路通过 QF3 后为 R、S、T，为触发控制部分提供电源和同步信号，另外还为主整流冷却风扇电动机 M 供电。U1、V1、W1 的第四路通过 QF4 后的 100 号线为电气控制部分供电，V41 通过变压器 TC1 将 220V 降为 180V 给磁场整流部分 DLZ 供电。

1. 整机工作原理

整机原理图如图 6-3 所示。磁场整流供电 DLZ 将 L、N 的 180V 交流电整流为直流电，从 J、K 输出到电动机的磁场线圈，电路中串联了磁场指示电流表、磁场失电检测电流继电器 KI。磁场电流正常时电流继电器 KI 吸合。电枢整流主供电 KQZ 将进线三相交流电 U13、V13、W13 可控整流后输出可调电压为电枢供电。电枢供电电路串联了电抗器 L2 和分流器，电抗器 L2 可以使电枢电流平滑（即转矩平稳），分流器主要用于指示电流表的电流取样。电压表 V1 指示。电枢整流主供电部分单相电动机 M 为散热用风扇，FR 为保护用温度检测开关，过热时闭合。控制部分 KLC1-A 1.1根据给定信号、检测信号产生触发脉冲，再经过触发脉冲变压器部分 KLC1-A 1.3触发整流主电路的晶闸管。电源部分 KLC1-A 1.2为控制部分 A 1.1和触发脉冲变压器部分 KLC1-A 1.3提供电源和同步信号。控制部分外接的永磁式直流测速发电机，用于速度取样反馈信号。转速表 n 是一个电压表，指示的是测速发电机的电压也就是电机电枢的转速。转矩表 M 也是一个电压表，通过指示主供电电流指示电机输出转矩。电位器 RP1 为调速电位器，通过调整控制电路的给定值调节电枢电压。散热器过热检测开关 FR 用于主整流部分过热保护，主供电封锁继电器 KA4 与主整流电路三相供电接触器 KM1 同步，当该主供电接触器 KM1 断电时，控制部分停止触发信号。KA1、KA2 的动作受电枢电流的控制，如果电枢电流过大，KA2 动作切断电枢整流主供电电源，如果电枢电流超过标定值不太多，但时间较长，电枢会过热，这时 KA1 动作切断电枢整流主供电电源。电源部分 KLC1-A 1.2的连接器 4X 接整流主电路 KQZ 的电流互感器，为电流检测输入端。触发变压器部分 KLC1-A 1.3的 G1～G6、K1～K6 接流主电路 KQZ 的六个晶闸管的门极、阴极。控制部分 KLC1-A 1.1的连接器 2X 接电源部分的 5X，3X 接触发变压器部分 KLC1-A 1.3的6X，编号相同的引线对应连接。电气控制部分用单相 220V 供电，HL1 为电气控制电源指示灯，启动时风扇工作正常，风压开关 QF2 闭合，按下启动按钮 SB2 或 SB4，主接触器 KM1 线圈得电，触点动作，整流主电路得电，KM1 的辅助常开触点闭合自锁，可以放开启动按钮。停止时，按下 SB1 或 SB3，主接触器 KM1 线圈，其断电触点释放，主整流部分断电。KM1 的常开辅助触点还控制指示灯 HL、HL1，指示主整流部分是否供电。启动按钮和停止按钮都用两个按钮可以实现两个位置的操作。电枢过电流、磁场断电、快速熔断器 KFU 熔断、交流电源欠电压或缺相、电枢过热均会导致 KA3 得电动作，KA3 动作后主接触器断电、故障警铃 HA 得电发声、故障指示灯发光。主接触器 KM1 线圈、继电器 KA3 线圈都并联了电容，这样可以减少线圈断电时线圈电感产生的高电压引起的对弱信号电子电路的干扰。

2. 各单元电路分析

（1）磁场供电　磁场整流供电如图 6-4 所示。磁场整流供电 DLZ 由 VD1～VD4 组成桥式整流电路整流为 180V 的直流电，由于负载为电感性的磁场线圈，有电感滤波的作用，负载电流稳定而电压为 100Hz 脉动的直流电，交流侧电流为 50Hz 方波。压敏电阻 RV5 保护整流二极管。

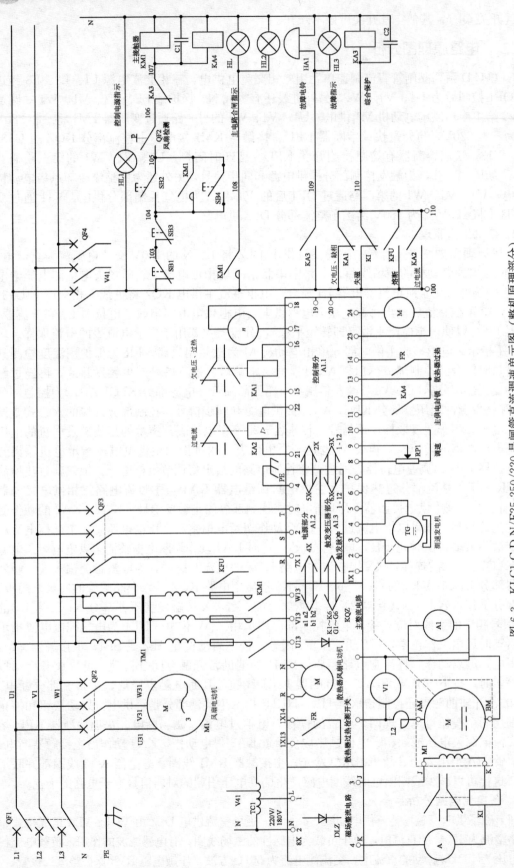

图 6-3 KLC1-C-D N/E25-250/220 晶闸管直流调速单元图（整机原理部分）

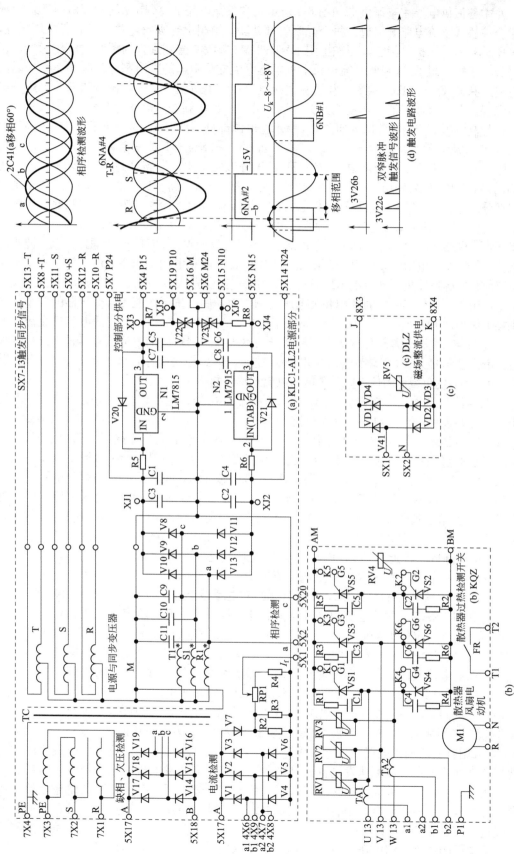

图 6-4 KLC-C-D 系列晶闸管直流调速单元（主整流、磁场和电源等部分）

（2）主整流供电　主整流供电如图 6-4 所示。主整流电路 KQZ 由晶闸管 VS1～VS6 组成的三相全控桥式整流电路等组成。每个晶闸管都并联了电阻电容吸收电路，吸收高电压脉冲，限制电压上升率，保护晶闸管。压敏电阻 RV1～RV3 吸收交流侧进入的瞬时高电压脉冲，保护晶闸管。压敏电阻 RV4 吸收直流电机电枢电感电流变化引起的瞬时高电压脉冲，保护晶闸管。电流互感器 TA1、TA2 检测三相交流进线电流，该电流信号送入控制电路部分，用于电流反馈和保护。还有散热器过热检测开关，该开关信号也接到控制电路部分。

（3）控制电源　控制电源部分如图 6-4 所示。电源部分 KLC1-A1.2 中变压器 TC 的一次侧接三相 380V 电源，降压后产生＋R、＋S、＋T 和－R、－S、－T 正三相和负三相交流同步信号。降压后的另一组产生的交流电经 R1、S1、T1 分三路送出。一路经过 V8～V13 整流产生±24V，该组电源为触发输出部分供电。±24V 经过三端稳压电路 N1、N2 稳压为±15V，主要为控制部分供电。±15V 又经过稳压二极管 V22、V23 稳压为±10V 电源，为控制部分提供基准电源。电容 C1～C8 是滤波电容，滤掉直流电源部分的高频波纹和低频波纹。V20、V21 保护三端稳压集成电路 N1、N2，使其输入输出端之间不承受反向电压。C9～C11 滤掉交流电源中的高频杂波干扰。交流电 R1、S1、T1 的第二路引出了 a、c 两相电用于相序检测，相序不正常时控制电路使触发脉冲停止。交流电 R1、S1、T1 的第三路经过 V14～V19 整流成有 300Hz 波纹的直流电，用于三相交流电源的缺相和欠电压检测。为了提高抗干扰能力，变压器的两个屏蔽层分别接了保护地 PE 和直流电源地 M，防止了一次侧绕组和二次侧绕组间的电容将交流电源的高频干扰耦合到直流电源部分。从主整流部分的电流互感器输出的电流信号经过 V1～V6 整流成直流电压信号经过 RP1 调节送出主电流信号 I_f，送到控制电路，该电流代表电枢电流。R2、R3 为电感器的负载低阻值电阻，不能与电流互感器断路。

（4）调速控制部分　控制部分 KLC1-A1.1 由给定积分、速度取样、速度调节器、电流调节器、六路触发脉冲产生电路、保护电路等组成。

a. 如图 6-5 所示，给定积分电路由 1NA、1ND、1C5 等组成。连接器 1X♯8、1X♯9、1X♯10 外接的电位器 RP 为调速电位器，速度给定值电压为 0～10V，经过 1R9、1C4 滤波送入运算放大器 1NA♯2，1NA♯1 输出经过 1RP4 调节接 1NAD♯13。1C5 为积分电容，该电容可以通过调换不同容量的电容而改变积分时间，积分器的输出点 XJ3 的电压在稳定状态时与电位器调定的给定值相等，为 0～10V。当给定值升高时会有以下变化：1NA♯2 电压升高，而 1NA♯3 电压与 1ND♯14 的输出值相等，为给定值升高前的电压，出现较高的电压差→1NA♯1 电压降低，接近－15V，而 1ND♯13 电压始终和 1ND♯12 电压的 0V 相等，1R12 向 1RP4 方向的电流会加大→1R12 的电流会流过 1C5，1C5 电容会有从 1ND♯14 为正、1ND♯13 为负的充电电流→1ND♯14 电压随着 1C5 的充电缓慢上升，该输出又接到 1NA♯3，当该电压上升到和 1NA♯2 的给定值相等时停止上升，将快速上升的给定值电压转换成了缓慢上升的电压。同理给定值下降时，1C5 会缓慢放电，输出值缓慢下降。电位器 1RP4 可以调节电容的充放电电流值，调节积分时间。这样即使输入给定值突然变化，电机速度也不会突然变化。在保护电路起作用时，会出现封锁调节器的情况。保护时 1V16 的栅极负电压会变成正电压，1V16 导通，1V16 的导通会使积分电容 1C5 被较小电阻值的电阻 1R14 近似短路，使积分输出近似为 0V。1V9、1V10 限制 1NA 的差动输入电压，保护该运算放大器。

b. 速度取样用测速发电机，如果用三相交流测速发电机，发电机接连接器 1X♯3、1X♯4、1X♯5。如果用直流测速发电机，发电机接连接器 1X♯1、1X♯2。直流测速发电机要注意极性，要用负极性输入；直流测速发电机如果接在三相交流测速发电机的三个接线端的任意两端，就不用区分极性了，因为三相交流测速发电机的信号经过了 1V1～1V6 的整流，整流成直流负极性信号。一般高精度时用直流测速发电机，低精度时用交流测速发电机。该速度反馈电压经过 1RP1 调节整定为 0～－10V 电压，－10V 对应最高转速，测试点 XJ1 可以检测到该电压。整定后的速度反馈电压经过 1X18 和地线 1X17 外接电压表指示电机转速。

1X7 和 1X10 为外接速度信号，主要用于张力、压力补偿信号的输入。转速补偿信号一般为张力检测信号，当两台电机需要同步运转时接入，例如两台电机通过滚筒输送带状物，一个拉出一个送入，要求两个滚筒之间的带状物匀速输送，而且时刻处于一定张紧力的张紧状态。如果两套驱动独立无联系，即使转速有极微小的误差，随着时间的推移，两者输送的长度会有误差，这会导致输送物拉得过紧或过松。如果有了张力检测的速度补偿信号，当张力过大时略微减小拉出滚筒的转速或略微增大送入滚筒的转速，当张力过小时略微增大拉出滚筒的转速或略微减小送入滚筒的转速，这样就既可以保证恒定的速度，又可以保证转过的距离同步。

c. 1NC、1C6、1RP5 等组成速度调节器，是一个比例积分调节器。1NC♯9、1NC♯10 电压近似为 0V，输入信号又经过 1R7、1R8、1C3 的速度给定值的正电压信号，经过 1R5、1R6、1C2 的速度反馈负电压信号，经过 1R1、1R2、1C1 的速度补偿信号。主要为速度给定值正电压信号和速度反馈负电压信号，由于极性相反，所以输入为两者相减的速度误差信号。稳定状态输入误差为和给定值极性相同的很小的正电压，由于 1NC 接成反向放大形式，所以输出为负电压。速度调节器输出电压测试点为 XJ5，正常时电压为 0.7～−7.8V，负电压值大代表高速。调换不同容量的 1C6，可以改变积分常数；调节 1RP5 可以调节电容充电电流、调节积分时间。1C6 的调换、1RP5 调节应根据调速系统工作时的误差、稳定性等进行。1V14、1V15 对 1NC 差动输入电压限幅，保护输入端。1V7 输出正限幅，输出电压不会高于 1V7 的正向导通电压+0.7V。1NB、1RP3、1V8 等输出负限幅，输出电压不会低于 1RP3 的滑动触点调定的负电压。1NB 接成比较器的形式，1NB♯6 的电压为 1RP3 调定的负电压，1NB♯5 的电压为速度调节器的输出负电压，如果速度调节器的输出负电压低于 1RP3 调定的负电压，1NB♯7 输出低电压为−15V，1V8 导通，拉低 1NB♯9 的电压，1NB♯8 的输出电压上升，限制了速度调节器的最低输出负电压。如果速度调节器的输出负电压高于 1RP3 调定的负电压，1NB♯7 输出高电压+15V，1V8 不会导通，不会对 1NB♯9 电压有影响。1RP3 应根据电动机及系统调整，本系统调整为速度调节器输出负限幅出现在−7.8V。该负限幅实际限制了最大电枢电流，即 1RP3 设定了堵转电流。限幅电路的输入端还经过 1V11 接了 1X6，1X6、1X10 外接电流截止控制信号。电容 1C7 为较小的积分电容，相当于低通滤波电容，防止很窄的干扰脉冲引起负限幅动作。在保护电路起作用时，会出现封锁调节器的情况。保护时 1V17 的栅极负电压会变成正电压，1V17 导通，1V17 的导通会使 1NC 反向输入输出近似短路，放大倍数为 1，使积分输出近似为 0V。

d. 2NA、1C10 等组成电流调节器，是一个比例积分调节器。有两路输入信号，一路经过 1R27、1R28、1C9 接入速度调节器输出的负极性信号，另一路经过 1R20、1R21、1C8 接入的电流反馈信号 I_f，电流反馈信号为正极性信号。电流调节器的工作原理与速度调节器相同。可以从 XJ6 测到±8V 的电流调节器输出的双极性信号。电流调节器的输出电压就是触发电路的控制电压。电流调节器输出高电压时，晶闸管触发角 $α$ 减小，电枢电压升高；转速升高；电流调节器输出低电压时与此相反。整流状态触发角的变化范围为 0°～90°。如果输出负电压，触发角会大于 90°。如果其他条件符合有源逆变，全控桥式整流电路会工作于有源逆变状态。有源逆变状态触发角的变化范围为 90°～180°。超过 90°，不用触发角描述，改用逆变角 $β$。如果不符合有源逆变条件，会出现断续电流供电。2ND、1V12、1RP7 等组成调节器的正限幅电路，当调节器的输出电压高于 1RP7 调定的电压时，2NC♯12 的电压高于 2NC♯13 的电压，2NC♯14 输出高电压−15V，1V12 导通，很高的正电压加到 2NA♯2，电流调节器的输出 2NA♯1 电压下降，起到正限幅的作用。当调节器的输出电压低于 1RP7 调定的电压时，2NC♯12 的电压低于 2NC♯13 的电压，2NC♯14 输出低电压−15V，1V12 承受反向电压，不导通，不起作用。2NC、1V13、1RP8 等组成调节器的负限幅电路，当调节器的输出电压低于 1RP8 调定的负电压时，2NC♯10 的电压低于 2NC♯9 的电压，2NC♯8 输出低电压−15V，1V13 导通，很低的负电压加到 2NA♯2，电流调节器的输出 2NA♯1 电压上升，起到负限幅的作用。当调节器的输出电压高于 1RP8 调定的电压时，2NC♯10 的电压高于 2NC♯9 的电压，2NC♯8 输出低电压－15V，1V13 承受反向电压，不导通，不起作用。对电流调节器输出的正限幅，就是限制最小触发角，触发角越小，整流输出电压越高，但是如果小到晶闸管承受正电压之前触发，会触发不通，整流无输出电压，表现为升转速时，升到某一速度再升高时会突然断电，所以一定要限制最小触发角，即设定 α_{min}。对电流调节器输出的负限幅，就是限制最小逆变角，即设定 β_{min}。

e. 晶闸管的触发电路共有六套，这六套触发电路结构相同，分别触发六个晶闸管，它们用同一路移相控制信号，使用不同的同步信号。＋R、－R、＋S、－S、＋T、－T 六路同步信号从 2X8～2X13 接入，经过 3R1～3R12、3C1～3C3 滤波进入六路触发电路。

6NA、6NB、3V26、3V32 等组成 U 相交流电正向整流晶闸管 VS1 的触发电路。LM339 为集电极开路输出的四比较器，6NA、6NB 的输出经过 3R37、3R31 接地，所以输出高电压为 0V、低电压为－15V。6NA、3R37、3R31 接成有回差比较器的形式（施密特触发器），由于 3R37 较大、3R31 很小，所以正反馈很小、回差很小，这样可以使比较器输出波形的前后沿很陡。6NA♯4 的反向输入端通过 3R13 接＋T、通过 3R14 接－R，所以相当于输入了 W 相与 U 相的差的同步信号，比 U 相滞后 270°，比 V 相滞后 90°，6NA 的输出端 6NA♯2 为与之反向的方波。触发电路波形如图 6-4（d）所示。6NB 的同相输入端 6NB♯7 为控制移相信号，反相输入端 6NB♯6 为 V 相电的反向信号，当控制电压高于 V 相电的反向信号时，输出 6NB♯1 是高电压，也为矩形波信号，上升沿、下降沿的时间都随控制电压的变化而变化。由于比较器 6NA、6NB 的输出共用接地的上拉电阻，只有两个输出都为高电压时输出才为高电压，所以输出的矩形波的下降沿与 6NA 的输出相同，是固定不变的；其上升沿与 6NB 的输出相同，是随控制电压的变化而变化的。上升沿的变化范围对应 U 相电的 30°～210°，对应触发角 0°～180°。上升沿经过微分电容 3C34 产生正尖脉冲，下降沿产生负尖脉冲。3V26 的发射极被 3R101、3V19、3V20 偏置为 1.4V。正尖脉冲通过 3R55 接到 3V26 的基极，3V26 导通。负尖脉冲通过 3V7，提供微分电容的放电通路。3V26 导通时 3V32 导通，3V32 发射极的＋24V 电源经过 3V32 从集电极输出，经过限流电阻 3R85 从控制板的 3X1 输出。该信号接到触发变压器板 KLC1-A1.3 的 6X1，接触发变压器 T1，T1 的另一端 6X2 接控制板 3X2 端、接－24V。T1 的一次侧有 48V 的脉冲，经过 T1 隔离从触发变压器板的 G1、K1 输出，分别接主整流电路晶闸管 VS1 的门极、阴极，实现了对 VS1 的触发。触发变压器板的发光二极管 V1 指示触发变压器有无 48V，正常时发光，不发光说明没有触发脉冲，如果亮度比其他的高，说明触发电路输出了直流电，而没有触发脉冲。其他五部分触发电路工作原理与此相同。六路触发信号是有联系的，3V26 集电极的低电压脉冲除了用于触发 VS1 外，还接了第六路触发电路的 3V37，用于触发 VS6。第二路触发电路的 3V27 集电极连接了第一路触发电路的 3V32，用于触发 VS1。这样触发 VS1 的同时触发 VS6，触发 VS2 的同时触发 VS1，每个晶闸管在半个周期内有两个触发脉冲，实现了双脉冲触发。触发电路的 3C10～3C15、3C4～3C9、3C16～3C21、3C22～3C27、3C40～3C45 滤掉尖脉冲干扰，提高抗干扰能力。3C28～3C33、3R43～3R48 为比较器引入交流正反馈，提高翻转速度，使输出波形的前后沿很陡。3V13～3V18 为触发变压器一次侧的续流二极管。3V1～3V6 的阴极是接在一起的，为触发封锁信号，封锁时为低电压。3V26～3V31 全部截止，关断了六路触发脉冲。

（5）触发变压器板　KLC1-A1.3 为触发变压器板，共有六个触发变压器，触发变压器板的发光二极管 V1～V6 指示各触发变压器的一次侧有无 48V，正常时发光，不发光说明没有触发脉冲，如果亮度比其他的高，说明触发电路输出了直流电，而不是触发脉冲。触发变压器二次侧的二极管 V7～V12 使晶闸管的门极只受正向触发脉冲电压而不承受反向电压，R10～R15 和 C12～C17 可以滤掉门极的干扰信号，防止误导通。

（6）保护部分　保护部分如图 6-5 所示。

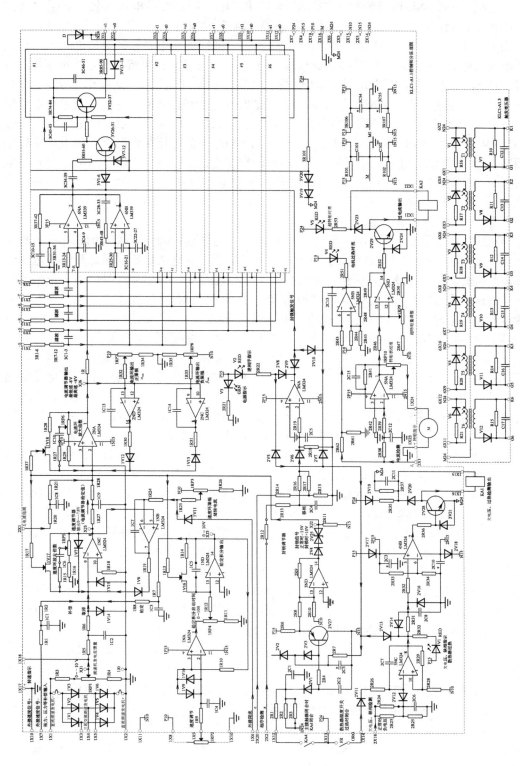

图 6-5 KLC-C-D NE25-220 晶闸管直流调速单元图（调节器与触发器部分）

a. 2X1 的电流检测信号 I_f 后除了经过 1R20 进入电流调节器外，还连接了 2R38、2R62。I_f 经过 2R38、2R39、2C12 滤波、5NA 反向放大后，一路经过 1X24 做转矩指示，另一路经过 2R46 进入比较器 5ND 的反向输入端 5ND♯13 和 1RP9 调定的负电压比较，如果电流过大，5ND♯13 的负电压低，比较器的输出端 5ND♯14 变为高电压+15V，2V29 导通，红色超转矩指示灯 V5 亮、1X21 和 1X2 外接的继电器 KA2 的线圈得电动作，通过电气电路切断电枢供电进行保护，2V23 为 KA2 线圈的续流二极管，2V24 防止过电流保护电路不起作用时 2V29 的发射结承受 15V 的反向电压。1RP9 可以调整保护动作电流的大小。比较器用 2R49 引入正反馈，可使输出动作迅速、有回差。I_f 经过 2R62、2R61、2R43 进入有固定正电压偏置的积分器 5NB 的 5NB♯6，当电流超过+10V 经过 2R44、2R45 分压设定值电压时，积分电容 2C13 从 5NB♯6 向 5NB♯7 方向充电，输出端 5NB♯7 的电压缓慢降低，该电压正反馈到同相输入端 5NB♯5，经过一定时间，5NB♯7 的输出电压突变为-15V。该动作时间与电流 I_f 的大小和时间有关，电流大、作用时间长会导致电枢温度上升，所以和电机的温度有关。该动作为电枢过热保护，过热时红色指示灯 V4 亮，同时通过 2V20 封锁六路触发信号，通过 2V7 进入 2V27 封锁调节器。

b. 2X18 为三相交流电源欠电压与缺相检测输入，外接电源部分的 5X18 的三相桥式整流的负电压，正常时为有 300Hz 波纹的直流电。如果欠电压，该直流电压的最低瞬时负电压值会降低即电压变高；如果缺相，则相当于两相交流电的整流，电压变为 100Hz 的半正弦波有瞬时过零的脉动负电压直流电，最高瞬时值为 0V。运算放大器 3NC 接成有正反馈的有回差的比较器形式，正常时 2X18 的电压在任何时间都低于设定值，1V12 任何时间都是承受正向电压，1V12 导通，3NC♯8 为+15V，3NC♯10 为 3NC♯8 的+15V 与电源 N10 的-10V 经过 2R28、2R29 的分压值，为负电压。如果出现欠电压或缺相，2V12 不导通，3NC♯9 电压被抬高，3NC♯8 电压变低。调换 2R24 可以改变欠电压动作的临界值。另外主整流电路散热器过热，1X14 电压变高、3NC♯9 电压变高、3NC♯8 电压变低。交流电源欠电压、缺相或主整流电路散热器过热都会导致 3NC♯8 电压变低，这时红色指示灯 V1 亮，同时通过 2V13 拉低 2V27 的基极，封锁调节器。该低电压还会通过 2V14 拉低比较器 4NB♯5 和 4NB♯6，4NB♯7 电压变高，于是 2V28 基极变为高电压、2V28 导通、1X16 和 1X15 外接的继电器 KA1 线圈得电动作，切断主整流电路的供电，2V20 为 KA1 线圈的续流二极管。

c. 2X2、2X20 为相序检测输入端，分别接 U、W 相交流电的同步信号，U 相的同步信号经过 2R12、2R13、2C4 后移相 60°，接 2R16。W 相的同步信号经过 2R14、2R15 分压后接 2R17。两路信号相位恰好相差 180°，即反相。两信号在 2R16、2R17 的公共端恰好抵消为 0V。如果相序不对，就不会抵消为 0V，而有交流电压。如果相序对，2V6 不导通，2R28 将比较器 3NA♯2 线接地，与 3NA♯3 电压相等，输出端 3NA♯1 为 0V。如果相序对，2V6 会对交流电半波整流，2C5 滤波后，使 3NA♯2 电压为正，输出端 3NA♯1 电压为-15V。该负电压通过 2V9 封锁触发电路，通过 2V8 使逆相序红色指示灯 V2 亮，同时通过 2V5 拉低 2V27 的基极，封锁调节器。调换 2R12 可以使相序正确时 2R16、2R17 的公共端恰好抵消为 0V。

d. 1X12 为主整流电路断电检测信号的输入端，主整流电路供电时 1X12 为高电压+24V，通过 2R1、2R2、2R3 对-24V 分压，使 2V1 的阴极为高于 15V 的正电压，2V1 不导通，使 2V27 截止。主整流电路断电时 1X12 悬空，-24V 电源 1N24 通过 2R2、2R3 拉低 2V1 阴极，2V1 导通，拉低 2V27 基极电压降低，封锁调节器。

e. 电枢过电流、交流电源欠电压、交流电源缺相、主整流散热器过热、交流电源逆相序、主整流供电接触器断电都会使 2V27 的基极电压变低。2V27 的基极电压变低后，2V27 导通，发射极电压变为-15V。3ND 接成反向放大器的形式，正常时 2R6、2R8、2R10 对+15V 和-15V 分压，使 3ND♯13 电压为正，3ND♯14 的输出为低电压-15V，2V4 不导通，对 XJ2 的调节器的封锁信号无影响，保持-15V。当 2V27 导通，发射极电压变为-15V 时，3ND♯13 电压为负，3ND♯14

的输出为高电压+15V，2V25 反向击穿导通，XJ2 的调节器的封锁信号电压上升为+10V。该高电压分别接给定积分器的 1V16、速度调节器的 1V17、电流调节器的 1V18 三个结型场效应管的栅极，三个场效应管的源极或漏极为 0V，所以场效应管导通，封锁调节器使调节器的放大倍数很小、输出很小，触发电路的控制电压为 0V、触发角为 90°，电枢停止供电。2C3 电容在开机时电压为 0V，会拉低 2V27 的基极而封锁调节器，随着 2V27 基极的电流对 2C3 的充电，2V27 的基极电压升高，封锁解除，所以开机瞬时各调节器封锁，稳定后再解除，防止了开机瞬时的冲击。电机过热、交流电源逆相序都会产生触发电路的封锁触发信号，关断六路触发脉冲。

三、 故障处理

1. 不能启动，主接触器不吸合

a. 没有按使用方法操作：按说明书操作方法的步骤进行。

b. 有故障，继电器 KA3 动作：主回路的快速熔断器是否熔断，检测开关是否动作；主整流电路的过热检测开关 FR 是否动作；电动机励磁电路是否正常；主控板的欠电压缺相指示灯 V1 是否亮。

c. KM 回路不通：按电气原理图检查 KM 线圈的回路。

2. 电机不转

a. 电机电枢回路不通，查电枢电路。

b. 三相交流电源的相序错误，查主控板的逆相序指示灯 V2 是否亮。V2 亮表示相序错误，对调三相交流电源进线的任意两条线。

c. 无启动信号，启动后主控板的 1X12 与 1X13 应接通，KA2 动作，1X13 与 1X14 应断开，否则封锁电路工作。

d. 无给定信号，调速电位器与主控板的接线，1X9 之间 1X10 应有 0～10V 的可调电压，1X8 之间 1X10 应有 10V 的固定电压，没有查电位器和连线，检查主控板。

3. 过电流保护动作

查主控板过电流指示灯 V4，如果亮说明过电流保护，停机后重新试机。控制板有故障，检查六个触发脉冲指示灯是否正常发光，外部正常，最后再检查主控板。

4. 电机不能调速，在最高速运行

a. 无速度反馈电压，查主控板 1X3 与 1X4 之间有无测速发电机的电压。如果电动机转动时没有电压检查测速发电机和相关电路。

b. 给定值不可调经常达到最大值，测量 1X9 与 1X10 之间的电压。调节电位器时，该电压应随电位器的转动而均匀无跳动的变化，否则说明电位器损坏。

c. 主整流电路元件损坏，拔开 A1.3 的 6X 连接器，若通电后电机还转动，说明晶闸管故障。

5. 电动机达不到最高转速

a. 主控板有故障，先检查外部无故障后检查主控板。

b. 测速发电机电压太高，与电动机、主控板不匹配，调节 1RP1，若不行则调换分压电阻 1R3。

6. 电机转速振荡不稳

a. 测速发电机与电动机装配不同轴，检查后确认重新装配。

b. 主控板速度环的放大倍数太大，调节 1RP5，调节时若无效果要调回原位置。

第三节 40V/4A 步进电动机驱动器电路

一、 简介

这是一种全数字化的驱动器，输出用功率 MOSFET，有很高的开关频率的 PWM 驱动，

绕组的电流波形接近方波。电源电压直流 24～40V，输出电流 1.5～4A，电源电压可以根据电动机的电压选择，电流可以根据电动机的参数通过拨动开关设定。步进电动机为固定的三相六拍的驱动方式，有半流控制，无细分功能。

二、 电路原理图分析

步进电动机驱动器由功放板、控制板两块电路板组成，功放板电路如图 6-6 所示，控制板电路如图 6-7 所示，实物电路板如图 6-8 所示。

从接线端子 J11 接入的 24～40V 直流电源经过熔断管后分为两部分，一部分为输出电路供电，一部分经过三端稳压电源 U1、U2、U3 产生控制用的+15V、+5V 两种电源。U1 的输出为+24V，对外没有用到，但 7824 三端稳压电源有较高的 40V 输入耐压。增加 U1 是为了减小 U2 的功耗，同时解决 7815 三端稳压电源的输入电压（只有 35V），低于最高的电源电压的问题。

a. J12 接步进电动机的三相绕组的六个端子，J11♯1、♯2 接 A 相绕组的首端和尾端，J11♯3、♯4 接 B 相绕组的首端和尾端，J11♯5、♯6 接 C 相绕组的首端和尾端。当 A 相绕组需要通电时，VT11、VT14 同时导通，由于绕组为电感，所以 A 相绕组的电流近似呈直线上升。通过 R25 对该电流取样检测。当电流达到设定最大值时，VT11、VT14 同时关断，负载电感的感生电压使续流二极管 VD1、VD3 导通，电感通过续流二极管对电源释放存储的能量，电感的电流和开通时相似直线下降。由于电源较高，所以电流下降较快。经过一定时间，VT11、VT14 又同时导通，VT11、VT14 如此反复通断，A 相绕组的电流会在设定值附近小幅度波动，近似为恒流驱动。当 A 相绕组需要断电时，VT11、VT14 同时关断，不再导通。这种开关恒流驱动方式，效率高、电流脉冲的前后沿很陡，符合步进电动机绕组电流波形的要求。VT14 的驱动信号为 0～15V 的矩形波，R28 为防振电阻，防止 VT14 的绝缘栅电容和栅极导线电感组成的 LC 电路，在矩形波驱动信号的前后沿产生寄生振荡、增加 VT14 的损耗。VT11 是 P 沟道绝缘栅场效应管，驱动信号要求是相对于电源的 0～−15V，即和电源电压相等时关断，比电源电压低 15V 时导通。由于从控制电路来的控制信号是以低电平为参考的，所以控制信号需要电位偏移。VT8 基极的驱动信号为 0～5V 的与 VT13 同步的矩形波，当 VT8 的基极电压为 0V 时，VT8 截止，集电极电流为零，R34 无电流流过，VT2、VT3 的基极电压与电源电压相等，VT2 可以导通，VT3 不会导通，VT11 栅极电压和电源电压相等，栅极和源极的电压差为 0V，VT11 截止。当 VT8 的基极电压为 5V 时，VT8 导通，R34、R35 有电流流过，VT2、VT3 的基极电压降低，由于稳压二极管 VZ1 的反向击穿，VT2、VT3 的基极电压比电源电压低 VZ1 击穿电压即低 15V，VT3 可以导通，VT2 不会导通，VT11 栅极电压比电源电压即源极电压低 15V，VT11 导通。另外两路绕组的驱动电路工作原理相同。本电路用绝缘栅场效应管（MOSFET）作为功率开关管，可以工作在很高的开关频率上。续流二极管用肖特基二极管，有很短的恢复时间。ST 为温度开关，当温度高于极限值时断开，作为过热指示和保护的依据。

连接器 J1 与主控板有三路高边驱动、三路低边驱动、三路电流检测、两路电源和地线。J13 为外接控制线，CP 是步进脉冲，平时为+5V 高电压，每一个 0V 的脉冲，步进电动机转一步。DIR 为正反转控制，+5V 时为正转，0V 为反转。FREE 为自由状态控制，平时为+5V，0V 时步进电动机处于自由状态，任何绕组都不通电，转子可以自由转动，这和停止状态不同，停止状态有一相或两相绕组通电，转子不能自由转动。OPTO 为隔离驱动光电耦合器的公共阳极，接+5V 电源。这些驱动信号经过 J2 到主控板。

b. 主控板的核心是 U1，U1 是复杂可编程逻辑器件（CPLD），与单片机、数字信号处理器（DSP）比速度要高很多，在 10ns 的数量级，适合于高速脉冲控制。U1♯8 为外壳过热检测输入端，同时也是故障指示输出端，低电压表示有故障，外接的红色指示灯亮。外壳过热检测线高电压表示过热，该信号经过非门 U5C 反相接到 U1，R46 是上拉电阻，过热检测开

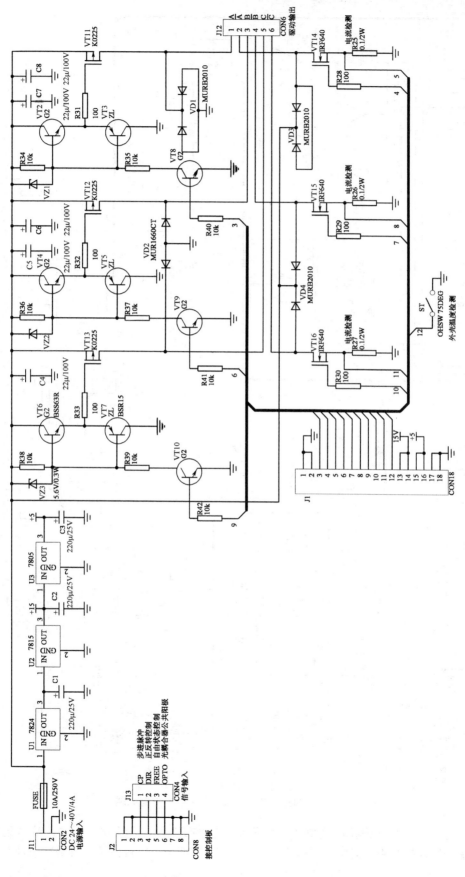

图 6-6　40V4A 步进电动机驱动器功率放大板电路原理图

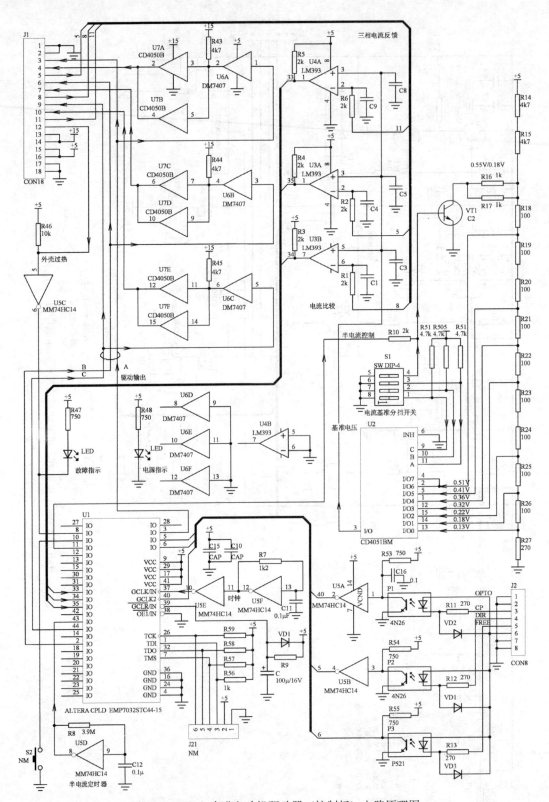

图 6-7   40V4A 步进电动机驱动器（控制板）电路原理图

关过热断开时，该检测线被拉成高电压，而不是悬空的高阻状态。U5C 是 CMOS 型集成电路，输入端是绝缘栅，不得悬空。U1#5、#6、#40 分别是正反转控制、自由状态控制、步进脉冲，都经过了光电耦合器隔离。正反转控制、步进脉冲还经过了非门 U5B、U5A 倒相。

U1♯37 是工作时钟，时钟振荡器由 U5F、R7、C11 组成，U5E 提高振荡器的驱动能力。U5F 是有回差的反相器（施密特触发器），利用正负翻转的输入电压的回差和 R7、C11 的充放电延时组成振荡器。U1♯39 为复位输入端，低电压有效。开机上电时，由于电容 C 没充电，电容电压是 0V，U1 内部的状态为规定的初始状态。随着 R9 对 C 的充电，经过几百毫秒，电容电压变高，复位完成，U1 开始以复位状

图 6-8　步进电动机驱动器实物电路板

态为起点正常工作。U1♯1、U1♯32、U1♯26、U1♯7 组成边界检测接口，通过串行总线用专业设备检测和对 U1 的在系统编程。U1♯3、U1♯2、U1♯44 分别为三相脉宽调制（PWM）驱动信号。这三路信号直接输出驱动低边的三个输出场效应管。这三路信号还经过集电极开路的同相门 U6 将 0～5V 的信号转换为 0～15V，R43～R45 是集电极供电电阻。

第四节　变频调速原理

交流电动机尤其是三相交流异步电动机，结构简单、运行可靠，维护维修容易，可以认为优点最突出的电动机，普遍应用于转速稳定要求不高、不用调速的机械动力。由于调速性能和转矩控制性能不理想，交流调速高性能的场合很少应用。随着电力电子元件、电力电子技术、微处理器、现代控制技术的发展，变频调速的技术经济指标已经达到或超过直流调速系统，核心就是变频器的发展。

一、简介

三相交流异步电动机的转速主要取决于电源频率，如果改变电源频率就可以改变电动机转速。将三相交流电通过整流桥整流为直流电，经过滤波后，再经过逆变桥逆变为频率可调的三相交流电，为三相交流异步电动机供电，这种电源变换装置就是变频器；中间的滤波环节如果用电容，得到电压波纹很小，称为电压型变频器。中间的滤波环节如果用电感，得到电流波纹很小，称为电流型变频器。电压型变频器短路电流很大，一般不适用于大功率的场合，一般用二极管整流，用 IGBT 逆变，目前应用的频率大范围可调的几乎全部是这种形式，功率可以达到 100kW 的数量级。电流型变频器适用于更大功率的场合，一般用晶闸管作为整流和逆变功率元件，频率调节范围一般较小。用 GTO 作逆变功率元件，变频器频率调节范围一般较大。

为了实现变频控制，有两种控制方法。

（1）常量控制法　电动机定子铁芯的最大磁场强度受磁饱和的限制，是一定的。由于定子感应电动势 E 与频率 f 成正比、与磁通成正比，定子感应电动势近似等于电源电压 U，所以变化频率的同时，电压要与频率成正比例变化，即要保证电压 U 与频率 f 的比值不变，也就是降低频率时，电压也要成比例降低；升高频率时，电压也要成比例升高。一般情况下，受机械部分的影响，转速不能高于电动机的标定转速，即频率不能高于电源的工频（50Hz、60Hz），实际应用时可以适当提高转速。但是受定子绕组绝缘性能的限制，电压不能高于标定电压，频率与电压的关系如图 6-9 所示的过零点的直线。实际上这是忽略了定子绕组电阻影响时的近似。如果考虑定子绕组电阻，在极端状态 0Hz 时，电阻还是能够允许一定的电压，而不

是0V，所以在降频率时，可以按照图6-9所示的不过零点的曲线。在低频时，提高了电压，提高了输出转矩，这种处理称为转矩补偿，补偿的电压值和定子绕组电阻有关。目前，变频器大部分采用这种控制方法。

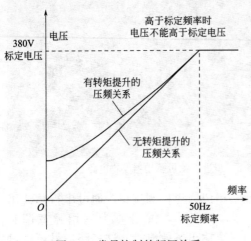

图 6-9　常量控制的频压关系

（2）矢量控制法　实际上三相交流异步电动机的定子电流分为两部分。一部分是转子驱动电流磁场感应到定子的，相当于直流电动机的电枢电流。另一部分是定子产生磁场的电流，相当于直流电动机的磁场电流。电压同样也可以分为两部分。以上的控制方法是在忽略了产生磁场的电流和定子电阻的情况下得出的，即使采用了转矩提升，也只是部分补偿了定子电阻的影响，控制特性不够理想。如果改变频率时，能控制磁场稳定不变，如果再控制转子的电流，就相当于直流电动机的调速控制了，就能得到很好的控制特性。但是由于三相交流异步电动机的磁场部分电流和转子部分电流是混在一起的，要想分别测量控制，需要检测电流的大小和相位，还要检测电动机的很多参数，然后经过快速复杂的实时计算，得到控制数据。这种控制方法就是矢量控制法，矢量控制法的调速性能可以和直流调速媲美。矢量控制的算法也主要有两种，一种是滑动模矢量控制，根据电动机的动态方程，采取矢量控制策略，实现了定子磁通和转子电流的独立控制；第二种是解耦变结构控制，使感应电动机的高阶模型和非线性耦合的控制对象简化，实现了定子磁通和转子电流的独立控制，并适应电动机参数随温度等原因引起的变化。要实现快速计算，一般用数字信号处理器（DSP）。矢量控制所需要的电动机参数，电动机生产商一般是不提供的。要得到电动机的参数，一般在接好电动机时空载运转，由变频器自动测量。

　　常量控制法和矢量控制法的机械特性如图6-10所示。有转矩提升的常量控制法介于两者之间。

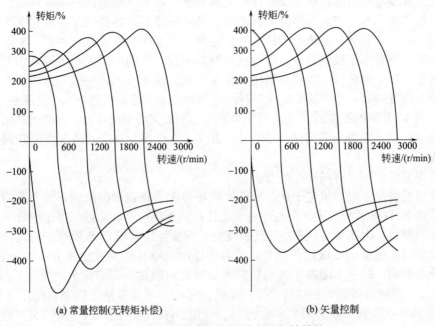

(a) 常量控制(无转矩补偿)　　　　　　(b) 矢量控制

图 6-10　常量控制和矢量控制的机械特性

二、 输出波形的形成

无论那种控制方法，都需要将直流电转换为接近正弦波的三相交流电。早期的大功率变频器用晶闸管变换，这种变换器一般是电流型的，电流波形为矩形波，电压波形靠电感电容谐振接近正弦波。目前大部分用 IGBT 作为开关元件，产生正弦波脉宽调制（SPWM）电压波形。对于高压大功率的变频器，还有的用空间矢量脉宽调制（SVPWM）变换器形成接近于正弦波的阶梯电压波形。这里重点介绍 SPWM。

脉宽调制（PWM）电路通过控制快速通电、断电的时间比例，可以得到任意的平均电压，如图 6-11 所示。如果脉冲频率足够高，就可以和被模拟信号的波形相差很小。如果按正弦波的规律控制脉冲宽度的变化，就可以得到正弦波的平均电压波形，这就是正弦波脉宽调制（SPWM）。这种原理既可以产生不同频率的正弦波形的电压，还可以同时调整电压的高低，这样变化频率的同时，还变化电压，符合变频器改变频率的同时改变电压的要求，从而电源就可以用二极管整流为固定电压的直流电了。一般三相变频器的输出电路如图 6-12 所示。如果用模拟电路，三相 SPWM 驱动信号可以用三相正弦信号发生器与三角波信号发生器比较形成，如图 6-13 所示。一般变频器用微处理器靠软件实现 SPWM 驱动信号。

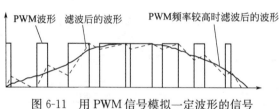

图 6-11 用 PWM 信号模拟一定波形的信号

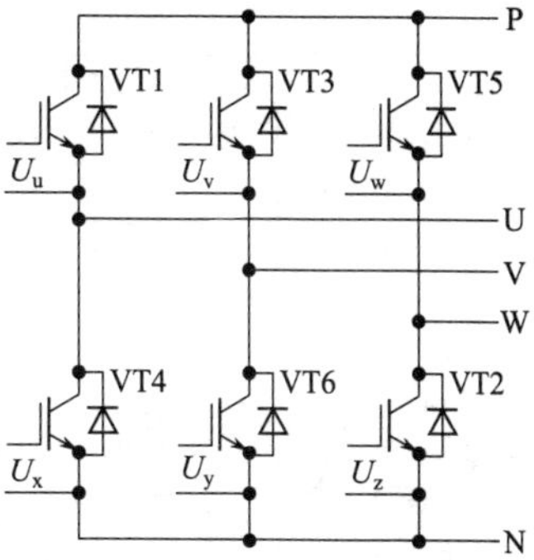

图 6-12 一般 IGBT 三相逆变桥电路

三、 变频器的组成与参数设置

1. 变频器的组成

一般的变频器是变压变频（VVVF）型变频器，典型结构如图 6-14 所示。

变频器的电源输入端一般要求接空气开关，在变频器短路时起保护作用。交流电源经过二极管整流为脉动直流电、电解电容滤波为平滑的直流电，为主逆变器和控制电源供电。由于电解电容容量很大，上电瞬间接近于短路，冲击电流很大，所以都接有软启动电路。上电时经过电阻或热敏电阻为电容充电，延时后继电器再将限流电阻短路。可以外接制动电阻、制动单元，再生制动时，电动机发电向滤波电容充电，电压会升高，需要制动电阻放电。输入端有电压检测，检测欠电压、过电压、缺相等，输出端有霍尔电流传感器检测两相电流电流。控制电源一般是开关电源，有多路隔离的直流输出。模拟信号输入有电压型和电流型两路，不能同时使用，电压输入为 0～10V 可调，电流输入为 4～20mA 可调，都用于频率（转速）控

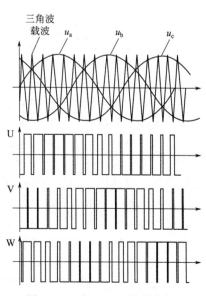

图 6-13 三相 SPWM 波形形成图

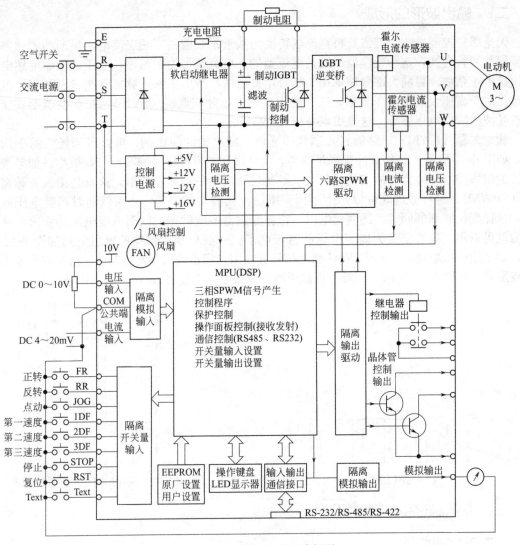

图 6-14　通用变频器组成框图

制。电流型适用于远距离控制，因为导线电阻不会影响信号电流的大小；电压型只要外接一个电位器，比较简单，但远距离时导线电阻会导致电压信号的损失。通过键盘参数设置，可以用键盘、电压输入、电流输入、通信接口四者之一控制频率（转速）。有的变频器内部有 PID 调节器，可以构成闭环调节系统，给定值可以是上述四者之一，反馈值一般是电压输入、电流输入两个模拟输入选择。模拟信号输出只有一路，一般是和频率成比例的电流（电压）信号，可以外接电流表指示转速，比率可以通过键盘参数设置。该模拟输出还可以设定为转矩信号，指示输出转矩。开关量输入较多，一般有启动、停止、正转、反转、点动、速度控制组合等，这些输入一般是可以通过键盘进行设置的，可以组合为需要的控制功能。速度组合控制是几路信号的不同组合对应不同的速度。开关量输出有三路，一路是继电器的转换触点，一个常开、一个常闭，另外两路是集电极开路的晶体管输出，发射极为公共端。开关量输出也是可以通过键盘进行设置的，可以组合为需要的控制功能。还有一个通信接口，一般是 RS232、RS422、RS485 标准接口，可以连接工业计算机、PLC 等，实现远距离通信控制。

　　内部的所有控制处理、SPWM 信号发生都集中在微处理器内，原厂设置参数和用户设置参数的记忆一般靠 EEPROM 存储器，该存储器一般是 8 线封装、接在微处理器外部的。

2. 变频器的参数

通用变频器一般有几十项参数设置，输入输出端子的功能可以简易编程，具有简易 PLC 的功能。改善控制性能的常用的控制功能主要有以下几个。

（1）V/F 图形的选择　在调压调频状态时，电压与频率的关系一般不用过零点的直线；需要转矩提升，简单的设置是频率降到 0Hz 时，提升一定的电压，电压与频率的关系是不过零点的直线，实际应用中这种关系也有不足。变频器生产厂提供了多种 V/F 关系曲线供用户选择。

（2）多个频率设定　电动机实际运转时经常速度分段运转，例如机床的工作台，后退时速度高，前进时根据工作台的位置也分阶段变速。这时可以设定多个频率，到底在哪个频率工作，通过速度1、速度2等输入开关量的不同组合控制。例如，三个控制线有8个组态，对应8种频率。

（3）多个加减速时间设定　电动机实际运转时经常分段变速运转，每次变速都要设定时间。方法和多个频率设定相似。

（4）频率上下限　电动机实际运转时有一定的转速范围，不允许超出，而通用变频器一般频率范围为 0～400Hz，这时要限制转速范围，速度控制的整个控制范围，速度不会超范围。

（5）多个回避频率　电动机驱动负载运转的机械系统有一定的共振频率。如果转动频率与共振频率相同会产生共振，这是应当避免的。所以变频器在升速、降速时要避开这些频率，跳过共振频率。

（6）过电流的防失速　当电动机的转差率过大时，会有过大的电流。例如电动机堵转时、加速过快、减速过快都会出现过电流，这就是失速过电流。一般要设置为有效，如果转差率过大，变频器会自动改变频率与之适应。

（7）滑行 DC 制动　在变频器运行时，给停车命令，变频器直线降低频率输出，电动机减速，这段时间是再生制动。当频率降到某频率（可设定）时，变频器输出直流电直流制动，直到停转。输出直流电直流制动的时间可设置。

（8）紧急 DC 制动　在变频器运行时，给紧急停车命令，变频器输出直流电，进行直流制动。直流制动的时间可设置。DC 制动转矩也可设置。

（9）参数锁定　为了安全，防止乱设置参数，可以锁定参数，使其无法调整。如果必须调整，可以通过复位指令，将所有参数恢复原厂设置，再逐项设置参数。

（10）变频器都有故障提示信息　不同厂家的变频器，代号有所不同，但是大体相似。过电压 OU（电源过电压、再生过电压有的有区别）、过电流 OC、过热 OH、过载 OL。操作错误、内部故障错误等一般用字母 E 打头、后面有数字的代码表示，查手册可以得知具体故障。

一般矢量变频器有没有速度传感器和有速度传感器两种控制方式，后者是闭环速度控制，具有更优良的特性。

四、 三种控制方式的变频器特性比较

表 6-1 为三种控制方式的特性比较。

表 6-1　三种控制方式的特性比较

比较项目/控制方式		V/F 控制	矢量控制（无编码器）	矢量控制（有编码器）
变频器方式	电压型	适合	适合	适合
	电流型	适合	适合	适合
速度传感器		不要	不要	要
速度控制	失速传感器（0 速运行）	不可	不可	可
	调速范围	1：40	1：100	1：1000

续表

比较项目/控制方式		V/F 控制	矢量控制（无编码器）	矢量控制（有编码器）
速度控制	响应	慢	快	快
	稳定精度	±2%～±3%	±0.2%	±0.02%
转矩控制	能否	否	否	能
	响应	—	快	快
环路构成		简单	适中	复杂
特点	优点	结构简单，调节容易，可以用于通用电动机	不用编码器，转矩响应好	转矩控制性好，转矩响应好，速度控制范围宽
	缺点	低速转矩难保证，不能转矩控制，急变速负载激增时会失速	需正确设定电动机的参数，需要自动测试功能	需正确设定电动机的参数，需要高精度的编码器，需要自动测试功能

第五节 变频器电路图

一、简介

DZB60B 是富凌公司的产品，有多种功率等级，这里介绍的是 1kW 的型号。电源为 220V/50Hz 单相交流电，输出为 0～400Hz，有多项控制参数设定。

接线端子功能与典型接线如图 6-15 所示。控制面板如图 6-16 所示，变频器实物如图 6-17 所示。该变频器具变频变压（VVVF）型变频器，有 70 项参数设置，参数和一般变频器相似。

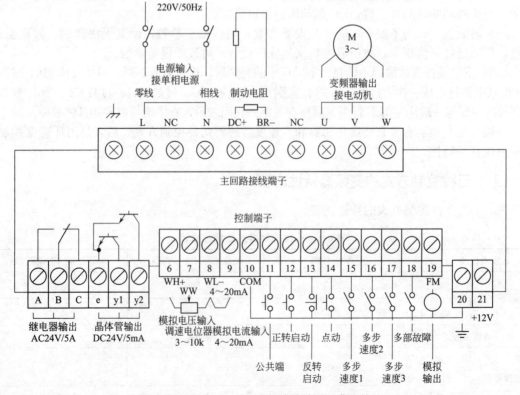

图 6-15 DZB60B 1kW 变频接线端子及典型接法

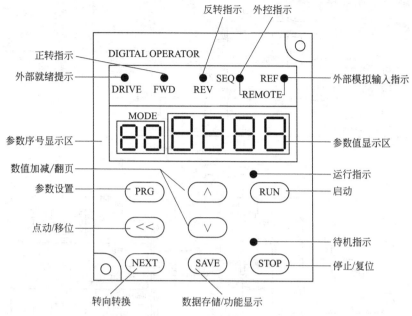

图 6-16　DZB60B 1kW 变频器显示面板

图 6-17　DZB60B 型变频器实物

二、　电路原理图分析

1. 主电路

主电路如图 6-18 所示。

220V/50Hz 单相交流电源经过 DQ 整流、软启动电路、电容滤波得到稳定的 310V 的主电源 V_b。主电源 V_b 为逆变桥功率模块 IPM 和控制开关电源供电。压敏电阻 RV1 吸收交流电源的瞬时过电压，负温度系数热敏电阻 RT1、RT2 在上电时限制滤波电解电容 C12、C19、C34、C35 的冲击充电电流。负温度系数热敏电阻在刚加电时，温度较低，电阻较大，有较强

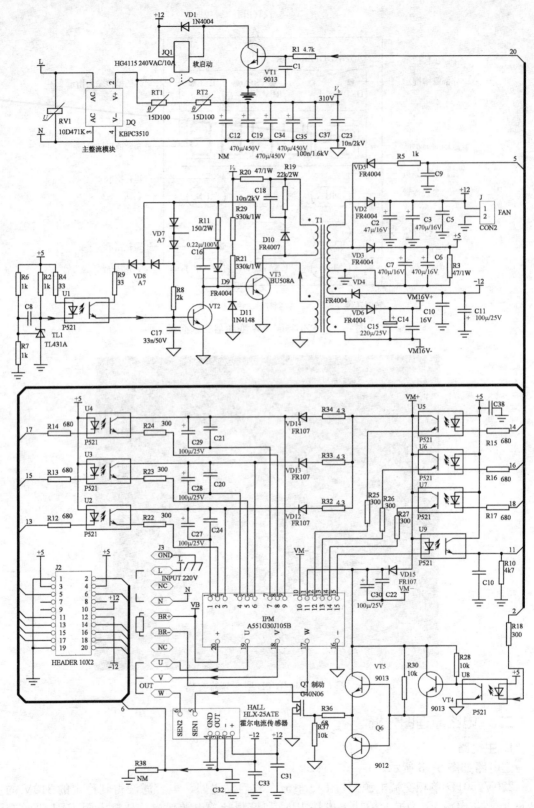

图 6-18　DZB60B 1kW 变频器主电路

的限流作用，一定时间后温度因自发热升高，电阻变小，限流作用很弱。上电后经过一定时间电容电压较高时，微处理器通过 VT1 控制继电器 JQ1 吸合，将 RT1、RT2 短路，主电流不再流过 RT1、RT2，减少正常工作时的损耗。

逆变桥功率模块 IPM 内有六个 IGBT 构成的三相桥式逆变主电路，内部组成如图 6-19（a）所示。每个 IGBT 都接有续流快恢复二极管，每个 IGBT 都接有驱动电路、短路保护、过电流保护、驱动电源欠电压保护、续流二极管过电流保护、PN 结过热保护，模块内还有整体过热检测。低边驱动信号的公共端接驱动电路 16V 电源的负极 VM16V－，与主电源 V_b 的地在模块内部连接。低边驱动电路电源是 16V 电源的正极 VM16V＋通过 VD15 提供的，C30、C22 为滤波和退耦电容，模块内部的干扰不会干扰外部，外部的干扰也不会干扰内部。当 16V 电源对高边驱动的电路脉冲供电时，电压的瞬时降低通过 VD15 隔离，减小对低边供电的干扰。三路高边驱动信号没有公共端，驱动信号的地为驱动电源的负极，在模块内部与三个 IGBT 的发射极、与三路输出 U、V、W 连接。由于输出端电压是由 0V 到 V_b 变化的，所以驱动信号的地电压是随输出浮动的，驱动电路供电电源也是浮动的。三路高边驱动电路的供电电源是 16V 电源的正极 VM16V＋通过 VD12、VD13、VD14、C27、C28、C29 等组成的自举电路提供的。以 U 相为例，U 相输出的 IGBT4 使其输出端按正弦脉宽调制信号的规律接地，当 U 相输出接地时，IPM 模块的 1 脚接地，VM16V＋通过 VD12 给电容 C27 充电到 16V，IGBT1 的驱动电路得到供电。U 相输出的 IGBT1 使其输出端按正弦脉宽调制信号的规律接 V_b，当 U 相输出接 V_b 时，模块的 1 脚的电压也为 V_b，由于电容 C27 的两端电压已经被充为 16V，C27 的正极电压会升到 V_b＋16V，仍然满足 IGBT1 的驱动电路的供电；由于 VD12 的作用，该高电压不会向 VM16V＋放电，高边驱动得到了浮动供电。另外的 V 相、W 相两路原理相同。电容 C27、C28、C29 为高边驱动供电的储能电容、自举电容，二极管 VD12、VD13、VD14 是高耐压的快恢复二极管。IPM 模块的 10 脚低边驱动地与 16 脚主电源 V_b 的负极在内部是相通的，1 脚、4 脚、7 脚分别与三相输出 U、V、W 在内部是相通的，外部不得再连接，否则形成闭合回路引起环流可能烧毁模块。低边和高边的六路 SPWM 驱动信号是通过光电耦合器 U2～U7、连接器 J2 从主控板接入的。模块的故障输出信号经过光电耦合器 U9 送到主控板。连接器 J2 连接主控板和本电路板。

VT4～VT7 等组成制动控制电路。当需要使电动机尽快停止时，输出到电动机的三相电源的频率低于电动机转子所对应的频率，电动机处于发电制动状态，产生的电能充到主电源 V_b 的滤波电容，电容电压升高，该电能无法向电网送电，如果电压过高会损坏元件，这时主控板通过光电耦合器 U9 控制 VT7 导通，接线端子 BR＋、BR－外接的制动电阻为 V_b 放电，放掉了电动机发电制动产生的能量，起到了制动作用。

接线端子 U、V、W 外接电动机，HALL 为霍尔电流传感器，只检测了一相输出电流，该传感器采用了正负双电源供电，所以检测输出为和 W 相电流成比例的交流电压信号，主控板根据它可以限制输出电流。如果三相负载不对称，只有 U、V 两相过电流则无法识别。

2. 开关电源

开关电源如图 6-18 所示。

T1、VT2、VT3、U1 等组成控制电路的开关稳压电源，T1 是开关变压器，VT1 是电源开关管。本电源是反激式开关电源，当 T1 一次侧被 VT1 断电时，二次侧的整流二极管导通对负载供电。加电时 V_b 通过 R29、R21 为 VT1 提供基极电流，VT1 开始导通产生集电极电流，T1 一次侧的电源端为高电压，VT1 的集电极端为低电压，该电压感应到反馈绕组，感生的正电压经过 R11、C16、VD9 到 VT1 的基极，进一步加大基极电流，VT1 导通得更好，该正反馈使 VT1 很快饱和导通，V_b 完全加到 T1 的一次侧，T1 的一次侧电流呈直线规律上升，随着电流的加大、磁场的增强，磁芯出现饱和，从而电流加大、磁场不再增强，这时正反馈绕组感生的与磁场的变化率成正比正反馈电压很快下降，只靠 R29、R21 为 VT1 提供基极电流不足以使 VT1

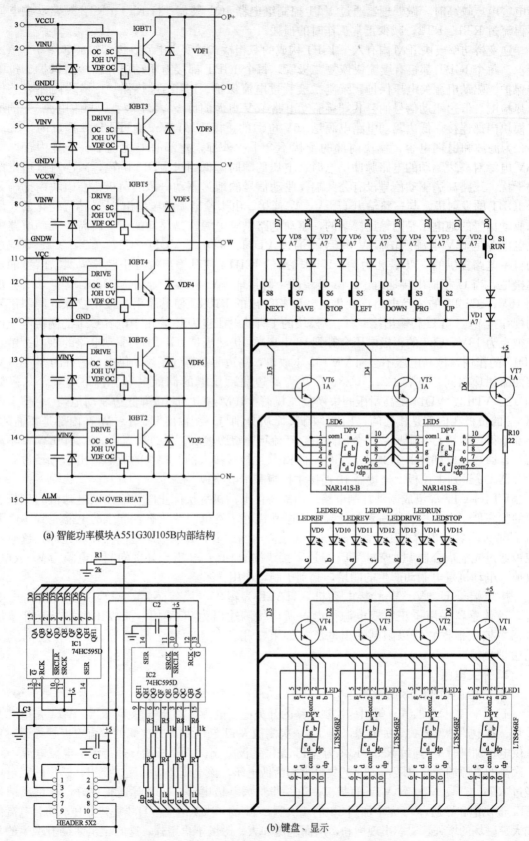

(a) 智能功率模块A551G30J105B内部结构

(b) 键盘、显示

图 6-19 DZB60B1kW 变频器 IPM 模块及键盘显示电路

饱和导通，VT1 集电极电流开始下降，磁芯内的磁场开始减弱，正反馈绕组感生出负电压，该负电压更进一步减小了 VT1 的基极电流，这种正反馈使 VT1 迅速截止，T1 一次侧的电流迅速下降为零，磁芯内的磁场迅速消失，T1 的一次侧与 VT1 集电极的连接端感生出高于 V_b 的电压，该电压受 VD10、R19、C18 的限制，不应太高，太高会损坏 VT1，也不应太低，如果太低，在 T1 二次侧感生的与其成比例的电压也会太低，无法对负载供电。当 VT1 截止后，T1 一次侧的电流为零，磁场消失，正反馈绕组感生负电压消失，V_b 通过 R29、R21 为 VT1 提供基极电流，又回到了开始的状态，开始了新一轮的导通、关断过程，反复的开关过程使 T1 二次侧感生的电压通过二极管不断地对滤波电容充电、对负载供电。VD3 对 C6、C7 充电产生 +5V，VD2 对 C2、C3 充电产生 +12V，VD4 对 C11 充电产生 −12V，VD6 对 C14 充电产生 16V 模块驱动电源。TL1 是三端可调基准稳压电源，控制端工作在 2.5V。如果开关电源输出的 +5V 电压升高，TL1 控制端的电压会高于 2.5V，TL1 产生较大的阴极电流，U1 的发光二极管亮度增强，U1 的光敏管使 VT2 基极电流增强，VT3 的基极电流减小，使 VT1 倾向于截止，VT1 的截止时间增加，导通时间减少，输出的 +5V 电压下降。如果开关电源输出的 +5V 电压降低，同样道理，控制电路使输出的 +5V 电压上升，稳定了输出的 +5V 电压。其他各路输出电压与 +5V 输出是成比例的，同样得到了稳定。对于负载引起的变化这些输出是不能稳定的。D11 防止了正反馈绕组对 VT1 发射结的高电压反偏，VD9、C16 的并联可以使 VD9 有一稳定的反偏电压。双二极管 VD8 内的一个二极管使 U1 的光敏管只有正电压而不承受反向电压，双二极管 VD8 内的另一个二极管和 VD7、VT2 集电极电压很低，只作为一个可调电阻并联在 VT1 的发射结使用。VD5、C9 为主控板提供一个负电压信号，用于电源电压检测，判断电源过电压、欠电压、正常。连接器 J 外接冷却风扇。电源进线的相线 L 和零线 N 也要注意区分，电路板上相线 L 的绝缘隔离比零线 N 要好。零线 N 要和 IPM 模块的负极 N 要注意区分。

3. 主控板

主控板电路如图 6-20 所示。

主控板的控制核心是 IC1，它是一个 16 位单片机，内有三相 SPWM 信号发生器，是专门用于三相交流电源逆变电路、控制电动机的单片机，如变频器、交流伺服驱动器等。IC2 是复位和存储电路，内部有上电复位和欠压复位，当开机上电时，IC2 的 ♯2 保持几百毫秒的低电压再变为高电压，为 IC1 提供复位信号。如果正常工作时，+5V 的控制电源出现电压降低，即使时间极短，IC2 的 ♯2 也提供复位信号，使 IC1 重新启动工作，防止 IC1 程序混乱执行。IC2 内有电可擦可编程存储器 EEPROM，存储变频器生产厂的原始设置数据和用户设置数据，数据通过 I²C 串行总线 IC2 的 ♯5 时钟线 CLK、IC2 的 ♯6 数据线 DAT 和 IC1 传送数据。

接线端子 JIO1 对外提供 12V 电源，为外接控制开关等供电。JIO2 为控制输入和模拟指示输出接线端子，JIO2 的 ♯6～♯8 接调速电位器，从 JIO2 的 ♯7 接入 0～10V 的控制电压控制变频器输出的频率，JIO2 的 ♯9、♯8 接入 4～20mA 的控制电流控制变频器输出的频率，电流控制可以用很长的导线而不会有电流损失，电压控制导线过长会有电压损失，到底哪种控制输入有效需要对变频器的参数进行设置。JIO2♯10～♯18 为开关量控制输入，控制电动机的启动、停止、分段变速等，功能是可编程的，通过变频器参数设置可以实现编程。JIO2 的 ♯19 为模拟输出，一般外接电压表指示电动机转速。开关量输入通过光电耦合器 U1～U8 隔离到 IC1 的 P3 接口。转速控制电压经过 R67 等滤波、电压跟随器 IC4B 后，接到 IC1 的 P0.4 进行 A/D 转换，转速控制电流经过 R68 等滤波后，接到 IC1 的 P0.3 进行 A/D 转换。JIO2 的 ♯19 指示电动机转速的模拟输出是从 IC1 的 ♯77 的 PWM0 输出的，该 PWM 信号经过 IC4C 同相放大，经 C9、C39 滤波成稳定的直流电压从 JIO2♯19 输出。接线端子 JIO3 输出三路开关控制信号，A、B、C 三线是一路继电器转换触点输出，e、y1、y2 是两路晶体管控制的集电极开路输出，控制功能通过编程设定。

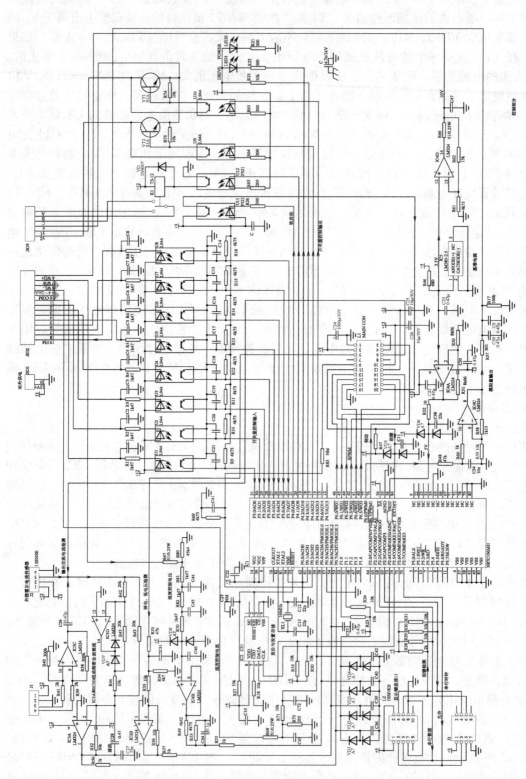

图 6-20 DZB60B-007L2 型变频器控制部分电路图

L1 是连接器，连接功率板的 J2。IC1 的 P6.0～P6.5 输出的三相六路 SPWM 信号通过 L1 到功率板的 IPM 模块。各路供电通过该连接器给本主控板供电。L1 的♯2 是向功率板送出的制动信号，控制制动电阻接入与断开。L1♯5 是从功率板来的电源电压检测信号，经过 IC3B 反相放大，到 IC1♯54 的 A/D 转换输入端 P0.6。L1♯9 没使用，R83 没安装。L1 的♯11 是从功率板来的故障信号，接到了 IC1♯84 的中断申请 $\overline{INT}$。L1♯20 向功率板送出软启动控制信号，控制软启动继电器。L1 的♯6 是从功率板来的输出电流信号，输出电流信号也可以从连接器 J1 或 J2 外接的霍尔电流传感器接入，本机型没有使用。IC3D、IC3A、VD7 等组成精密全波整流器，将交流电压转换为直流电压，即使小于二极管正向导通电压的交流电压也可以转换。当 L1♯6 的输入电压为正电压时，R44、R45 的连接点电压为输入电压的相反值（是负电压），R44、R43 的连接点电压为 0V，R42、R43 的电流等于输入电压与其电阻值之比（两者电流是相等的），R44 的电流为其两倍，R32 的电流为 R44、R45 电流的差，方向为从 R32 与 IC3A 的♯1 的连接点到 R32 与 IC3A 的♯2 的连接点的方向，所以 IC3A 的♯1 的输出电压为 R32 的电流与其电阻值的乘积，是和输入电压相等的正电压。当 L1 的♯6 的输入电压为负电压时，IC3D 的♯14 的电压为二极管的导通电压（为 0.7V），由于 IC3D 的♯13、IC3A 的♯2 的电压为 0V，所以与 R44 连接的二极管截止，R44 和 R45 无电流。R43、R32、IC3A 组成反相放大器，IC3D 不影响输出，所以 IC3A 的♯1 的输出电压为输入电压相反值，也是正电压。无论输入的是正电压还是负电压，都输出与其数值相等的正电压，实现了精密全波整流。C28 为积分电容，作用和 C27 相同，都起滤波的作用，滤掉整流后的波纹，将电流检测信号送到 IC1♯53 的 A/D 转换输入端 P0.7。

IC5 是 2.5V 的基准稳压电源，经过 IC4A 二倍同相放大成 5V 为 IC1 的♯56 的 VREF 提供参考电源，作为 A/D 转换器的基准电源。2.5V 的基准稳压电源还经过 IC4D 近似四倍同相放大成 10V，为外接调速电位器提供稳定的 10V 电源。

XL1 是 IC1 的时钟电路的石英晶体，产生 16MHz 的工作时钟信号。LED2 是电源指示灯，该灯亮说明内部有电，不得内部操作，要等电容放电完毕，该灯熄灭后再操作内部，以免触电或损坏变频器。

L2 连接本机的键盘显示器，L3 连接远距离的外接键盘显示器，本机没接外接键盘显示器。IC1 的♯68、♯69 分别是数据线、时钟线，通过移位向显示器送数码管的段码和位码，同时位码也是按键扫描信号，IC1 的♯65 是按键检测信号。IC1 的♯70 是显示数据的使能信号。

4. 键盘显示器

键盘显示器如图 6-19（b）所示。

数码管 LED1～LED4 显示参数，LED5、LED6 显示参数的类型，指示灯 VD9～VD15 和数码管的各段用相同方式动态驱动，VD9、VD10 是和接线端子遥控有关的指示灯，VD11 指示反转、VD12 指示正转、VD14 指示运转、VD15 指示停止。S1～S8 是控制按键，各键功能为：S1 运行、S2 上调、S3 编程、S4 下调、S5 左移、S6 停止、S7 保存、S8 下一项。IC1、IC2 为串入并出的 8 位移位寄存器，两个串联可以输出 16 位控制数据，本电路用了 15 位。IC1 输出的 7 位是位码，控制各个数码管的公共供电端和按键的扫描；IC2 输出的 8 位是段码，控制各个数码管的各个笔画段。显示是动态的，例如某一时刻位码只给 LED1 供电，段码输出 LED1 要显示的字符，这时只有 LED1 显示出字符，其他不显示。然后再显示 LED2，如此快速变化，人眼会看到好像同时显示一样。对于按键，在某一时刻只有一个按键由位码供电，如果某位供电时，按键的公共端电压变高，说明该位的按键按下，该高电压通过连接器 J 送到主控板。连接器 J 与主控板的连接器 L2 连接。

第六节　认识自动控制系统

在现代工业生产中，自动控制技术起着越来越重要的作用。所谓自动控制，是指在人不直接参与的情况下，利用控制装置使被控对象（如机器、设备或生产过程）自动地按照预定的规律运行或变化。自动控制系统，是指能够对被控对象的工作状态进行自动控制的系统，一般是由控制装置和被控对象组成的。各种自动控制系统都有衡量其性能优劣的具体性能指标。控制装置在自动控制系统中起着十分重要的作用，自动调节系统中的调节器决定了系统的控制规律，对系统的控制质量有着很大影响。

自动控制系统的功能及组成是多种多样的，结构上也是有简有繁的。它可以是一个具体的工程系统，也可以是一个抽象的社会系统、生态系统和经济系统等。这里主要介绍工业机电自动控制系统的一些基本概念。

一、 自动控制技术中常用的一些术语

1. 被控对象

被控对象是一个设备，由一些机械或电器零件组成，其功能是完成某些特定的动作，这些动作通常是系统最终输出的目标。

2. 系统

系统是由一些部件所组成的，用以完成一定的任务。

3. 环节

环节是系统的一个组成部分，它由控制系统中的一个或多个部件组成，其任务是完成系统工作过程中的局部过程。

4. 扰动

扰动是一种对系统的输出量产生反作用的信号或因素。若扰动产生于系统内部，则称为内扰；若扰动来自于系统外部，则称为外扰。

5. 反馈控制

在有扰动的情况下，反馈控制有减小系统输出量与给定输入量之间偏差的作用，而这种控制作用正是基于这一偏差来实现的。反馈控制仅仅是针对无法预料的扰动而设计的，可以预料的或者已知的扰动可以用补偿的方法解决。

二、 自动控制系统的类型

1. 按系统的结构特点分类

（1）开环控制系统　这类系统的特点是系统的输出量对系统的控制作用没有直接影响。在开环控制系统中，由于不存在输出对输入的反馈，因此对系统的输出量没有任何闭合回路。

（2）闭环控制系统　这类系统的特点是输出量对系统的控制作用有直接影响。在闭环控制系统中，由于系统的输出量，经测量后反馈到输入端，故对系统的输出量形成了闭合回路。

（3）复合控制系统　复合控制是开环控制与闭环控制相结合的一种控制方式。复合控制系统是兼有开环结构和闭环结构的控制系统。

2. 按输入量的特点分类

（1）恒值控制系统　这类系统的输入量是恒值，要求系统的输出量也保持相应恒值。如电动机自动调速、恒温、恒压、恒流等自动控制系统均属此类系统。

（2）随动系统　这类系统的输入量是随意变化着的，要求系统的输出量能以一定的精确度跟随输入量的变化作相应的变化，因此也称之为自动跟踪系统。如机床的仿形控制、雷达的自动跟踪等自动控制系统均属随动系统。

（3）程序控制系统　这类系统的特点是系统的控制作用按预先制定的规律（程序）变化。如按预先制定的程序控制加热炉炉温的温度控制系统。

3. 按系统输出量与输入量间的关系分类

（1）线性控制系统　这类系统的输出量和输入量之间为线性关系。系统和各环节均可用

线性微分方程来描述。线性系统的特点是可以运用叠加原理。

（2）非线性控制系统　这类系统中具有非线性性质的环节，因此系统只能用非线性微分方程来描述。

此外，还可按其他分类方式，将自动控制系统分成连续系统和离散系统、确定系统和不确定系统、单输入单输出系统和多输入多输出系统、有静差系统和无静差系统等。

三、开环控制系统与闭环控制系统

自动控制系统按输出量对输入量有无直接影响，分为开环控制系统和闭环控制系统。下面以直流电动机转速控制系统为例，对其进行说明。在直流电动机转速控制系统中，系统的输入量为放大器的输入电压，系统的输出量为直流电动机的转速 n。

1. 开环控制系统

开环控制系统的控制装置与被控对象之间，只有顺向作用而没有反向联系，系统既不需要对输出量进行测量，也不需要将它反馈到输入端与给定输入量进行比较，故系统的输入量就是系统的给定值。图 6-21（a）所示为直流电动机转速的开环控制系统的原理图。

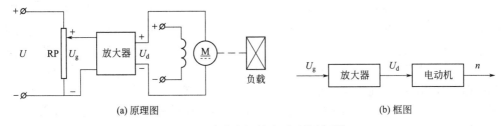

图 6-21　直流电机转速开环控制系统

该系统的目的在于控制直流电动机的转速。其转速控制原理是：当给定电压 U_g（输入量）一定时，经放大器放大后，放大器的输出电压 U_d（即直流电动机的电枢电压认）就为定值，电动机以确定的转速 n（输出量）运行。若改变给定电压 U_g，就能改变电动机的转速 n。

图 6-21（b）所示为此开环控制系统的框图。由图可见，开环控制系统的特征是：系统中没有反馈环节，作用信号从输入到输出是按单一方向传递的。

在开环控制系统中，每一个给定的输入量，就有一个相应的固定输出量（期望值）。但是，当系统中出现扰动（如直流电动机调速系统中负载转矩 T_L 的变化及电源电压的波动等）时，这种输入与输出之间的一一对应关系将被破坏，系统的输出量（如电动机的实际转速）将不再是其期望值，两者之间就有一定的误差。开环系统自身不能减小此误差，一旦此误差超出了允许范围，系统将不能满足实际控制要求。因此，开环速度控制系统不能实现自动调速。

开环控制系统的特点：

a. 系统中无反馈环节，不需要反馈测量元件，故结构较简单、成本低。

b. 系统开环工作，稳定性好。

c. 系统不能实现自动调节作用，对干扰引起的误差不能自行修正，故控制精度不够高。

因此，开环控制系统适用于输入量与输出量之间关系固定且内扰和外扰较小的场合。为保证一定的控制精度，开环控制系统必须采用高精度元件。

2. 闭环控制系统

闭环控制系统是反馈控制系统，其控制装置与被控对象之间既有顺向作用，又有反向联系，它将被控对象输出量送回到输入端，与给定输入量比较，而形成偏差信号，将偏差信号作用到控制器上，使系统的输出量趋向其期望值。图 6-22（a）所示为直流电动机转速的闭环控制系统的原理图。

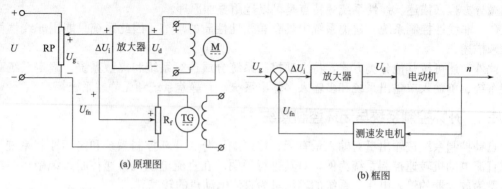

图 6-22　直流电动机转速闭环控制系统

在正常情况下，当给定电压 U_g 一定时，电动机便以某一确定的转速稳定运行。此时，电动机的电磁转矩 T 与负载转矩 T_L 相平衡（忽略电动机的空载损耗转矩），即 $T=T_L$。改变给定电压 U_g，即可调节电动机的转速。

当系统中出现扰动时（以负载转矩 T_L 增大为例），该系统转速的自动调节过程如下：在负载转矩 T_L 增大时，由于 $T<T_L$，故电动机带不动负载，电动机转速降低，测速发电机的转速也随之下降，其输出电压（即反馈电压）U_{fn} 减小。由于给定电压 U_g 一定，而偏差电压（即放大器的输入电压）$U_i=U_g-U_{fn}$，因此 ΔU_i 增加，于是放大器的输出电压 U_d 增加，电动机转速随之升高，从而使由于负载增大而丢失的转速得到补偿。

图 6-22（b）所示为系统的框图。由图可见，闭环控制系统的特征是：系统中存在反馈环节，作用信号按闭环传递，系统的输出量对控制作用有着直接影响。闭环控制系统与开环控制系统相比，具有如下特点：

a. 系统中具有负反馈环节，可自动对输出量进行调节补偿，对系统中参数变化所引起的扰动和系统外部的扰动，均有一定的抗干扰能力。

b. 系统采用负反馈，除了降低系统误差、提高控制精度外，还能加速系统的过渡过程，但系统的控制质量与反馈元件的精度有关。

c. 系统闭环工作，有可能产生不稳定现象，因此存在稳定性问题。

闭环控制系统在受到干扰后，利用负反馈的自动调节作用，能够有效地抑制一切被包在负反馈环内前向通道上的扰动作用对被控量的影响，而且能够紧紧跟随给定作用，使被控量按照给定信号的变化而变化，从而实现复杂而准确的控制。因此，闭环控制系统又常称为自动调节系统，系统中的控制器也常称为调节器。

四、 自动控制系统的基本组成

一个自动控制系统是由若干个环节组成的，每个环节有其特定的功能。自动控制系统的组成和信号的传递情况常用方框图来表示。在框图中，系统的各环节用方框表示，而环节间作用信号的传递情况用箭头表示，这样依次将各方框连接起来，便构成控制系统的框图。对于具体系统，框图可以不尽相同。

图 6-23 所示为一般闭环自动控制系统的框图。框图中各个环节和参量的功能说明如下。

（1）指令　来自系统外部的输入量，和系统本身无关。

（2）参考输入环节　用来产生与指令成正比的参考输入信号。

（3）参考输入　正比于指令的信号，简称输入量。

（4）放大环节　由于偏差信号一般比较微弱，必须经过放大环节的放大以后，才能得到足够大的幅值和功率，来驱动后面的环节。

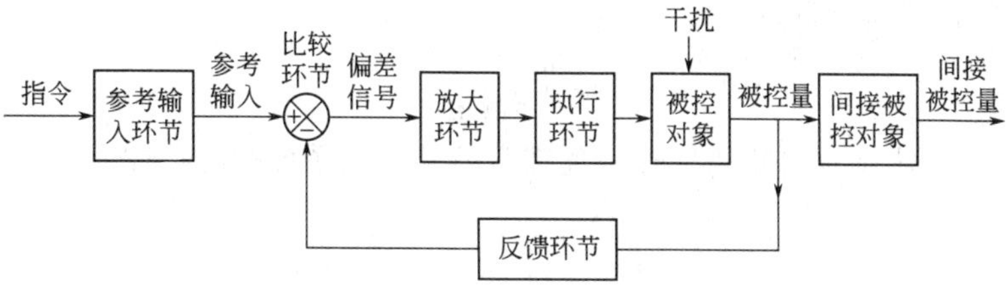

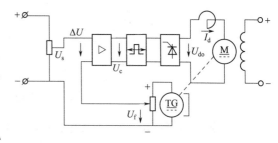

图 6-23　一般闭环控制系统框图

（5）执行环节　根据放大后的信号，对被控对象进行控制，使被控量趋于其期望值。有时，也将放大环节与执行环节合并为一个环节，统称为控制环节。

（6）反馈环节　将被控量变换成与输入量相同性质的物理量，并送回到输入端，用以与输入信号相加。

（7）比较环节　将输入信号和反馈信号在此处相加，故又称为相加点。其符号为"⊕"，并注明"＋"或"－"，以表示该信号进入相加点时所具备的符号。

（8）被控量　被控对象的输出量，通常就是被调节量。

（9）间接被控对象　处在反馈回路之外的设备。它不是直接被控制的设备，将由被控量去影响其工作。

（10）间接被控量　反馈回路以外的被控量，它没有被反馈环节检测到。在框图中，信号从输入端沿箭头方向到达输出端的传输通路，称为前向通路；系统输出量通过测量装置反馈到输入端的传输通路，称为主反馈通路；前向通路与主反馈通路一起构成主回路；某些自动控制系统，还有局部反馈通路以及它所组成的内回路（内环）。只有一个反馈通路的系统，称为单回路（单环）系统；而具有两个及以上反馈通路的系统，则称为多回路（多环）系统。

第七节　自动调速系统

在直流调速系统中，有电机放大机调速系统、磁放大器调速系统和晶闸管调速系统等。随着电子技术和晶闸管技术的发展，晶闸管直流调速系统在经济和技术性能方面比前者更优越性，因此得到越来越广泛的应用。

晶闸管直流调速系统按可控整流电路，可分为单相可控整流电路和三相可控整流电路；按反馈回路数量，可分为单闭环系统和多闭环系统；按所取不同的反馈量，可分为转速负反馈、电压负反馈、电流正反馈和电流负反馈等。

一、单闭环有差调速系统

在单闭环调速系统中，分有静差调速系统和无静差调速系统。在有静差调速系统中有以下几种。

1. 转速负反馈有静差调速系统

图 6-24 所示是转速负反馈有静差调速系统。

系统中各环节的稳态关系如下：

$$\Delta U = U_s - U_f$$

放大器的放大倍数为 K_p，则 $U_c = K_p \Delta U$

触发器和晶闸管整流装置放大倍数为 K_{tf}，电枢回路电压方程式为 $U_{do} = K_{tf} U_c$

$$E = U_{do} - I_d R_\Sigma$$

式中，R_Σ 为电机电枢电阻、电刷电阻等电阻之和。电动机的转速为

图 6-24　转速负反馈有静差调速系统

$$n = \frac{1}{c_{e\varphi}}E = K_m E$$
$$U_f = a_n n$$

在反馈环节中，由上述分析得转速负反馈有静差调速系统的静特性方程式为

$$n = U_s \frac{K_p K_{tr} K_m}{1 + K_p K_{tr} K_m a_n} - I_d R_\Sigma \frac{K_m}{1 + K_p K_{tr} K_m a_n}$$

$$= U_s \frac{K_p K_{tr} K_m}{1 + K_n} - I_d R_\Sigma \frac{K_m}{1 + K_n} = n_0 - \Delta n$$

$K_n = K_p K_m K_{tr}$，a_n 为转速负反馈系统开环放大倍数。该系统的特点是：闭环系统的稳态速降只为开环系统稳态速降的 $1/(1 + K_n)$。只要系统的开环放大倍数 a_n 足够大，就可以把系统的稳态速降减小到允许范围内，而且闭环系统的调速范围是开环系统的 $(1 + K_n)$ 倍。

2. 带电流截止负反馈的转速负反馈调速系统

图 6-25 所示是带电流截止负反馈的转速负反馈调速系统。系统的静特性方程为

$$n = U_s \frac{K_p K_{tr} K_m}{1 + K_n} - (I_d R_c - U_{cp}) \frac{K_p K_{tr} K_m}{1 + K_n} - I_d R_\Sigma \frac{K_m}{1 + K_n}$$

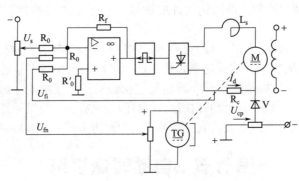

图 6-25　带电流截止负反馈的转速负反馈调速系统

系统的特点是：电动机启动时电流截止负反馈起作用，从而限制了启动电流。正常工作时，电流截止负反馈作用很小，只有转速负反馈起作用，从而解决了电动机的启动电流大、换向困难的问题。

3. 电压负反馈调速系统

图 6-26 所示是电压负反馈调速系统。系统的静特性方程为

$$n = U_s \frac{K_p K_{tr} K_m}{1 + K_p K_{tr} a_v K_m} - I_d (R_r + R_s) \frac{K_m}{1 + K_p K_{tr} a_v K_m} - I_d R_a K_m$$

$$= U_s \frac{K_p K_{tr} K_m}{1 + K_v} - \frac{I_d (R_r + R_s) K_m}{1 + K_v} - I_d R_a K_m$$

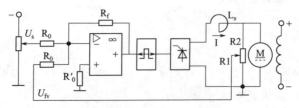

图 6-26　电压负反馈调速系统

系统的特点是：电压负反馈电阻接在电枢前面，这种反馈只能使主回路中的 R_1 和 R_0 上的电压变化得到补偿，电动机电枢电阻上的电压变化没有得到补偿。电压负反馈调速系统的

调节性能虽不如转速负反馈系统，但由于省略了测速发电机，使系统的结构简单、维修方便。

二、 转速负反馈无静差调速系统

图 6-27 所示是采用了 PI 调节器的无静差调速系统。该系统的特点是：系统采用了比例积分调节器，简称 PI 调节器。使系统在扰动的作用下，通过 PI 调节器的调节作用使电动机的转速回到原来的稳态值，从而实现了无静差调速。在无静差调速系统中，PI 调节器的调节作用是比例部分的动态响应比较快，系统的调速性能好，积分部分使闭环系统的开环放大倍数大，使系统消除静差。

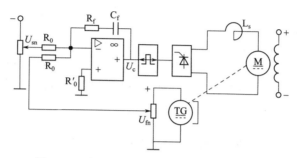

图 6-27　采用了 PI 调节器的无静差调速系统

三、 转速、 电流双闭环调速系统

单闭环系统在应用比例积分调节器后，能保证动态的稳定性，能达到无静差的性能。而仅依靠电流截止环节限制启动电流，其启动过程快速性达不到满意的程度。特别是在频繁启动的系统中，如何利用电机过载能力的条件获得最快的过渡过程，采用电流、转速的双闭环系统就能满足启动和运行都好的要求。

图 6-28 所示为电流、转速双闭环系统。该系统采用了两个比例积分调节器 SR 和 CR，并将这两个调节器串联，电流调节器在内环，转速调节器在外环。启动时，转速调节器饱和，作用很小，只有电流调节器起作用，系统在允许的最大电流下快速启动。启动完毕，转速调节器退出饱和，起转速调节作用。双闭环系统的特点是：

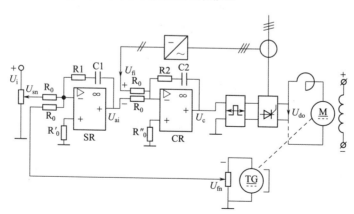

图 6-28　电流、转速双闭环系统

a. 系统的调速性能好。

b. 能获得较为理想的"挖土机特性"。

c. 过渡过程短暂，启动快，稳定性好。

d. 抗干扰能力强。

四、双闭环系统的调试要点

1. 相序的校验
对机床总电源进线用相序器或示波器检验相序。

2. 一般检查
首先对电路中有关交流电源电压及直流电源电压进行测量，如有异常，应检查电源电路，以排除故障。如是调节问题，对有关调整元件进行微调，以达到规定的电压数值。

3. 运算放大器的检查
应无零点漂移或振荡。

4. 触发电路的测试
通常先卸去传动带，拆下电动机接线，整流输出端接一灯泡负载。断开电流调节器的输出与触发装置的输入之间的连线。根据控制电压 U_k 的数值，模拟控制电压，调节触发电路，观察有关波形，看整流输出是否符合要求。如果调试的结果良好，则恢复输出与触发装置的输入之间的连接线。

5. 电流环的调试
根据电动机额定电流 I_e 的值，选择电动机允许的最大电流为 $I_{dm}=2I_e$，用外接电源模拟电流反馈电压 U_i 的数值。外接电源应和转速调节器的限幅值极性相同，然后将转速调节器的输出断开，直接用极性和幅值与 $U_{sn}=U_i$ 相同的外接电源送至电流调节器的输入端，以代替等值速度环输出限幅电压。送电后，调节电流反馈信号的电位器，使主回路电压接近于零。这样电流环的调试完毕。

6. 速度环的调试
在电流环调试完毕，将所有电路的接线还原。让电动机处于空载状态，将转速给定电位器调在较低的速度上（可为 500r/min）。电路送电，用转速表测得的转速应为所调数值。如果转速偏高或偏低，则应调节转速反馈电位器，使其达到给定数值。

第七章

可编程序控制器（PLC）应用入门

第一节　PLC 的原理

一、　PLC 的特点

现代工业生产过程是复杂多样的，对控制的要求不相同。PLC 出现后就受到了工程技术人员的欢迎。PLC 具有如下优点。

a. 可靠性高，抗干扰能力强。

b. 控制系统结构简单，通用性强。

c. 编程方便，易于使用。

PLC 编写程序时，可采用梯形图，指令表等编程语言。

d. 功能完善。

PLC 的输入/输出系统功能完善，性能可靠，具有各种开关量和模拟量的输入/输出。

e. 设计、施工、调试的周期短。

f. 体积小，维护操作方便。

二、　PLC 的厂家及应用

1. PLC 的厂家

目前，世界上有 200 多个厂家生产可编程序控制器产品，比较著名的有美国的 AB、通用（GF）、莫迪康（MODION），日本的三菱（MITSUBISHI）、欧姆龙（OMRON）、富士电机（FUJI）、松下电工、德国的西门子（SIEMENS），法国的 TE、施耐德（SCHNEIDER），韩国的三星（SAMSUNG）、LG 等（其中 MODICON 和 TE 已归到 SCHNEID 旗下）。

2. PLC 的应用

PLC 的应用范围通常可分为 5 种类型。

（1）顺序逻辑控制　顺序逻辑控制是 PLC 应用最广泛的领域，也是最适合 PLC 使用的领域。它可取代传统的低压电器顺序控制。PLC 应用于单机控制、多机群控、生产自动线控制等，如注塑机、印刷机、订书机、包装机、切纸机、组合机床、磨床、装配生产线、电镀流水线及电梯控制等。

（2）数据处理　PLC 具有数据传送、转换、数学运算及查表等功能。这为 PLC 采集、分析和处理数据打下了良好的硬件基础。在机械加工中，PLC 作为主要的控制和管理系统用于 CNC 和 NC 系统中，可以完成大量的数据处理工作。

（3）运动控制　PLC 可实现驱动步进电动机或伺服电动机控制模块，PLC 把描述目标位置的数据送给模块，其输出移动一轴或数轴到目标位置，每个轴移动时，位置控制模块保持适当的速度和加速度，确保运动平滑。相对来说，位置控制模块比 CNC 装置体积更小，价格更低，速度更快，操作更方便。

（4）PID（比例-积分-微分）闭环过程控制　主要是对速度、温度、流量、液位、压力等连续变化的模拟量参数的闭环控制。通过模拟量模块，实现模拟量和数字量之间的 A/D（模/数）转换和 D/A（数/模）转换。PID 指令提供了使 PLC 具有闭环控制的功能，即一个具有 PID 控制能力的 PLC 可用于过程控制。当过程控制中某个变量出现偏差时，PID 控制算法会计算出正确的输出，把变量保持在设定值上。该功能在过程控制中已得到广泛的应用。

（5）通信　PLC 的通信包括 PLC 与上级计算机远程 I/O 之间的通信、PLC 与 PLC 之间的通信、PLC 与变频器和数控装置之间的通信。PLC 组成通信网络能实现更为复杂的控制，可以实现"集中管理、分散控制"的分布式控制。

三、PLC 的构成

PLC 种类多，但其组成结构和工作原理基本一样。它主要由中央处理器（CPU）、存储器（ROM、RAM）和专门设计的输入/输出单元（I/O）电路、电源等组成。PLC 的内部框图如图 7-1 所示。

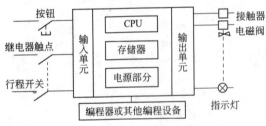

图 7-1　PLC 的内部框图

1. 中央处理单元（CPU）

中央处理单元（CPU）是具有运算和控制功能的大规模集成电路（IC），可以控制其他部件。操作的核心相当于人的大脑，起指挥协调作用。CPU 由控制器、运算器和寄存器组成。CPU 通过数据总线、地址总线和控制总线与存储单元、输入/输出接口电路相连接。

CPU 的主要功能：控制用户程序和数据的接收与存储；诊断 PLC 内部电路的故障和编程中的语法错误等；扫描 I/O 口接收现场信号的状态或数据，并存入输入映像寄存器或数据存储器中；PLC 进入运行状态后，从存储器逐条读出用户指令，经编译后按指令的功能进行算术运算、逻辑或数据传送等；再根据运算结果，更新输出映像寄存器和有关标志位的状态，实现对输出的控制以及实现一些其他的功能。

CPU 主要采用微处理器、单片机和位片式微处理器。又分为 8 位微处理器和 16 位微处理器。CPU 的位数越多，运算处理速度越快，功能越强大，同时 PLC 的档次也越高，价格也越贵。

2. 存储器

存储器由具有记忆功能的半导体集成电路构成，用于存放系统程序、用户程序、逻辑变量和其他信息。PLC 的存储器分为系统程序存储器和用户程序存储器两部分。

系统程序存储器用来存放厂家系统程序，并固化在 ROM 内，用户不能修改，是控制和完成 PLC 多种功能的程序，使 PLC 具有基本的功能，以完成 PLC 设计者的各项任务。系统程序内容包括以下三部分。

第一部分为系统管理程序。使 PLC 按部就班地工作。

第二部分为用户指令解释程序。通过用户指令解释程序，将 PLC 的编程语言变为机器语言指令。再由 CPU 执行这些指令。

第三部分为标准程序模块与系统调用。包括功能不同的子程序及调用管理程序。

用户程序存储器包括用户程序存储器（程序区）和数据存储器（数据区）两部分。用户程序存储器用来存放 PLC 编程语言编写的各种用户程序。用户程序存储器可以是 RAM、EPROM 或 EEPROM 存储器，其内容可以由用户任意修改或增删。用户数据存储器可以用来存放（记忆）用户程序中所使用器件的 ON/OFF 状态和数值、数据等。用户程序容量的大小，是反映 PLC 性能好坏的重要标志之一。

PLC 的存储器有三种。

（1）随机存取存储器（RAM）　又称可读可写存储器，用户既可以读出 RAM 中的内容，也可以将用户程序写入 RAM。它是易失性的存储器，断电后，储存的信息将会全部丢失。读出时其内容不变，写入时新的信息取替了原有的信息。因此 RAM 用来存放经常修改的内容。

RAM 的工作速度高，成本低，改写方便。在 PLC 断电后可用锂电池（锂电池可用 2～5 年）保存 RAM 中的用户程序和某些数据。

（2）只读存储器（ROM）　ROM 一般用来存放 PLC 的系统程序。系统程序关系到 PLC 的性能，由厂家编程并在出厂时已固化好了。ROM 内容只能读出，不能写入。ROM 是非易失的存储器，电源断电后，内容不丢失能保存储存的内容。

（3）电可擦除可编程的只读存储器（EEPROM 或 E^2PROM）　具有 RAM 和 ROM 优点，但是写入时所需的时间比 RAM 长。EEPROM 用来存放用户程序和需长期保存的重要数据。

3. 输入/输出单元

实际生产中 PLC 的输入和输出的信号是多种多样的，可以是开关量、模拟量和数字量；信号的电平也是千差万别，但 PLC 能识别的只能是标准电平。PLC 的输入和输出包含两部分：一部分是与被控设备相连接的接口电路，另一部分是输入和输出的映像寄存器。

输入单元连接用户设备的各种控制信号，可以是直流输入也可以是交流输入，如限位开关、操作按钮以及其他一些引起传感器的信号。通过接口电路将这些信号转换成 CPU 能够识别和处理的信号，并存到输入映像寄存器。运行时 CPU 从输入映像寄存器读取信息并处理，将结果送到输出映像寄存器。输出映像寄存器由输出点相对应的触发器组成，输出接口电路将其由弱电控制信号转换成现场需要的强电信号输出，以驱动电磁阀、接触器、指示灯等被控设备的执行元件。

下面简单介绍开关量输入/输出接口电路。

（1）输入接口电路　输入接口是 PLC 与控制现场的接口界面的输入通道。为防止干扰信号和高电压信号进入 PLC，影响可靠性或损坏设备，输入接口电路一般由光电耦合电路进行隔离。输入电路的电源可由外部提供，有的也可由 PLC 内部提供。

（2）输出接口电路　输出接口电路接收主机的输出信息，并进行放大和隔离。经输出端子向输出部分输出相应的控制信号一般有三种：继电器输出型、晶体管输出型和晶闸管输出型。输出电路均采用电气隔离，电源由外部提供，输出电流一般为 0.5～2A，电流的大小与负载有关。

为保护 PLC 因浪涌电流损坏，输出端是外部接线必须采用保护措施：一是输入和输出公共端接熔断器；二是采用保护电路，对交流感性负载一般用阻容吸收回路，对直流感性负载可采用续流二极管。

因输入端和输出端都有光电耦合电路，在电气上是完全隔离的，故 PLC 上有极强的可靠性和抗干扰能力。

4. 电源部分

电源单元是将交流电压转换成微处理器、存储器及输入、输出部件正常工作必备的直流电源。PLC 一般采用市电 220V 供电，内部开关电源可以为中央处理器、存储器等电路提供 5V、±12V、24V 电压，使 PLC 能正常工作。电源电压常见的等级有 AC100V、200V 和

DC100V、48V、24V。

5. 扩展接口

扩展接口用于将扩展单元以及功能模块与基本单元相连，使 PLC 的配置更加灵活以满足不同控制系统的需要。

6. 编程器

编程器是 PLC 最重要的外围设备，供用户进行程序的编制、编辑、调试和监视。

编程器有简易型和智能型两类。简易型的编程器只能联机编程，且往往需要将梯形图转化为机器语言助记符（语句表）后才能输入。智能型的编程器又称图形编程器，它可以联机编程，也可脱机编程，具有 PLC 或 CRT 图形显示功能，可以直接输入梯形图和通过屏幕对话。

还可以利用 PC 作为编程器，PLC 厂家配有相应的编程软件，使用编程软件可以在屏幕上直接生成和编辑梯形图、语句表、功能块图和顺序功能图程序，并可实现不同编程语言的相互转换。程序被编译后下载到 PLC，也可以将 PLC 中的程序上传到计算机。程序可以存盘或打印，通过网络还可以实现远程编程和传送。现在已有 PLC 不再提供编程器，而只提供微机编程软件，并且配有相应的通信连接电缆。

7. 通信接口

为了实现"人-机"或"机-机"之间的对话，PLC 配有各种通信接口。PLC 通过通信接口可以与监视器、打印机和其他的 PLC 或计算机相连。

8. 其他部件

有些 PLC 配有 EPROM 写入器、存储器卡等其他外围设备。

四、 PLC 与低压电器控制的区别

PLC 的梯形图与低压电器控制线路图基本相同，主要是 PLC 梯形图沿用了低压电器控制的电路元件符号和术语，仅个别之处有些不同。但 PLC 的控制与低压电器的控制又有本质的不同之处，主要表现在以下几个方面。

1. 控制逻辑

低压电器控制逻辑采用硬接线逻辑，利用低压电器机械触点的串联或并联，及延时继电器的滞后动作等组合成控制逻辑，接线多而复杂、体积大、功耗大、故障率高、噪声大，修改或增加功能不易实现；另外，继电器触点数目有限，每个只有 4～8 对触点，因此灵活性和扩展性很差。而 PLC 采用存储器逻辑，控制逻辑以程序方式存储在内存中，修改、增加功能只需改变程序，称为"软接线"，故灵活性和扩展性都很好。

2. 可维护性和可靠性

低压电器控制逻辑采用大量的机械触点，连线多。触点动作时受到电弧的损坏，机械磨损严重，寿命短，故可靠性和维护性差。而 PLC 采用微电子技术，开关动作由电子电路来完成，体积小、寿命长、可靠性高。PLC 还能检查出自身的故障，并及时显示给操作人员，还可动态地监控程序的运行情况，为现场调试和维护提供了方便。

3. 工作方式

接通电源时，低压电器控制电路中各继电器都处于受控状态，属于并行工作方式；而 PLC 的控制逻辑中，各内部器件都处于周期性循环扫描过程中，属于串行工作方式。

4. 定时控制

低压电器控制调整时间由时间继电器完成。一般来讲，时间继电器定时精度不准，可调时间短，范围窄，易受环境影响，调整时间困难。PLC 使用半导体集成电路作为定时器，时基脉冲由晶体振荡器产生，精度高，可调范围一般从 0.001s 到若干天不等，时间长短由软件来控制。

5. 控制速度

低压电器控制是靠触点的机械动用而实现的。频率低，触点动作时长，一般在几十毫秒数量级，并存在机械触点抖动。而 PLC 控制是由指令控制电子电路不断实现的，属无触点控制，速度快，一条指令的执行时间在纳秒级，且不会出现抖动。

6. 设计和施工

使用低压电器完成一项工程，设计、施工、调试必须依次进行，周期长，且修改调试困难，不易实现大工程。PLC 完成一项工程，设计、施工、调试可同时进行，低压电器周期短，且调试和修改都很方便。

综上所述，PLC 在性能上比低压电器控制可靠性高、通用性强、设计施工周期短、调试修改方便，而且体积小、功耗低、使用维护方便。由于 PLC 有众多的优点是传统的低压电器所不具备的，所以在实现某一控制任务时 PLC 已取代低压电器电路，已成为一种必然的趋势。但在很小的系统中使用时，PLC 系统价格要高于继电器系统。

五、 PLC 的原理

众所周知，低压电器控制系统是一种"硬件逻辑系统"。如图 7-2(a) 所示，它的三条支路是并行工作的，当按下按钮 SB1 时，中间继电器 KA 得电，KA 的两个触点闭合，接触器 KM1、KM2 同时得电并产生动作，因此传统的低压电器控制系统采用的是并行工作方式。

因为 PLC 是一种工业控制计算机，所以它的工作原理是建立在计算机工作原理基础之上，即通过执行反映控制要求的用户程序来实现的，如图 7-2(b) 所示。但 CPU 是以分时操作方式来处理各项任务的，计算机在每一瞬间只能做一件事，所以程序的执行是按程序顺序依次完成相应各电器的动作，因此它属于串行工作方式。

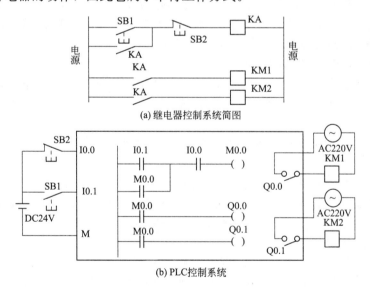

(a) 继电器控制系统简图

(b) PLC控制系统

图 7-2　PLC 控制系统与传统低压电器控制系统的比较

PLC 是按周期性循环扫描的方式进行工作的。每扫描一次所用的时间称为扫描周期或工作周期。CPU 从第一条指令开始执行，按顺序逐条地向下执行，最后返回首条指令重新扫描。PLC 周而复始地循环扫描。

1. PLC 工作过程

扫描过程有"输入采样"、"程序执行"和"输出刷新"三个阶段，是 PLC 核心。掌握 PLC 工作过程的三个阶段是学好 PLC 的基础。现对这三个阶段进行详细的分析，PLC 典型的扫描周期如图 7-3 所示（不考虑立即输入、立即输出情况）。

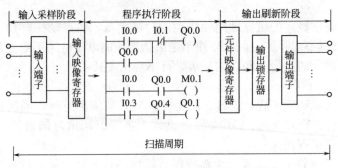

图 7-3　PLC 扫描工作过程

(1) 输入采样阶段　在这个阶段，PLC 首先按顺序对输入端子进行扫描，输入状态存入相对应的输入映像寄存器中，同时，输入映像寄存器被刷新。其次，进入执行阶段，在此阶段和输出刷新阶段，输入映像寄存器与外界隔离，无论输入信号如何变化，其内容保持不变，直到下一个扫描周期的输入采样阶段，才重新写入输入端的新内容。要求输入信号的时间要大于一个扫描周期，否则易造成信号的丢失。

(2) 程序执行阶段　此过程中，PLC 对梯形图程序进行扫描，按从左到右、从上到下的顺序执行。当指令中涉及输入、输出时，PLC 就从输入映像寄存器中"读入"对应输入端子状态，从元件映像寄存器"读入"对应元件（"软继电器"）的当前状态，并进行相应的运算，结果存入元件映像寄存器。在元件映像寄存器中，每一个元件（"软继电器"）的状态会随着程序执行而出现不同。

(3) 输出刷新阶段　在这个阶段中所有指令执行结束，元件映像寄存器中所有输出继电器的状态（接通/断开）在输出刷新阶段转存到输出锁存器中，最后经过输出端子驱动外部负载。

2. PLC 对输入/输出的处理

PLC 对输入/输出处理时必须遵循的原则：

a. 输入映像寄存器的数据，是在输入采样阶段扫描的输入信号的状态。取决于输入端子板上各输入点在上一刷新期间的接通和断开状态。在本扫描周期中，它不随外部输入信号的变化而变化。

b. 程序执行结果取决于用户所编程序和输入/输出映像寄存器的内容及其他各元件映像寄存器的内容。

c. 输出映像寄存器的状态，是由用户程序中输出指令的执行结果来决定的

d. 输出锁存器中的数据，由上一次输出刷新期间输出映像寄存器中的数据决定。

e. 输出端子的输出状态，由输出锁存器的状态决定。

3. PLC 的编程语言介绍

PLC 提供了多种的编程语言，以适应用户编程的需要。PLC 提供的编程语言一般有梯形图、语句表、功能图和功能块。下面以 S7-200 系列 PLC 为例加以介绍。

(1) 梯形图（LAD）　梯形图（Padder）编程语言是从低压电器控制电路基础上发展起来的。梯形图具有直观易懂的优点，易被熟悉低压电器的电气工程人员所掌握。梯形图与低电器控制系统图的整体是一致的，在使用符号和表达方式上有一定差别。梯形图由触点、线圈和用方框表示的功能块组成。触点表示输入条件，如外部的开关、按钮等。线圈代表输出，用来控制外部的指示灯、接触器等。功能块表示定时器、计数器或数学运算等其他指令。

图 7-4 所示为常见的梯形示意图。左右两侧垂直的导线称为母线。母线之间是触点的逻辑连接和线圈的输出。

梯形图的一个关键是"能流"（Power Flow），这是概念上的"能流"。图 7-4 中，把左侧

的母线假设是电源“火线”，把右侧的母线（虚线）假设是电源“零线”。若“能流”从左向右流向线圈，那么线圈得电；若没有“能流”，那么线圈未得电。

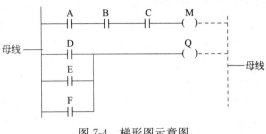

图 7-4　梯形图示意图

“能流”可通过被得电（ON）的常开触点和未得电（OFF）的常闭触点自左至右流。“能流”在任何情况都不允许自右至左流。如图 7-4 中，当 A、B、C 三点都得电后，线圈 M 才能接通，只要有一个触点不得电，线圈就不能接通；而 D、E、F 三点中任一个得电，线圈 Q 就被激励。

引入“能流”的概念，是为了和低压电器控制电路相比，认识梯形图。其实，“能流”在梯形图中是不存在的。

有的 PLC 的梯形图有两根母线，多数 PLC 只保留左边的母线。触点表示逻辑“输入”条件，如像开关、按钮内部条件等；线圈表示逻辑“输出”结果，如灯、电机接触器、中间继电器等。对 S7-200PLC 来讲，还有一种输出——“盒”，表示附加的指令，如定时器、计数器和功能指令等。

梯形图语言简单明了，易于理解，是所有编程语言的首选。初学者入门时应先学梯形图，为更好地学习 PLC 打下基础。

（2）语句表（STL）　语句表（Statements List）是指令表的集合。和计算机中的汇编语言助记符相似，是 PLC 最基础的编程语言。语句表编程，是用一个或几个容易记忆的字符来表示 PLC 的某种操作功能。语句表适合熟悉 PLC 程序设计经验的程序员使用，可以实现某些梯形图的功能力所实现不了的功能。

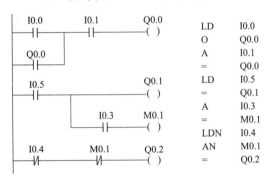

(a) 梯形图

LD	I0.0
O	Q0.0
A	I0.1
=	Q0.0
LD	I0.5
=	Q0.1
A	I0.3
=	M0.1
LDN	I0.4
AN	M0.1
=	Q0.2

(b) 指令表

图 7-5　PLC 程序应用示例

图 7-5 所示为 PLC 程序示例，图 7-5（a）是梯形图，图 7-5（b）是对应的语句表。一般来说，语句表编程适合于熟悉 PLC 和有经验的程序员使用。

（3）顺序功能流程图（SFC）　顺序功能流程图（Sequence Fumction Chart）编程是一种 PLC 图形化的编程方法，简称功能图。这是一种位于其他编程语言之上的图形语言，可以对具有开发、选择等结构的工程编程，许多 PLC 都有 SFC 编程的指令。

（4）功能块图（FBD）　S7-200 的 PLC 专门提供了功能块图（Function Block Diagram）编程语言，FBD 可查看到像逻辑门图形的逻辑盒指令。这是一种类似于数字逻辑门电路的编程语言，有数字电路基础的人很容易掌握。此编程语言用类似与门、或门的方框来表示逻辑运算关系，其左侧是逻辑运算的输入，右侧为输出。不带触点和线圈，但有与之相似的指令，这些指令以盒指令出现的，程序逻辑由某些盒指令之间的连接决定。也就是说，一个指令（如 AND 盒）的输出可以允许另一条指令（如计数器），可以建立需要的控制逻辑。FBD 编程语言有利于程序流的跟踪，国内很少有人使用这种语言编程。图 7-6 所示为 FBD 的一个简单使用示例。

图 7-6　FBD 简单示例

4. PLC 的程序构成

实现某一工程是在 RUN 方式下，让主机循环扫描并连续执行程序来实现的。编程可以使用

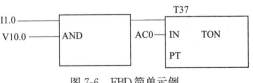

编程软件在计算机或其他专用编程设备中进行（如图形输入设备），也可使用手编器。

PLC 程序由三部分构成：用户程序、数据块和参数块。

（1）用户程序　用户程序是必备部分。用户程序在存储器空间中也称为组织块，它是最高层次，可管理其他块。它是用不同语言（如 STL、LAD 或 FBD 等）编写的用户程序。用户程序的结构简单，一个完整的用户控制程序由一个主程序、若干子程序和若干中断程序三大部分构成。在计算机上用编程软件进行编程时，只要分别打开主程序、子程序和中断程序的图标即可进入各程序块的窗口。编译时软件自动将各程序进行连接。

（2）数据块　数据块为可选部分，它主要存放控制程序运行所需的数据。可以使用十进制、二进制或十六进制数。字母、数字、字符均可。

（3）参数块　参数块也是可选部分，它存放的是 CPU 组态数据。如果在编程软件或其他编程工具上未进行 CPU 的组态，则系统以默认值进行自动配置。

六、CPU 的特点和技术规范

S7-200PLC 的电源有 DC20.4～28.8V 和 AC85～264V 两种，主机上还有 24V 直流电源，可直接连接传感器和执行机构。输出类型有晶体管（DC）、继电器（DC/AC）两种。可以用普通输入端子捕捉比 CPU 扫描周期更快的脉冲信号，实现高速计数。2 路可达 20kHz 的高频脉冲输出，用以驱动步进电动机和伺服电动机。模块上的电位器来改变特殊寄存器中的数值，可及时更改程序运行中的一些参数，如定时器/计数器的设定值、过程量的控制等。实时时钟可对信息加注时间标记，记录机器运行时间或对过程进行时间控制。

表 7-1～表 7-3 中列出了 S7-200PLC 的主要技术规范，包括 CPU 规范、CPU 输入规范和 CPU 输出规范。

表 7-1　S7-200 PLC 的 CPU 规范

技术要求	CPU221	CPU222	CPU224	CPU226	CPU226XM
电源					
输入电压	DC20.4～28.8V/AC85～264V（47～63Hz）				
DC24V 传感器电源容量	180mA		280mA	400mA	
存储器					
用户程序空间	2048 字节		4096 字节		8192 字节
用户数据（EEPROM）	1024 字节（永久存储）		2560 字节（永久存储）		5120 字节（永久存储）
装备（超级电容）（可选电池）	50h/典型值（40℃时最少 8h）200 天/典型值		190h/典型值（40℃时最少 120h）200 天/典型值		
I/O					
本机数字输入/输出	6 输入/4 输出	8 输入/6 输出	14 输入/10 输出	24 输入/16 输出	
数字 I/O 映像区	256（128 入/128 出）				
模拟 I/O 映像区	无	32（16 入/16 出）	64（32 入/32 出）		
允许量大的扩展模块	无	2 模块	7 模块		
允许最大的智能模块	无	2 模块	7 模块		
脉冲捕捉输入	6	8	14		

续表

技术要求	CPU221	CPU222	CPU224	CPU226	CPU226XM
高速计数 单相 两相	4 个计数器 4 个 30kHz 2 个 20kHz	6 个计数器 6 个 30kHz 4 个 30kHz			
脉冲输出	2 个 20kHz（仅限于 DC 输出）				
常规					
定时器	256 个定时器：4 个定时器（1ms）、16 个定时器（10ms）、236 定时器（100ms）				
计数器	256（由超级电容器或电池备份）				
内部存储器位 掉电保护	256（由超级电容器或电池备份） 112（存储在 EEPROM）				
时间中断	2 个 1ms 的分辨率				
边沿中断	4 个上升沿和/或 4 个下降沿				
模拟电位器	1 个 8 位分辨率		2 个 8 位分辨率		
布尔量运算执行速度	$0.7\mu s$ 每条指令				
时钟	可选卡件		内置		
卡件选项	存储卡、电池卡和时钟卡		存储卡和电池卡		
集成的通信功能					
接口	一个 RS485 口			两个 RS485 口	
PPI，DP/T 波特率/(kbit/s)	9.6、19.2、187.5				
自由口波特率/(kbit/s)	1.2～115.2				
每段最大电缆长度	使用隔离的中继器：187.5kbit/s 可达 1000m，38.4kbit/s 可达 1200m 未使用中继器：50m				
最大站点数	每段 32 个站，每个网络 126 个站				
最大主站数	32				
点到点（PPI 主站模式）	是（NETR/NETW）				
MPI 连接	共 4 个，2 个保留（1 个给 PG，1 个给 OP）				

表 7-2 **S7-200 PLC 的 CPU 输入规范**

常规	DC24V 输入
类型	漏型/源型（IEC 类型 1 漏型）
额定电压	DC24V，4mA 典型值
最大持续允许电压	DC30V
浪涌电压	DC35V，0.5s
逻辑 1（最小）	DC15V，2.5mA
逻辑 0（最大）	DC5V，1mA
输入延迟	可选（0.2～12.8ms） CPU226、CPU226XM：输入点 I1.6～I2.7，具有固定延迟（4.5ms）
连接 2 线接近开关传感器允许漏电电流	最大 1mA
隔离（现场与逻辑） 光电隔离	是 AC500V，1min

续表

高速输入速率（最大） 逻辑 1＝DC15～30V 逻辑 1＝DC15～26V	单相 20kHz 30kHz	两相 10kHz 20kHz
同时接通的输入	55℃时所有的输入	
电线长度（最大） 屏蔽 非屏蔽	普通输入 500m，HSC 输入 50m 普通输入 300m	

表 7-3　S7-200 PLC 的 CPU 输出规范

常规	DC24V 输出	继电器输出
类型	固态——MOSFET	若干触点
额定电压	DC24V	DC24V 或 AC250V
电压范围	DC20.4～28.8V	DC5～30V 或 AC5～250V
浪涌电流（最大）	8A，100ms	7A 触点闭合
逻辑 1（最小）	DC20V，最大电流	—
逻辑 0（最大）	DC0.1V，10kΩ 负载	—
每点额定电流（最大）	0.75A	2.0A
每个公共端的额定电压（最大）	6A	10A
漏电流（最大）	10μA	—
灯负载（最大）	5W	DC30W，AC200W
感性钳位电压	$L\pm48\text{VDC}$，1W 功耗	—
接通电阻（接点）	0.3Ω 最大	0.2Ω（新的时候的最大值）
隔离 光电隔离（现场到逻辑） 逻辑到接点 接点到接点	AC500V，1min — — —	AC1500V，1min AC750V，1min 100MΩ
延时 断开到接通到断开（最大） 切换（最大）	2/10μs（Q0.0 和 Q0.1） 15/100μs（其他） —	— 10ms
脉冲频率（最大）Q0.0 和 Q0.1	20kHz	1Hz
机械寿命周期	—	10000000（无负载）
触点寿命	—	100000（额定负载）
同时接通的输出	55℃时，所有的输出	55℃时，所有的输出
两个输出并联	是	否
电缆长度（最大） 屏蔽 非屏蔽	 500m 150m	 500m 150m

　　S7-200 系列 PLC 的存储系统由 RAM 和 EEPROM 构成，同时，CPU 模块支持 EEPROM 存储器卡。用户数据可通过主机的超级电容存储若干天；电池模块可选，可使数据存储时间延长到 200 天。各 CPU 的存储容量见表 7-4。

表 7-4　S7-200 PLC 的 CPU 存储器范围和特性总汇

描　述	范　围				存　储　格　式			
	CPU221	CPU222	CPU224	CPU226	位	字节	字	双字
用户程序区	2K 字	2K 字	4K 字	8K 字				
用户数据区	1K 字	1K 字	4K 字	5K 字				
输入映像寄存器	I0.0～I15.7	I0.0～I15.7	I0.0～I15.7	I0.0～I15.7	Ix.y	IBx	IWx	IDx
输出映像寄存器	Q0.0～Q15.7	Q0.0～Q15.7	Q0.0～Q15.7	Q0.0～Q15.7	Qx.y	QBx	QWx	QDx
模拟输入（只读）	—	AIW0～AIW30	AIW0～AIW62	AIW0～AIW62			AIWx	
模拟输出（只写）	—	AQW0～AQW30	AQW0～AQW62	AQW0～AQW62			AQWx	
变量存储器	VB0～VB2047	VB0～VB2047	VB0～VB8191	VB0～VB10239	Vx.y	VBx	VWx	VDx
局部存储器	LB0.0～LB63.7	LB0.0～LB63.7	LB0.0～LB63.7	LB0.0～LB63.7	Lx.y	LBx	LWx	LDx
位存储器	M0.0～M31.7	M0.0～M31.7	M0.0～M31.7	M0.0～M31.7	Mx.y	MBx	MWx	MDx
特殊存储器只读	SM0.0～SM179.7 SM0.0～SM29.7	SM0.0～SM299.7 SM0.0～SM29.7	SM0.0～SM549.7 SM0.0～SM29.7	SM0.0～SM549.7 SM0.0～SM29.7	SMx.y	SMBx	SMWx	SMDx
定时器	256 (T0～T255) T0, T64	256 (T0～T255) T0, T64	256 (T0～T255) T0, T64	256 (T0～T255) T0, T64	Tx		Tx	
保持接通延时 1ms	T1～T4 T65～T68	T1～T4 T65～T68	T1～T4 T65～T68	T1～T4 T65～T68				
保持接通延时 10ms								
保持接通延时 100ms	T5～T31 T69～T95	T5～T31 T69～T95	T5～T31 T69～T95	T5～T31 T69～T95				
接通/断开延时 1ms	T32, T96	T32, T96	T32, T96	T32, T96				
接通/断开延时 10ms	T33～T36, T97～T100	T33～T36, T97～T100	T33～T36, T97～T100	T33～T36, T97～T100				
接通/断开延时 100ms	T37～T63 T101～T225	T37～T63 T101～T225	T37～T63 T101～T225	T37～T63 T101～T225				
计数器	C0～C255	C0～C255	C0～C255	C0～C255	Cx		Cx	
高速计数器	HC0, HC3～HC5	HC0, HC3～HC5	HC0～HC5	HC0～HC5				HCx
顺控继电器	S0.0～S31.7	S0.0～S31.7	S0.0～S31.7	S0.0～S31.7	Sx.y	SBx	SWx	SDx
累加器	AC0～AC3	AC0～AC3	AC0～AC3	AC0～AC3		ACx	Acx	ACx
跳转/标号	0～255	0～2550	0～255	0～255				
调用/子程序	0～63	0～63	0～63	0～63				
中断程序	0～127	0～127	0～127	0～127				
回路	0～7	0～7	0～7	0～7				
通信口	0	0	0	0, 1				

注：1. LB60 到 LB63 为 STEP7-Micro/WIN32V3.0 或更高版本保留。
　　2. 若 S7-200PLC 的性能提高而使参数改变，请参考西门子的相关产品手册。

第二节　西门子 S7-200PLC 元件介绍

一、元件简介

　　PLC 中的每个输入/输出、内部存储单元、定时器和计数器等称为软元件。各元件有不一样的功能，有固定的地址。软元件的数量决定了 PLC 的规模和性能，每一种 PLC 软元件的数量是有限的。

　　软元件是 PLC 内部具有一定功能的器件，实际上由电子电路和寄存器及存储器单元等组成。如输入继电器由输入电路和输入映像寄存器构成，输出继电器由输出电路和输出映像寄存器构成，定时器和计数器由特定功能的寄存器构成。它们都具有继电器特性，无机械触点。为便于区别上述元件与低压电器元件，故称为软元件或软继电器。软元件的最大特点是触点（包括常开触点和常闭触点）可无限次使用，且寿命长。

　　编程时，我们只记住软元件的地址即可。每个软元件都有一个地址与之相对应，地址编排用区域号加区域内编号的方式，即 PLC 根据软元件的功能不同，分成了不同区域，如输入继电器区、输出继电器区、定时器区、计数器区、特殊继电器区等，分别用 I、Q、T、C、SM 等来表示。

二、元件功能介绍

　　（1）输入继电器（I）　输入继电器一般都有一个 PLC 的输入端子与之对应，用于接收外部的开关信号。当外部的开关信号闭合时，使输入继电器的线圈得电，常开触点闭合，常闭触点断开。触点可在编程时任意使用，不受次数限制。

　　扫描周期的开始时，PLC 对各输入点采样，并把采样值传到输入映像寄存器。接下来的本周期各阶段不再改变输入映像寄存器中的值，直到下一个扫描周期的输入采样阶段。

　　输入映像寄存器区使用时，输入点数不能超过其数量，没有使用输入映像区可作其他编程元件使用，可作通用辅助继电器或数据寄存器，只能在寄存器的某个字节的 8 位都未被使用的情况下才可他用，否则会出现错误的执行结果。

　　（2）输出继电器（Q）　输出继电器一般都有一个 PLC 上的输出端子与之对应。当输出继电器线圈得电时，输出端开关闭合，可控制外部负载的开关信号，同时常开触点闭合，常闭触点断开。触点可在编程时任意使用，使用不受次数限制。

　　扫描周期的输入采样、程序执行时，并不把输出结果直接送到输出映像寄存器，直接送到输出继电器，在每个扫描周期的末尾才将输出映像寄存器的结果同步送到输出锁存器，对输出点进行更新，未被占用的输出映像区的用法与输入继电器相同。

　　（3）通用辅助继电器（M）　通用辅助继电器与低压电器的中间继电器作用一样，在 PLC 中无输入/输出端与之对应，故触点不能直接负载（是与输出继电器的显著区别）。它主要起逻辑控制作用。

　　（4）特殊继电器（SM）　某些辅助继电器具有特殊功能或用来存储系统的状态变量、有关的控制参数和信息，称为特殊继电器。如可读取程序运行时设备工作状态和运算结果信息，利用某些信息实现控制动作，也可通过直接设置某些特殊继电器位来使设备实现某种功能。如：SM0.1 首次扫描为 1，以后为 0，常用作初始化脉冲，属只读型。SM36.5 HSC0 当前计数方向控制，置位时，递增计数，属可写型。SMB28 和 SMB29 分别存放模拟电位器 0 和 1 的输入值，CPU 每次扫描时该值更新，属只读型。

　　常用特殊继电器的功能参见表 7-5。

表 7-5　常用特殊继电器 SM0 和 SM1 的位信息

特殊存储器位			
SM0.0	该位始终为 ON	SM1.0	执行某些指令，结果为 0 时置位
SM0.1	首次扫描时为 ON，常用作初始化脉冲	SM1.1	执行某些指令，结果溢出或非法数值时置位
SM0.2	保持数据丢失时为 ON 一个扫描周期，可用作错误存储器位	SM1.2	执行运算指令，结果为负数时置位
SM0.3	开机进入 RUN 时为 ON 一个扫描周期，可在不断电的情况下代替 SM0.1 功能	SM1.3	试图除以 0 时置位
SM0.4	时钟脉冲：30s 闭合/30s 断开	SM1.4	执行 ATT 指令，超出表范围时置位
SM0.5	时钟脉冲：0.5s 闭合/0.5s 断开	SM1.5	从空表中读数时置位
SM0.6	扫描时钟脉冲：闭合 1 个扫描周期/断开 1 个扫描周期	SM1.6	非 BCD 数转换为二进制数时置位
SM0.7	开关放置在 RUN 位置时为 1，在 TERM 位置为 0，常用在自由口通信处理中	SM1.7	ASCII 码到十六进制数转换出错时置位

（5）变量存储器（V）　变量存储器存储变量。可存放程序执行时控制逻辑操作的结果，也可用变量存储器来保存与工程相关的某些数据。数据处理时，经常用到变量存储器。

（6）局部变量存储器（L）　局部变量存储器存放局部变量。局部变量存储器与变量存储器相同点是存储的全局变量十分相似，不同点在于全局变量是全局有效的，而局部变量是局部有效的。全局有效是指同个变量可被任何程序（包括主程序、子程序和中断程序）访问，而局部有效是指变量只和特定的程序相关联。

S7-200 PLC 提供 64 个字节的局部存储器，有 60 个可作暂时存储器给予程序传递参数。主程序、子程序和中断程序都有 64 个字节的局部存储器可供使用。不同程序中局部存储器不能相互访问。根据需要动态地分配局部存储器，主程序执行时，分配给子程序或中断程序的局部变量存储区是不存在的，当调用子程序或中断程序时，需为之分配局部存储器，新的局部存储器可以是曾经分配给其他程序块的同一个局部存储器。

（7）顺序控制继电器（S）　顺序控制继电器也称为状态器。应用在顺序控制或步进控制中，有关顺序控制继电器的使用在以后章节有详细介绍。

（8）定时器（T）　定时器是 PLC 中重要的元件，是累计时间增量的内部器件。大部分自动控制领域都用定时器进行控制时间，灵活方便使用定时器可以编制出复杂动作的控制程序。

定时器的工作原理与时间继电器基本相同，只是缺少瞬动触点。要提前输入时间预设值。当定时器满足输入条件时便开始计时，当前值从 0 开始按一定的时间单位增加，当前值达到预设值时，定时器常开触点闭合，常闭触点断开，其触点便可得到控制所需的时间。

（9）计数器（C）　计数器用来累计输入脉冲的个数，通常对产品进行计数或进行特定功能的编程。应提前输入设定值（计数的个数）。当输入条件满足时，计数器开始累计它的输入端脉冲上升沿（正跳变）的个数；计数达到预定的设定值时，常开触点闭合，常闭触点断开。

（10）模拟量输入映像寄存器（AI）、模拟量输出映像寄存器（AQ）　模拟量输入电路可实现模拟量/数字量（A/D）之间的转换，而模拟量输出电路可实现数字量/模拟量（D/A）之间的转换。可实现 PLC 与外部信号之间的 A/D、D/A 相互转换。

在模拟量输入/输出映像寄存器中，数字量的长度为 1 个字长（16 位），且从偶字节进行编址来存取转换过的模拟量值，如 0、2、4、6、8 等。编址内容包括元件名称、数据长度和起始字节的地址，如 AIW0、AQW2 等。

PLC 对这两种寄存器的存取方式区别点：模拟量输入寄存器只能进行读取操作，而对模拟量输出寄存器只能进行写入操作。

（11）高速计数器（HC） 高速计数器的工作原理与普通计数器没有太大区别，用来累计比主机扫描速率更快的高速脉冲。高速计数器的当前值是一个双字长（32 位）的整数，且为只读取。高速计数器的数量很少，编址时只用名称 HC 和编号，如 HC0。

（12）累加器（AC） S7-200PLC 提供 4 个 32 位累加器，分别为 AC0、AC1、AC2、AC3。累加器（AC）用来暂时存放数据（如运算数据、中间数据和结果数据），也可用来向子程序传递参数或从子程序返回参数。使用时只表示出累加器的地址编号，如 AC0。累加器可进行读、写两种操作。累加器的可用长度为 32 位，数据长度可为字节（8 位）、字（16 位）或双字（32 位）。在使用时，数据长度取决于进出累加器的数据类型。

第三节　西门子 S7-200PLC 的基本指令及举例

一、基本指令及示例

讲解指令和示例时，主要使用 LAD 程序，编程时以独立的网络块（Network）为单位，用网络块组合在一起就是梯形图程序，也是 S7-200PLC 的特点。

1. 逻辑取及线圈指令

逻辑取及线圈驱动指令为 LD、LDN 和＝。

LD(Load)：取指令。用于网络块逻辑运算开始的常开触点与母线的连接。

LDN(Load Not)：取反指令。用于网络块逻辑运算开始的常闭触点与母线的连接。

＝(Out)：线圈驱动指令。

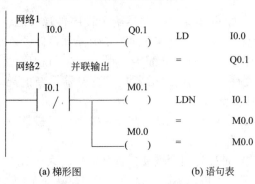

(a) 梯形图　　　　　　　(b) 语句表

图 7-7　LD、LDN、＝指令使用示例

LD、LDN、＝指令使用示例如图 7-7 所示。

说明：

a. LD、LDN 指令可用于网络块逻辑计算开始时与母线相连的常开触点和常闭触点，在分支电路块的开始也可使用 LD、LDN 指令，与后面要讲的 ALD、OLD 指令配合完成块电路的编程。

b. 并联的＝指令可使用任意次。

c. 在同一程序中不能使用双线圈输出，即同一个元器件在同一程序中只使用一次＝指令。

d. LD、LDN、＝指令的操作数为 I、Q、M、SM、T、C、V、S 和 L。T 和 C 也作为输出线圈，但在 S7-200PLC 中输出时不是以使用＝指令形式出现（见定时器和计数器指令）。

2. 触点串联指令

触点串联指令为 A、AN。

A(And)：与指令。用于单个常开触点的串联连接。

AN(And Not)：与反指令。用于单个常闭触点的串联连接。

A、AN 指令使用示例如图 7-8 所示。

说明：

a. A、AN 是单个触点串联连接指令，可连续使用。在用梯形图编程时会受到打印宽度和屏幕显示的限制。S7-200PLC 的编程软件中规定的串联触点使用上限为 11 个。

b. 图 7-8 中所示的连续输出电路，可以反复使用＝指令，但次序必须正确，不然就不能连续使用＝指令编程了。

c. A、AN 指令的操作数为 I、Q、M、SM、T、C、V、S 和 L。

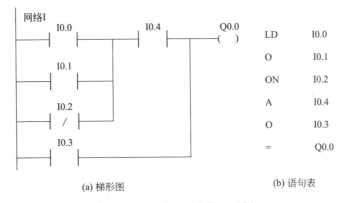

(a) 梯形图　　　　　　　　　　(b) 语句表

图 7-8　A、AN 指令使用示例

3. 触点并联指令

触点并联指令为 O、ON。

O(OR)：或指令。用于单个常开触点的并联连接。

ON(Or Not)：或反指令。用于单个常闭触点的并联连接。

O、ON 指令使用示例如图 7-9 所示。

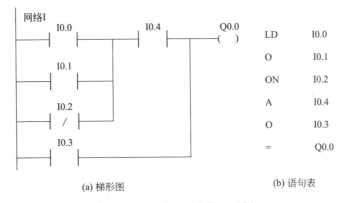

(a) 梯形图　　　　　　　　　　(b) 语句表

图 7-9　O、ON 指令使用示例

说明：

a. 单个触点的 O、ON 指令可连续使用。

b. ON 指令的操作数为 I、Q、M、SM、T、C、V、S 和 L。

c. 两个以上触点的串联回路和其他回路并联时，必须采用后面说明的 OLD 指令。

4. 串联电路块的并联连接指令

两个以上触点串联形成的支路称为串联电路块。串联电路块的并联连接指令为 OLD。

OLD(Or Load)：或块指令。用于串联电路块的并联连接。

OLD 指令使用示例如图 7-10 所示。

说明：

a. 网络块逻辑运算的开始可以使用 LD 或 LDN，在块电路的开始也可使用 LD 和 LDN 指令。

b. 每完成一次块电路的并联时要写上 OLD 指令。对并联去路的个数没有限制。

c. OLD 指令无操作数。

5. 并联电路块的串联连接指令

两条以上支路并联形成的电路称为并联电路块。并联电路块的串联连接指令为 ALD。

ALD(And Load)：与块指令。用于并联电路块的串联连接。如图 7-11 所示。

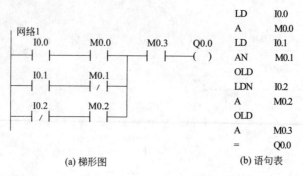

(a) 梯形图   (b) 语句表

图 7-10   OLD 指令使用示例

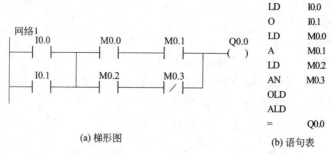

(a) 梯形图   (b) 语句表

图 7-11   ALD 指令使用示例

说明：

a. 在块电路开始时要写 LD 或 LDN 指令。并联电路块结束后，用 ALD 指令与前面电路串联。

b. 在完成一次块电路的串联连接后要写 ALD 指令。

c. ALD 指令无操作数。

6. 置位、复位指令

置位（Set）/复位（Reset）指令的 LAD 和 STL 形式以及功能见表 7-6。

表 7-6   置位/复位指令的功能表

项 目	LAD	STL	功 能
置位指令	bit ——(S)	S bit, N	从 bit 开始的 N 个元件置 1 并保持
复位指令	bit ——(R) N	R bit, N	从 bit 开始的 N 个元件清零并保持

图 7-12 所示为 S/R 指令的用法。

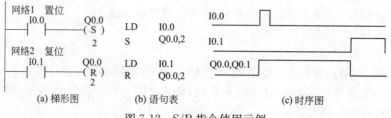

(a) 梯形图   (b) 语句表   (c) 时序图

图 7-12   S/R 指令使用示例

说明：

a. 元件置位后就保持在通电状态，可对其复位；而元件复位后就保持在断电状态，除非再对其置位。

b. S/R 指令可以互换次序使用，由于 PLC 采用扫描工作方式进行工作，故写在后面的指令具有优先权。在图 7-12 中，假如 I0.0 和 I0.1 同时为 1，则 Q0.0、Q0.1 处于复位状态而为 0。

c. 若对计数器和定时器复位，则当前值为 0。定时器和计数器的复位有其特殊性，详情参考计数器和定时器部分。

d. N 的常数范围为 1～255，N 也可为 VB、IB、QB、MB、SMB、SB、LB、AC、常数，*VD、*AC 和*LD，使用常数时最多。

e. S/R 指令的操作数为 I、Q、M、SM、T、C、V、S 和 L。

7. RS 触发器指令

RS 触发器指令在 Micro /WIN32V3.2 编程软件版本中才有。它有以下两条指令。

SR（Set Dominant Bistable）：置位优先触发器指令。当置位信号（S1）和复位信号（R）都为真时，输出为真。

RS（Reset Dominant Bistable）：复位优先触发器指令。当置位信号（S）和复位信号（R1）都为真时，输出为假。

RS 触发器指令的 LAD 形式如图 7-13 所示。图 7-13(a) 为 SR 指令，图 7-13(b) 为 RS 指令。bit 参数用于指定被置位或者被复位的 BOOL 参数。RS 触发器指令无 STL 形式，但可通过编程软件把 LAD 形式转换成 STL 形式，但很难读懂。故建议使用 RS 触发器指令最好使用 LAD 形式。

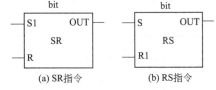

图 7-13　RS 触发器指令

RS 触发器指令的真值见表 7-7。

表 7-7　RS 触发器指令的真值表

指　　令	S1	R	输出（bit）
置位优先触发器指令（SR）	0	0	保持前一状态
	0	1	0
	1	0	1
	1	1	1
指　　令	S	R1	输出（bit）
复位优先触发器指令（RS）	0	0	保持前一状态
	0	1	0
	1	0	1
	1	1	0

RS 触发器指令的输入/输出操作数为 I、Q、V、M、SM、S、T、C。bit 的操作数为 I、Q、V、M 和 S。操作数的数据类型均为 BOOL 型。

图 7-14(a) 所示为指令的用法，图 7-14(b) 所示为在给定的输入信号波形下产生的输出波形。

8. 立即指令

立即指令可提高 PLC 对输入/输出的响应速度，不受 PLC 循环扫描工作方式的影响，可对输入/输出点进行快速直接存取。当用立即指令读取输入点的状态时，对 I 进行操作，相应的输入映像寄存器中的值并未更新；当用立即指令访问输出点时，对 Q 进行操作，新值同时写到 PLC 的物理输出点和相应的输出映像寄存器。

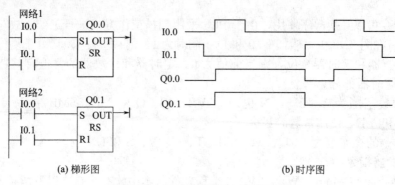

(a) 梯形图　　　　　　　　　　　　(b) 时序图

图 7-14　RS 触发器指令使用示例

立即指令的名称及说明见表 7-8。

表 7-8　立即指令的名称和使用说明

指 令 名 称	STL	LAD	使 用 说 明
立即取	LDI bit		
立即取反	LDNI bit		
立即或	OI bit	bit —| I |—	bit 只能为 I
立即或反	ONI bit	bit —| /I |—	
立即与	AI bit		
立即与反	ANI bit		
立即输出	=I bit	bit ——(I)	bit 只能为 Q
立即置位	SI bit, N	bit ——(SI)N	bit 只能为 Q
立即复位	RI bit, N	bit ——(RI) N	N 的范围:1~128 N 的操作数同 S/R 指令

图 7-15 所示为立即指令的用法。

一定要注意哪些地方使用了立即指令，哪些地方没有使用立即指令。要理解输出物理触点和相应的输出映像寄存器是不同的概念，要结合 PLC 工作原理来看时序图。图中，t 为执行到输出点处程序所用的时间，Q0.0、Q0.1、Q0.2 的输入逻辑是 I0.0 的普通常开触点。Q0.0 为普通输出，在程序执行到它时，它的映像寄存器的状态会随着本扫描周期采集到的 I0.0 状态的改变而改变，而它的物理触点要等到本扫描周期的输出刷新阶段才改变；Q0.1、Q0.2 为立即输出，在程序执行到它们时，它们的物理触点和输出映像寄存器同时改变；而对 Q0.3 来说，它的输入逻辑是 I0.0 的立即触点，所以在程序执行到它时，Q0.3 的映像寄存器的状态会随着 I0.0 即时状态的改变而立即改变，而它的物理触点要等到本扫描周期的输出刷新阶段才改变。

9. 边沿指令

边沿脉冲指令为 EU（Edge Up）、ED（Edge Down）。边沿脉冲指令的使用及说明见表 7-9。

表 7-9　边沿脉冲指令使用说明

指 令 名 称	LAD	STL	功　能	说　明
上升沿脉冲	—| P |—	EU	在上升沿产生脉冲	无操作数
下降沿脉冲	—| N |—	ED	在下降沿产生脉冲	

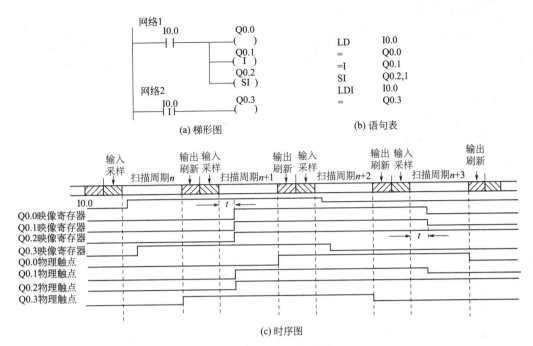

图 7-15 立即指令示例

边沿脉冲指令 EU/ED 用法如图 7-16 所示。

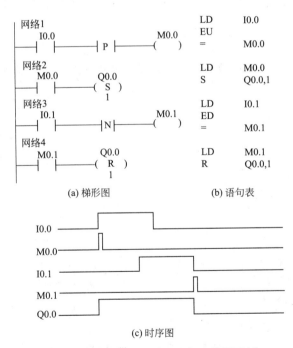

图 7-16 边沿脉冲指令 EU/ED 使用示例

EU 指令对其之前的逻辑运算结果的上升沿产生一个宽度为一个扫描周期的脉冲，如图中的 M0.0。ED 指令对逻辑运算结果的下降沿产生一个宽度为一个扫描周期的脉冲，如图中的 M0.1。脉冲指令常用于启动及关断条件的判定以及配合功能指令完成一些逻辑控制任务。这两指令不能直接连在左侧的母线上。

二、 定时器

定时器是 PLC 中一种使用最多的元件。熟练用好定时器对 PLC 编程十分重要。使用定时器先要预置定时值，执行时当定时器的输入条件满足时，当前值从 0 开始按一定的单位增加；达到设定值时，定时器发生动作，以满足各种不同定时控制的需要。

1. 定时器的种类

S7-200PLC 提供了三种类型的定时器：接通延时定时器（TON）、断开延时定时器（TOF）和有记忆接通延时定时器（TONR）。

2. 定时器的分辨率与定时时间

单位时间的时间增量称为定时器的分辨率。S7-200PLC 定时器有三个分辨率等级：1ms、10ms 和 100ms。

定时时间 T 的计算：$T=PT×S$。其中 T 为实际定时时间，PT 为设定值，S 为分辨率。

例如：TON 指令使用 T33 分辨率为 10ms 的定时器，设定值为 100，那么实际定时时间为

$$T=100×10\text{ms}=1000\text{ms}$$

定时器的设定值 PT，数据类型为 INT 型。操作数可为 VW、IW、QW、MW、SW、SMW、LW、AIW、T、C、AC、* VD、* AC、* LD 和常数，其中使用最多的数是常数。

3. 定时器的编号

定时器的编号用定时器的名称和常数（最大数为 255）来表示，即 T***，如 T37。

定时器的编号包含两方面的变量信息：定时器位和定时器当前值。

定时器位：与时间继电器的性质相似。当前值达到设定值 PT 时，定时器的触点动作。

定时器当前值：存储定时器当前所累计的时间，它用 16 位符号整数来表示，最大计数值为 32767。

定时器的分辨率和编号见表 7-10。

表 7-10 定时器分辨率和编号

定时器类型	分辨率/ms	最大当前值/s	定时器编号
TONR	1	32.767	T0，T64
	10	327.67	T1～T4，T65～T68
	100	3276.7	T5～T31，T69～T95
TON, TOF	1	32.767	T32，T96
	10	327.67	T33～T36，T97～T100
	100	3276.7	T37～T63，T101～T255

值得注意的是，在同一个 PLC 程序中不允许把同一个定时器号同时用作 TON 和 TOF。如在编程时，不能既有接通延时（TON）定时器 T96，又有断开延时（TOF）定时器 T96。

4. 定时器指令使用说明

三种定时器指令的 STL 格式如表 7-11 所列。

表 7-11 定时器指令的 STL

格 式	名 称		
	接通延时定时器	有记忆接通延时定时器	断开延时定时器
STL	TON T***, PT	TONR T***, PT	TOF T***, PT

（1）接通延时定时器 TON（On-Delay Timer） 接通延时定时器用于单一时间间隔的定

时，上电周期或首次扫描时，定时器位为 OFF，当前值为 0。当输入端有效，定时器位为 OFF，当前值从 0 开始计时；当前值达到设定值时，定时器位为 ON，当前值仍继续计数到 32767。输入端断开，定时器自动复位，即定时器位为 OFF，当前值为 0。

（2）记忆接通延时定时器 TONR（Tetentive On-Delay Timer）　具有记忆功能，用于对许多间隔的累计定时。上电周期或首次扫描时，定时器位为 OFF，当前值保持掉电前的值。当输入端有效时，当前值从上次的保持值继续计时；当前值达到设定值时，定时器位为 ON，当前值可继续计数到 32767。应注意，只能用复位指令 R 对其进行复位操作。TONR 复位后。定时器位为 OFF，当前值为 0。

（3）断开延时定时器 TOF（Off-Delay Timer）　断开延时定时器用于断电后的单一间隔时间计时，上电周期或首次扫描时，定时器位为 OFF，当前值为 0。当输入端有效时，定时器位为 ON，当前值为 0。当输入端由接通到断开时，定时器开始计时。当达到设定值时，定时器位为 OFF，当前值等于设定值，停止计时。输入端再次由 OFF→ON 时，TOF 复位，这时 TOF 的位为 ON，当前值为 0。如果输入端再从 ON→OFF，则 TOF 可实现再次启动。

5. 应用示例

图 7-17 所示为三种类型定时器的基本使用示例，其中 T33 为 TON、T1 为 TONR、T34 为 TOF。

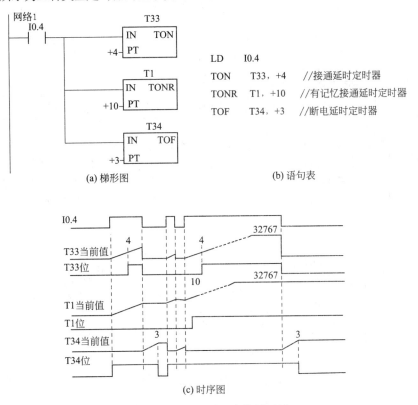

图 7-17　定时器基本使用示例

三、　计数器

计数器用来累计输入脉冲的个数，在实际中用来对产品进行计数或完成复杂的逻辑控制任务，计数器的使用和定时器基本相似，编程时输入计数设定值，计数器累计脉冲输入信号上升沿的个数。达到设定值后，计数器发生动作，以便完成计数控制任务。

1. 计数器的种类

S7-200 系列 PLC 的计数器有 3 种：增计数器 CTU、增减计数器 CTUD 和减计数器 CTD。

2. 计数器的编号

计数器的编号用计数器名称和数字（0～255）组成，即C***，如C5。

计数器的编号包含两方面的信息：计数器的位和计数器当前值。

计数器位：计数器位和继电器一样是一个开关量，表示计数器是否发生动作的状态。当前值达到设定值时，该位被置位为ON。

计数器当前值：一个存储单元，用来存储计数器当前所累计的脉冲个数，用16位符号整数来表示，最大为32767。

3. 计数器的输入端和操作数

设定值输入：数据类型为INT型。寻址范围：VW、IW、QW、MW、SW、SMW、LW、AIW、T、C、AC、*VD、*AC、*LD和常数，计数器的设定值使用常数最多。

4. 计数器指令使用说明

计数器指令的LAD和STL格式见表7-12。

表7-12　计数器的指令的格式

格式	名　称		
	增计数器	增减计数器	减计数器
LAD	CU CTU R PV	CU CTUD CD R PV	CD CTD LD PV
STL	CTU C***, PV	CTUD C***, PV	CTD C***, PV

（1）增计数器CTU（Count Up）　首次扫描时，计数器位为OFF，当前值为0。输入端CU的每个上升沿，计数器计数1次，当前值增加1个单位。达到设定值时，计数器位为ON，当前值继续计数到32767后停止计数。复位输入端有效或对计数器执行复位指令，计数器自动复位，即计数器位为OFF，当前值为0。图7-18所示为增计数器的用法。

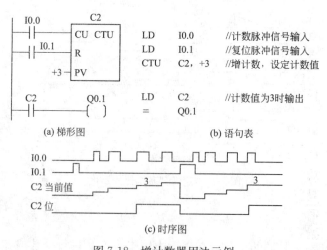

I0.0	C2		LD	I0.0	//计数脉冲信号输入

（实际梯形图及语句表）

LD　　I0.0　　//计数脉冲信号输入
LD　　I0.1　　//复位脉冲信号输入
CTU　C2, +3　//增计数，设定计数值

LD　　C2　　//计数值为3时输出
=　　　Q0.1

(a) 梯形图　　　　　　　　　(b) 语句表

(c) 时序图

图7-18　增计数器用法示例

注意：在语句表中，CU、R的编程顺序不能错误。

（2）增减计数器CTUD（Count Up/Down）　有两个数脉冲输入端：CU输入端用于递增计数，CD输入端用于递减计数。首次扫描时，计数器位为OFF，当前值为0。CU每个上升沿，计数器当前值增加 1 个单位；CD 输入上升沿，都使计数器当前值减小 1 个单位，达到设定值时，计数器位置位为 ON。

增减计数器当前值计数到 32767（最大值）后，下一个 CU 输入的上升沿使当前值跳变为最小值（−32767）；当前值达到最小值后，下一个 CD 输入的上升沿将使当前值跳变为最大值 32767。复位输入端有效或复位指令对计数器执行复位操作后，计数器自动复位，即计数器位为 OFF，当前值为 0。图 7-19 为增减计数器的用法。

提示：在语句表中，CU、CD、R 的顺序不能错误。

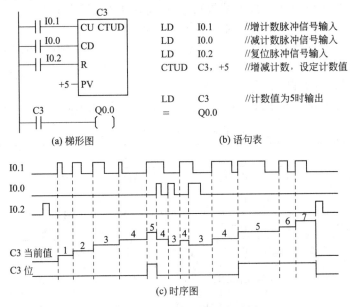

图 7-19 增减计数器用法示例

（3）减计数器 CTD（Count Down） 首次扫描时，计数器位为 ON，当前值为预设定值 PV。CD 每个上升沿计数器计数 1 次，当前值减小 1 个单位，当前值减小到 0 时，计数器位置为 ON，当复位输入端有效或对计数器执行复位指令，计数器自动复位，即计数器位为 OFF，当前值复位为设定值。图 7-20 所示为减计数器的用法。

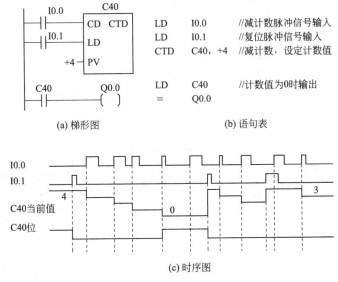

图 7-20 减计数器用法示例

注意： 减计数器的复位端是 LD，而不是 R。在语句表中，CD、LD 的顺序不能错误。

四、 比较指令

是将两个数值或字符按指定条件进行比较，条件成立时，触点就闭合，否则就断开。操作数可是整数也可是实数。故比较指令也是一种位指令，可以串并联使用。比较指令为上、下限控制以及为数值条件判断提供了方便。

1. 比较指令的分类

比较指令有字节比较 B（无符号整数）、整数比较 I（有符号整数）、双字整数比较 DW（有符号整数）、实数比较 R（有符号双字浮点数）和字符串比较。

数值比较指令的运算符有＝、＞＝、＜、＜＝、＞和＜＞6 种，而字行串比较指令只有＝和＜＞2 种。

比较指令的 LAD 和 STL 形式见表 7-13。

说明： 字符串比较指令在 PLC CPU1.21 和 Micro/WIN32V3.2 以上版本中才有。

表 7-13 比较指令的 LAD 和 SLT 形式

形　式	方　式				
	字节比较	整数比较	双字整数比较	实数比较	字符串比较
LAD（以＝为例）	IN1 ┤＝B├ IN2	IN1 ┤＝I├ IN2	IN1 ┤＝D├ IN2	IN1 ┤＝R├ IN2	IN1 ┤＝S├ IN2
STL	LDB＝IN1,IN2 AB＝IN1,IN2 OB＝IN1,IN2 LDB＜＞IN1,IN2 AB＜＞IN1,IN2 OB＜＞IN1,IN2 LDB＜IN1,IN2 AB＜ IN1,IN2 OB＜ IN1,IN2 LDB＜＝IN1,IN2 AB＜＝IN1,IN2 OB＜＝IN1,IN2 LDB＞IN1,IN2 AB＞ IN1,IN2 OB＞ IN1,IN2 LDB＞＝IN1,IN2 AB＞＝IN1,IN2 OB＞＝IN1,IN2	LDW＝IN1,IN2 AW＝IN1,IN2 OW＝IN1,IN2 LDW＜＞IN1,IN2 AW＜＞IN1,IN2 OW＜＞IN1,IN2 LDW＜IN1,IN2 AW＜ IN1,IN2 OW＜ IN1,IN2 LDW＜＝IN1,IN2 AW＜＝IN1,IN2 OW＜＝IN1,IN2 LDW＞IN1,IN2 AW＞ IN1,IN2 OW＞ IN1,IN2 LDW＞＝IN1,IN2 AW＞＝IN1,IN2 OW＞＝IN1,IN2	LDD＝IN1,IN2 AD＝IN1,IN2 OD＝IN1,IN2 LDD＜＞IN1,IN2 AD＜＞IN1,IN2 OD＜＞IN1,IN2 LDD＜IN1,IN2 AD＜ IN1,IN2 OD＜ IN1,IN2 LDD＜＝IN1,IN2 AD＜＝IN1,IN2 OD＜＝IN1,IN2 LDD＞IN1,IN2 AD＞ IN1,IN2 OD＞ IN1,IN2 LDD＞＝IN1,IN2 AD＞＝IN1,IN2 OD＞＝IN1,IN2	LDR＝IN1,IN2 AR＝IN1,IN2 OS＝IN1,IN2 LDR＜＞IN1,IN2 AR＜＞IN1,IN2 OR＜＞IN1,IN2 LDR＜IN1,IN2 AR＜ IN1,IN2 OR＜ IN1,IN2 LDR＜＝IN1,IN2 AR＜＝IN1,IN2 OR＜＝IN1,IN2 LDR＞IN1,IN2 AR＞ IN1,IN2 OR＞ IN1,IN2 LDR＞＝IN1,IN2 AR＞＝IN1,IN2 OR＞＝IN1,IN2	LDS＝IN1,IN2 AS＝IN1,IN2 OS＝IN1,IN2 LDS＜＞IN1,IN2 AS＜＞IN1,IN2 OS＜＞IN1,IN2
IN1 和 IN2 寻址范围	IV、QB、MB、SMB、VB、SB、LB、AC、*VD、*AC、*LD、常数	IW、QW、MW、SMW、VW、SW、LW、AC、*VD、*AC、*LD、常数	ID、QD、MD、SMD、VD、SD、LD、AC、*VD、*AC、*LD、常数	ID、QD、MD、SMD、VD、SD、LD、AC、*VD、*AC、*LD、常数	（字符）VB、LB、*VD、*LD、*AC

字节比较用于比较两个无符号字节型 8 位整数值 IN1 和 IN2 的大小，整数比较用于比较两个有符号的一个字长 16 位的整数值 IN1 和 IN2 的大小，范围为 16♯800～16♯7FFF。

双字整数比较用于比较两个有符号双字长整数值 IN1 和 IN2 的大小，范围为 16♯80000000～16♯7FFFFFFF。

实数比较用于比较两个有符号双字长实数值 IN1 和 IN2 的大小，负实数范围为 $-1.175495E-38～-3.402823E+38$，正实数范围为 $+1.175495E-38～+3.402823E+38$。

字符串比较用于比较两个字符串数据是否相同，长度应小于 254 个字符。

2. 比较指令的用法

如图 7-21 所示可以看出，计数器 C30 中的当前值大于 30 时，Q0.0 为 ON；VD1 中的实数小于 90.8 且 I0.0 为 ON 时，Q0.1 为 ON；VB1 中的值大于 VB2 的值或 I0.1 为 ON 时，Q0.2 为 ON。

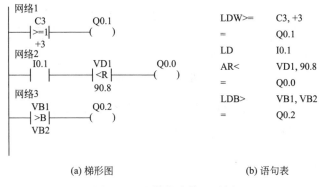

(a) 梯形图　　　　　　　　　　(b) 语句表

图 7-21　比较指令使用示例

第四节　西门子 S7-200PLC 指令简介及指令表

一、 数据处理指令

主要包括传送、移位、字节交换、循环移位和填充等指令。

1. 数据传送类指令

该类指令用来实现各存储单元之间进行数据的传送。可分为单个传送指令和块传送指令，一种又分为字节、字、双字、实数传送指令。

（1）单个传送（Move）

指令格式：LAD 和 STL 格式如图 7-22(a) 所示。指令中"？"处为 B、W、DW（LAD 中）、D（STL 中）或 R。

指令功能：使能 EN 输入有效时，将一个字节（字、双字或实数）数据由 IN 传送到 OUT 所指的存储单元。

数据类型：输入输出均为字节（字、双字或实数）。

（2）块传送（BlockMove）

指令格式：LAD 及 STL 格式如图 7-22（b）所示，指令中"？"处可为 B、W、DW（LAD 中）、D（STL 中）或 R。

指令功能：将从 IN 开始的 N 个字节（字或双字）型数据传送到从 OUT 开始的 N 个字节（字或双字）存储单元。

数据类型：N 和 OUT 端均为字节（字或双字），N 为字节。

（3）字节立即传送（MoveByteImmediate）　字节立即传送和指令中的立即指令一样。

① 字节立即读指令

指令格式：LAD 及 STL 格式如图 7-22(c) 所示。

指令功能：将字节物理区数据立即读出，并传送到 OUT 所指的字节存储单元。对 IN 信号立即响应不受扫描周期影响。

操作数：IN 端为 IB，OUT 端为字节。

② 字节立即写指令

指令格式：LAD 及 STL 格式如图 7-22(d) 所示。

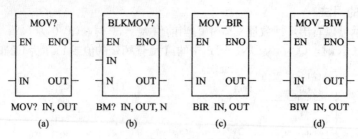

图 7-22　传送指令格式

指令描述：将 IN 单元的字节数据 OUT 所指字节存储单元的物理区及映像区，把计算出的 Q 结果立即输出到负载，不受扫描周期影响。

数据类型：IN 端为字节，OUT 端为 QB。

（4）传送指令应用示例

LD　　　　I0.0　　　　　//I0.0 有效时执行下面操作

MOVB　　VB10，VB20　　//字节 VB10 中的数据送到字节 VB20 中

MOVW　　VW210，VW220 //字 VW210 中的数据送到字 VW220 中

MOVD　　VD120，VD220 //双字 VD120 中的数据送到双字 VD220 中

BMB　　　VB230，VB130，4

//双节 VB230 开始的 4 个连续字节中的数据送到 VB130 开始的 4 个连续字节存储单元中

BMW　　　VW240，VW140，4

//字 VW240 开始的 4 个连续字中的数据送到字 VW140 开始的 4 个连续字存储单元中

BMD　　　VD250，VD150，4

//双字 VD250 开始的 4 个连续双字中的数据送到 VD150 开始的 4 个连续双字存储单元中

BIR　　　IB1，VB220

//I0.0 到 I0.7 的物理输入状态立即送到 VB220 中，不受扫描周期的影响

BIW　　　VB200，QB0

//VB200 中的数据立即从 Q0.0 到 Q0.7 端子输出，不受扫描周期的影响

2. 移位与循环指令

分为左移和右移、左循环和右循环。LAD 与 STL 指令格式中的缩写表示是略有不同的。

（1）移位指令（Shift）　有左移和右移两种，分为字节型、字型和双字型。移位数据存储单元的移出端与 SM1.1（溢出）相连，最后被移出的位被移至 SM1.1 位存储单元。移出位进入 SM1.1，另一端自动补 0。例如，右移时，移位数据的最右端的位移入 SM1.1，则左端补 0。SM1.1 存放最后一次被移出的位，移位次数与移位数据的长度有关，所需要移位次数大于移位数据的位数，超出次数无效。如字节左移时，若移位次数设定为 10，则指令实际执行结果只能移位 8 次，而超出的 2 次无效。若移位操作使数据变为 0，则零存储器标志位（SM1.0）自动置位。

提示：移位指令在使用 LAD 编程时，OUT 可以是和 IN 不同的存储单元，但在使用 STL 编程时，因为只写一个操作数，所以实际上 OUT 就是移位后的 IN。

① 右移指令

指令格式：LAD 及 STL 格式如图 7-23（a）所示。指令中"？"处可为 B、W、DW（LAD 中）或 D（STL 中）。

指令功能：将字节型（字型或双字型）输入数据 IN 右移 N 位后，再将结果输出到 OUT 所指的字节（字或双字）存储单元。

数据类型：IN 和 OUT 均为字节（字或双字），N 为字节型数据（可为 8、16、32）。

② 左移指令

指令格式：LAD 及 STL 格式如图 7-23(b) 所示。指令中"?"处可为 B、W、DW（LAD 中）或 D（STL 中）。

指令功能：将字节型（字型或双字型）输入数据 IN 左移 N 位后，将结果输出到 OUT 所指的字节（字或双字）存储单元。最大实际可移位次数为 8 位（16 位或 32 位）。

数据类型：输入输出均为字节（字或双字），N 为字节型数据。

③ 移位指令示例

LD	I0.0	//I0.0 有效时执行下面操作
MOVB	2#00110101，VB0	//将字节 2#00110101 送到 VB0
SLB	VB0，4	//字节左移指令，则 VB0 内容为 2#01010000
MOVW	16#3535，VW10	//将字 16#3535 送到 VW1011 中
SRW	VW10，3	//字左移指令，则 VW10 内容为 16#06A6

(2) 循环移位指令（Rotate）　有循环左移和循环右移，分为字节型、字型或双字型。循环数据存储单元的移出端与另一端相连，同时又与 SM1.1（溢出）相连，最后被移出的位移到另一端，同时移到 SM1.1 位。如循环右移时，移位数据的最右端位移入最左端，同时又进入 SM1.1。SM1.1 存放最后一次被移出的位。移位次数与移位数据的长度有关，移位次数设定值大于移位数据的位数，则在执行循环移位之前，系统先进入的设定值，取以数据长度为底的模，用小于数据长度的结果为实际循环移位的次数。

① 循环右移指令

指令格式：LAD 及 STL 格式如图 7-23(c) 所示。指令中"?"处可为 B、W、DW（LAD 中）或 D（STL 中）。

指令功能：将字节型（字型或双字型）输入数据 IN 循环右移 N 位后，再将结果输出到 OUT 所指的字节（字或双字）存储单元。实际移位次数为系统设定值取以 8（16 或 32）为底的模所得结果。

数据类型：IN、OUT 端均为字节（字或双字），N 为字节型数据。

② 循环左移指令

指令格式：LAD 及 STL 各式如图 7-23(d) 所示。指令中"?"处可为 B、W、DW（LAD 中）或 D（STL 中）。

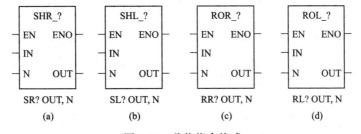

图 7-23　移位指令格式

指令功能：将字节型（字型或双字型）输入数据 IN 循环左移 N 位后，再将结果输出到 OUT 所指的字节（字或双字）存储单元。实际移位次数与循环右移相同。

数据类型：与循环右移指令相同。

③ 循环移位指令示例

LD	I0.0	//I0.0 有效时执行下面操作
MOVB	16#FE，VB100	//将 16#FE 送 VB100 中
RLB	VB100，1	//循环左移，则 VB100 中为 16#FD

3. 字节交换及填充指令

（1）字节交换指令（Swap Bytes）

指令格式：LAD 及 STL 格式如图 7-24（a）所示。

指令功能：将字型输入数据 IN 的高字节和低字节进行交换。

数据类型：输入为字。

（2）字节交换指令示例

LD	I0.0	//I0.0有效时执行下面操作
EU		//在 I0.0 的上升沿执行
MOVW	16♯C510，VW100	//将 16♯C510 送入 VW100
SWAP	VW100	//字节交换，则 VW100 中为 16♯10C5

（3）填充指令（Memory Fiu）

指令格式：LAD 及 STL 格式如图 7-24（b）所示。

指令功能：将字型输入数据 IN 填充到从输出 OUT 所指的单元开始的 N 个字存储单元。

数据类型：IN 和 OUT 为字型，N 为字节型，可取值范围为 1～255 的整数。

（4）填充指令示例

LD	SM0.1	//初始化操作
FILL	0，VW100，12	//填充指令，将 0 填充到
		从 VW100 开始的 12 个存储单元

图 7-24 字节交换及填充指令格式

二、 算术运算指令

算术运算指令由加、减、乘、除等组成，均是对有符号数进行操作，每类指令又包括整数、双整、实数的算术运算指令。数学函数指令由平方根、自然对数、指数、正弦、余弦和正切和增减指令等构成。

1. 加法指令（Add）

指令格式：LAD 及 STL 格式如图 7-25（a）所示。指令中"?"处可为 I、DI（LAD 中）、D（STL 中）或 R。

指令功能：LAD 中，IN1＋IN2＝OUT；STL 中，IN1＋OUT＝OUT。

数据类型：整数加法时，输入输出均为 INT；双整数加法时，输入输出均为 DINT；实数加法时，输入输出均为 REAL。

2. 减法指令（Subtract）

指令格式：LAD 及 STL 格式如图 7-25（b）所示。指令中"?"处可为 I、DI（LAD 中）、D（STL 中）或 R。

指令功能：LAD 中，IN1－IN2＝OUT；STL 中，OUT－IN1＝OUT。

数据类型：整数减法时，输入输出均为 INT；双整数减法时，输入输出均为 DINT；实数减法时，输入输出均为 REAL。

3. 乘法指令

（1）一般乘法指令（Multiply）

指令格式：LAD 及 STL 格式如图 7-25（c）所示。指令中"?"处可为 I、DI（LAD 中）、D（STL 中）或 R。

指令功能：LAD 中，IN1×IN2＝OUT；STL 中，IN1×

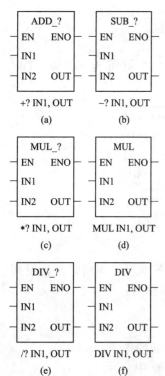

图 7-25 算术运算指令格式

OUT＝OUT。

数据类型：整数乘法时，输入输出均为 INT；双整数乘法时，输入输出均为 DINT；实数乘法时，输入输出均为 REAL。

（2）完全整数乘法（Multiply Integer to Double Integer） 将两个单字长（16 位）的符号整数 IN1 和 IN2 相乘，产生一个 32 位双整数结果 OUT。

指令格式：LAD 及 STL 格式如图 7-25(d) 所示。

指令功能：LAD 中，IN1×IN2＝OUT；STL 中，IN1×OUT＝OUT，32 位运算结果存储单元的低 16 位运算前用于存放被乘数。

数据类型：输入为 INT，输出为 DINT。

4. 除法指令

（1）一般除法指令（Divide）

指令格式：LAD 及 STL 格式如图 7-25(e) 所示。指令中"?"处可为 I、DI（LAD 中）、D（STL 中）或 R。

指令功能：LAD 中，IN1/IN2＝OUT；STL 中，OUT/IN1＝OUT。不保留余数。

数据类型：整数除法时，输入输出均为 INT；双整数除法时，输入输出均为 DINT；实数除法时，输入输出均为 REAL。

（2）完全整数除法（Divide Integer to Double Integer） 将两个 16 位的符号整数相除，产生一个 32 位结果，其中，低 16 位为商，高 16 位为余数。

指令格式：LAD 及 STL 格式如图 7-25(f) 所示。

指令功能：LAD 中，IN1/IN2＝OUT；STL 中，OUT/IN1＝OUT，32 位结果存储单元的低 16 位运算前用于存放被除数。除法运算结果，商放在 OUT 的低 16 位字中，余数放在 OUT 的高 16 位字中。

数据类型：输入为 INT，输出为 DINT。

图 7-26 所示为算术运算指令综合示例 1，图 7-27 所示为算术运算指令综合示例 2。

三、 逻辑运算指令

逻辑运算对无符号数进行处理，分为逻辑与、逻辑或、逻辑异或和取反等，每一种指令都包括字节、字、双字的逻辑运算。参与运算的操作数可以是字节、字或双字。但应注意输入和输出的数据类型应一致，如输入为字，则输出也为字。

1. 逻辑与运算指令（Logic And）

指令格式：LAD 及 STL 格式如图 7-28(a) 所示。指令中"?"处可为 B、W、DW（LAD 中）或 D（STL 中）。

指令功能：把两个一个字节（字或双字）长的输入逻辑数按位相与，得到一个字节（字或双字）的逻辑数并输出到 OUT。在 STL 中 OUT 和 IN2 使用同一个存储单元，可理解为和"1"与值不变，和"0"与值为 0。

2. 逻辑或运算指令（Logic Or）

指令格式：LAD 及 STL 格式如图 7-28(b) 所示。指令中"?"处可为 B、W、DW（LAD 中）或 D（STL 中）。

指令功能：把两个一个字节（字或双字）长的输入逻辑数按位相或，得到一个字节（字或双字）的逻辑数并输出到 OUT。在 STL 中 OUT 和 IN2 使用同一个存储单元，可理解为和"1"或值为"1"，和"0"或值不变。

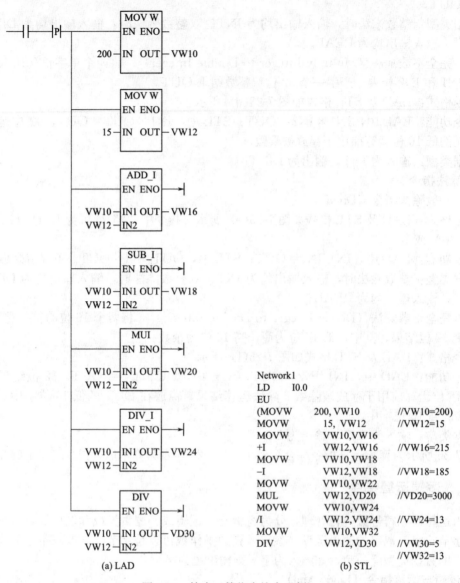

图 7-26 算术运算指令综合示例 1

3. 逻辑异或运算指令 (Logic Exclusive Or)

指令格式：LAD 及 STL 格式如图 7-28（c）所示。指令中"?"处可为 B、W、DW（LAD 中）或 D（STL 中）。

指令功能：把两个一个字节（字或双字）长的输入逻辑数按位相异或，得到一个字节（字或双字）的逻辑数并输出到 OUT。在 STL 中 OUT 和 IN2 使用同一个存储单元，可理解为和"0"异或值不变，和"1"异或值取反，也可这样说相同为"0"、相异为"1"。

4. 取反指令 (Logic Invert)

指令格式：LAD 及 STL 格式如图 7-28（d）所示。指令"?"中可为 B、W、DW（LAD 中）或 D（STL 中）。

指令功能：把两个一个字节（字或双字）长的输入逻辑数按位取反，得到一个字节（字或双字）的逻辑数并输出到 OUT。在 STL 中 OUT 和 IN 使用同一个存储单元。

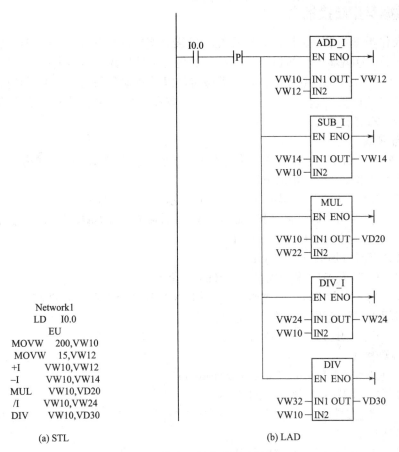

Network1
LD   I0.0
     EU
MOVW   200,VW10
 MOVW   15,VW12
+I   VW10,VW12
−I   VW10,VW14
MUL   VW10,VD20
/I   VW10,VW24
DIV   VW10,VD30

(a) STL

(b) LAD

图 7-27   算术运算指令综合示例 2

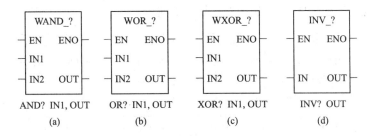

图 7-28   逻辑运算指令格式

5. 逻辑运算指令使用示例

LD   I0.0

EU   //I0.0 上升沿时执行下面操作

MOVB   ♯01010011，VB0   //2♯01010011 送 VB0

MOVB   2♯11110001，AC1   //2♯11110001 送 AC1

ANDB   VB0，AC1   //字节逻辑与，结果 2♯01010001 送 AC1

ORB   VB0，AC0   //字节逻辑或，结果 2♯01110111 送 AC0

XORB   VB0，AC2   //字节逻辑异或，结果 2♯10001001 送 AC2

MOVB   2♯01010011，VB1011   //将 2♯01010011 送 VB10

INVB   VB10   //字节逻辑取反，结果 2♯10101100 送 VB10

四、 数据类型转换指令

PLC 对操作类型要求是不同的，这样在使用某些指令时要进行相应类型的转换，以此来满足指令的要求，这就需要转换指令。转换指令是指对操作数的类型进行转换，并送到 OUT 的目标地址，包括数据的类型转换、码的类型转换以及数据和码之间的类型转换。

PLC 的主要数据类型包括字节、整数、双整数和实数。主要的码制有 BCD 码、ASCII 码、十进制和十六进制数等。

1. 字节与整数

当 EN 有效时，将 IN 的数据类型转换为相应的数据类型并有 OUT 输出。

（1）字节到整数（Byte toInteger）

指令格式：LAD 及 STL 格式如图 7-29(a) 所示。

指令功能：当 EN 有效时，将字节型输入数据 IN 转换成整数类型，并将结果送到 OUT 输出。

数据类型：IN 为字节，OUT 为 INT。

（2）整数到字节（Integer to Byte）

指令格式：LAD 及 STL 格式如图 7-29(b) 所示。

指令功能：当 EN 有效时，将整数输入数据 IN 转换成字节类型，并将结果送到 OUT 输出。输入数据超出字节范围（0～255）时产生溢出。

数据类型：IN 为 INT，OUT 为字节。

2. 整数与双整数

（1）双整数到整数（Double Integer to Integer）

指令格式：LAD 及 STL 格式如图 7-29(c) 所示。

指令功能：将双整数输入数据 IN 转换成整数类型，并将结果送到 OUT 输出。输出数据超出整数范围则产生溢出。

数据类型：IN 为 DINT，OUT 为 INT。

（2）整数到双整数（Imteger to Double Integer）

指令格式：LAD 及 STL 格式如图 7-29(d) 所示。

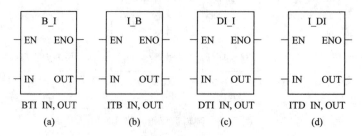

图 7-29　数据类型转换指令格式（一）

指令功能：将整数输入数据 IN 转换成双整数类型（符号进行扩展），并将结果送到 OUT 输出。

数据类型：IN 为 INT，OUT 为 DINT。

3. 双整数与实数

（1）实数到双整数（Real to Double Integer）　实数转换为双整数，其指令有两条：ROUND 和 TRUNC。

指令格式：LAD 及 STL 格式如图 7-30(a) 和图 7-30(b) 所示。

指令功能：将实数型输入数据 IN 转换成双整数类型，并将结果送到 OUT 输出。两条指令的区别是：前者小数部分四舍五入，如 9.9cm 执行 ROUND 后为 10cm；后者小数部分只舍不入，如 9.9cm 执行 TRUNC 后为 9cm。因此两者指令的精度不同。

数据类型：IN 为 REAL，OUT 为 DINT。

（2）双整数到实数（Double Integer to Real）

指令格式：LAD 及 STL 格式如图 7-30(c) 所示。

指令功能：将双整数输入数据 IN 转换成实数，并将结果送到 OUT 输出。

数据类型：IN 为 DINT，OUT 为 REAL。

（3）整数到实数（Integer to Real）　　没有直接的整数到实数转换指令。转换时，先使用 I-DI（整数到双整数）指令，然后再使用 DTR（双整数到实数）指令即可。

4. 段码指令（Segment）

指令格式：LAD 及 STL 格式如图 7-31 所示。

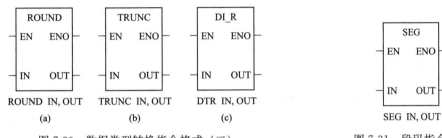

图 7-30　数据类型转换指令格式（二）　　　　图 7-31　段码指令格式

指令功能：将字节型输入数据 IN 的低 4 位有效数字产生相应的七段码，并将其输出到 OUT 所指定的字节单元。七段码编码见表 7-14。为"1"时发光，为"0"时灭。

表 7-14　七段码编码表

段　显　示	-gfedcba	段　显　示	-gfedcba
0	00111111	8	01111111
1	00000110	9	01100111
2	01011011	a	01110111
3	01001111	b	01111100
4	01100110	c	00111001
5	01101101	d	01011110
6	01111101	e	01111001
7	00000111	f	01110001

数据类型：输入输出均为字节。

5. 执行程序

```
MOVB    06，VB0    //将 06 送 VB0 中
SEG     VB0，QB0   //段码指令 QB0=01111101
```

若设 VB10=05，则执行上述指令后，在 Q0.0～Q0.7 上可以输出 01101101。

五、S7-200PLC［CPU（V1.21）］指令系统表

S7-200PLC［CPU（V1.21）］指令系统速查表见表 7-15。

表 7-15　S7-200PLC〔CPU（V1.21）〕指令系统速查表

布 尔 指 令		NOT	堆 栈 取 反
LD　bit	取	EU	上升沿脉冲
LDI　bit	立即取	ED	下降沿脉冲
LDN　bit	取反	＝　bit	输出
LDNI　bit	立即取反	＝I　bit	立即输出
A　bit	与	S　bit，N	置位一个区域
AI　bit	立即与	R　bit，N	复位一个区域
AN　bit	与反	SI　bit，N	立即置位一个区域
ANI　bit	立即与反	RI　bit，N	立即复位一个区域
O　bit	或	（无 STL 指令形式）	置位优先触发器指令（SR）
OI　bit	立即或	（无 STL 指令形式）	复位优先触发器指令（RS）
ON　bit	或反	实时时钟指令	
ONU　bit	立即或反		
LDBx IN1，IN2	装载字节比较的结果 IN1（x：<、<、=、=、>=、>、<>）IN2	TODR　T	读实时时钟
		TODW　T	写实时时钟
		字符串指令	
ABx IN1，IN2	与字节比较的结果 IN1（x：<、<、=、=、>=、>、<>）IN2	SLEN IN，OUT	字符串长度
		SCAT IN，OUT	连接字符串
		SCPY IN，OUT	复制字符串
OBx IN1，IN2	或字节比较的结果 IN1（x：<、<、=、=、>=、>、<>）IN2	SSCPY IN，INDX N，OUT	复制子字符串
		CFND IN1，IN2 OUT	在字符串中查找第一个字符
LDWx IN1，IN2	装载字节比较的结果 IN1（x：<、<、=、=、>=、>、<>）IN2	SFND IN1，IN2 OUT	在字符串中查找字符串
		数学、增减指令	
AWx IN1，IN2	与字节比较的结果 IN1（x：<、<、=、=、>=、>、<>）IN2	＋I　IN1，OUT	整数加法：IN1＋OUT＝OUT
		＋D　IN1，OUT	双整数加法：IN1＋OUT＝OUT
OWx IN1，IN2	或字节比较的结果 IN1（x：<、<、=、=、>=、>、<>）IN2	＋R　IN1，OUT	实数加法：IN1＋OUT＝OUT
		−I　IN1，OUT	整数减法：IN1−OUT＝OUT
LDDx IN1，IN2	装载字双节比较的结果 IN1（x：<、<、=、=、>=、>、<>）IN2	−D　IN1，OUT	双整数减法：IN1−OUT＝OUT
		−R　IN1，OUT	实数减法：IN1−OUT＝OUT
ADx IN1，IN2	与双字节比较的结果 IN1（x：<、<、=、=、>=、>、<>）IN2	MUL　IN1，OUT	完全整数乘法：IN1×OUT＝OUT
		＊I　IN1，OUT	整数乘法：IN1×OUT＝OUT
ODx IN1，IN2	或双字节比较的结果 IN1（x：<、<、=、=、>=、>、<>）IN2	＊D　IN1，OUT	双整数乘法：IN1×OUT＝OUT
		＊R　IN1，OUT	实数乘法：IN1×OUT＝OUT
LDRx IN1，IN2	装载实数比较的结果 IN1（x：<、<、=、=、>=、>、<>）IN2	DIV　IN1，OUT	完全整数除法：IN1÷OUT＝OUT
ARx IN1，IN2	与实数比较的结果 IN1（x：<、<、=、=、>=、>、<>）IN2	/I　IN1，OUT	整数除法：IN1÷OUT＝OUT
ORx IN1，IN2	或实数比较的结果 IN1（x：<、<、=、=、>=、>、<>）IN2	/D　IN1，OUT	双整数除法：IN1÷OUT＝OUT
		/R　IN1，OUT	实数除法：IN1÷OUT＝OUT
LDSx IN1，IN2	装载字符串比较的结果 IN1（x：<、<、=、=、>=、>、<>）IN2	SQRT IN，OUT	平方根
ASx IN1，IN2	与字符串比较的结果 IN1（x：<、<、=、=、>=、>、<>）IN2	LN　IN，OUT	自然对数
		EXP　IN，OUT	自然指数
OSx IN1，IN2	或字符串比较的结果 IN1（x：<、<、=、=、>=、>、<>）IN2	SIN　IN，OUT	正弦
		COS　IN，OUT	余弦
		TAN　IN，OUT	正切

续表

布 尔 指 令		NOT	堆 栈 取 反
INCB OUT	字节增1	RRB OUT, N	字节循环右移
INCW OUT	字增1	RRW OUT, N	字循环右移
INCD OUT	双字增1	RRD OUT, N	双字循环右移
DECB OUT	字节减1	RLB OUT, N	字节循环左移
DECW OUT	字减1	RLW OUT, N	字循环左移
DECD OUT	双字减1	RLD OUT, N	双字循环左移
PID TBL, LOOP	PID回路	FILL IN, OUT, N	用指定的元素填充存储器空间
定时器和计数器指令		逻辑操作	
TON Txxx, PT	接通延时定时器	ALD	与一个组合
TOF Txxx, PT	关断延时定时器	OLD	或一个组合
TONR Txxx, PT	带记忆的接能延时定时器		
CTU Cxxx, PV	增计数	LPS	逻辑堆栈（堆栈控制）
CTD Cxxx, PV	减计数	LRD	读逻辑栈（堆栈控制）
CTUD Cxxx, PV	增/减计数	LPP	逻辑出栈（堆栈控制）
		LDS	装入堆栈（堆栈控制）
程序控制指令		AENO	对ENO进行与操作
END	程序的条件结束	ANDB IN1, OUT	字节逻辑与
STOP	切换到STOP模式	ANDW IN1, OUT	字逻辑与
WDR	看门狗复位（300ms）	ANDD IN1, OUT	双字逻辑与
JMP N	跳到定义的标号	ORB IN1, OUT	字节逻辑或
LBL N	定义一个跳转的标号	ORW IN1, OUT	字逻辑或
		ORD IN1, OUT	双字逻辑或
CALL N [N1, …]	调用子程序［N1……可以用16个可选参数］	XORB IN1, OUT	字节逻辑异或
CRET	从子程序条件返回	XORW IN1, OUT	字逻辑异或
		XORD IN1, OUT	双字逻辑异或
FOR INDX, INIT, FINAL	For/Next循环	INVB OUT	字节取反
NEXT		INVW OUT	字取反
		INVD OUT	双字取反
LSCR S-bit	顺控继电器段的启动	表指令	
SCRT S-bit	状态转移		
CSCRE	顺控继电器段条件结束	ATT DATA, TBL	把数据加入到表中
SCRE	顺控继电器段结束		
传送、移位、循环和填充指令		LIFO TBL, DATA	从表中取数据（后进先出）
MOVB IN, OUT	字节传送	FIFO TBL, DATA	从表中取数据（先进先出）
MOVW IN, OUT	字传送	FND= TBL, PATRN, INDX	根据比较条件在表中查找数据
MOVD IN, OUT	双字传送	FND<> TBL, PATRN, INDX	
MOVR IN, OUT	实数传送	FND< TBL, PATRN, INDX	
BIR IN, OUT	字节立即读	FND> TBL, PATRN, INDX	
BIW IN, OUT	字节立即写		
BMB IN, OUT, N	字节块传送	转换指令	
BMW IN, OUT, N	字块传送		
BMD IN, OUT, N	双字块传送	BCDI OUT	BCD码转换成整数
		IBCD OUT	整数转换成BCD码
SWAP IN	交换字节	BTI IN, OUT	字节转换成整数
SHRB DATA, S-bit, N	寄存器移位	ITB IN, OUT	整数转换成字节

续表

布 尔 指 令		NOT	堆 栈 取 反
SRB　OUT，N	字节右移	ITD IN，OUT	整数转换成双整数
SRW　OUT，N	字右移	DTI IN，OUT	双整数转换成整数
SRD　OUT，N	双字右移	DTR IN，OUT	双字转换成实数
SLB　OUT，N	字节左移	TRUNC IN，OUT	实数转换成双字（舍去
SLW　OUT，N	字左移		小数）
SLD　OUT，N	双字左移		
ROUNDIN，OUT	实数转换成双整数（保留小数）	中断	
ATH IN，OUT，LEN	ASCII 码转换成十六进制格式	CRETI	
HTA IN，OUT，LEN	十六进制格式转换成 ASCII 码	ENI DISI	
ITA IN，OUT，FMT	整数转换成 ASCII 码	ATCH INT，EVNT	
DTA IN，OUT，FMT	双整数转换成 ASCII 码	DTCH EVNT	
RTA IN，OUT，RMT	实数转换成 ASCII 码	通信	
ITS IN，FMT，OUT	整数转换为字符串	XMT　TBL，PORT	
DTS IN，FMT，OUT	双整数转换为字符串	RCV　TBL，PORT	
RTS IN，FMT，OUT	实数转换为字符串		
STI IN，INDX，OUT	字符串转换为整数	NETR　TBL，PORT	
STD IN，INDX，OUT	字符串转换为双整数	ENTW　TBL，PORT	
STR IN，INDX，OUT	字符串转换为实数	GPA　ADDR，PORT	
		STA　ADDR，PORT	
DECO　IN，OUT	解码	高速指令	
ENCO　IN，OUT	编码	HDEF HSC，MODE	
		HSC　N	
SEG	产生 7 段码显示器格式	PLS　Q	

六、 CPU224 外围典型接线图

　　了解 PLC 的外围接线图非常重要，它可以让初学者知道 PLC 和外界是如何联系的。这里我们选取的是 CPU224 的外围接线图，其他 CPU 的接线图可参考 S7-200 系统手册。CPU224 外围典型接线图如图 7-32 所示。

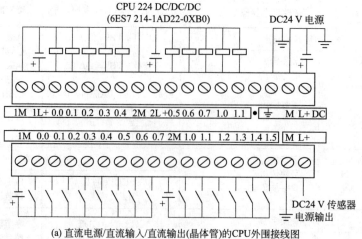

(a) 直流电源/直流输入/直流输出(晶体管)的CPU外围接线图

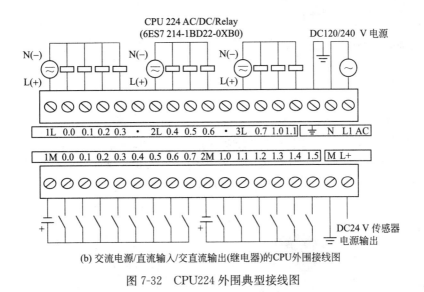

(b) 交流电源/直流输入/交直流输出(继电器)的CPU外围接线图

图 7-32   CPU224 外围典型接线图

第五节   用 PLC 改造继电器控制线路

一、 模拟继电器控制系统的编程方法

在电气控制电路图中，根据流过电流的大小可分为主电路和控制电路。用 PLC 替代继电器控制系统就是替代电气控制电路图中的控制电路部分，而主电路部分基本保持不变。对于控制电路，又可分成 3 个组成部分：输入部分、逻辑部分、输出部分。输入部分由电路中全部输入信号构成，这些输入信号来自被控对象上的各种开关信息，如控制按钮、操作开关、限位开关、光敏管信号、各种传感器等。输出部分由电路中全部输出元件构成，如接触器线圈、电磁阀线圈及信号灯等。逻辑部分由各种主令电器、继电器、接触器等电器的触点及导线组成。各电器触点之间以固定的方式接线，其控制逻辑就编制在硬接线中，这种固化的逻辑关系不能灵活变更。

在 PLC 基本组成中也大致可分为 3 部分：输入部分、逻辑部分、输出部分，这与继电器控制系统很相似。PLC 系统的输入部分、输出部分与继电器控制系统所用的电器大致相同，所不同的是 PLC 中输入、输出部分有多个子输入、输出单元，增加了光耦合、电平转换、功率放大等功能。PLC 的逻辑部分是由微处理器、存储器组成的，由计算机软件替代继电器控制电路，实现"软接线"，可以灵活编程。尽管 PLC 与继电器控制系统的逻辑部分组成元件不同，但在控制系统中所起的逻辑控制条件作用是一致的。因而可以把 PLC 内部看作许多"软继电器"，如输入继电器、输出继电器、中间继电器、时间继电器等。这样就可以模拟继电器控制系统的编程方法，仍然按照设计继电器控制电路的形式来编制程序，这就是梯形图编程方法。使用梯形图编程时，完全可以不考虑微处理器内部的复杂结构，也不必使用计算机语言。因此，梯形图与继电器控制电路图相呼应，使用起来极为方便。由于 PLC 的输入、输出部分与继电器控制系统大致相同，因而在安装、使用时也完全可按常规的继电器控制设备那样进行。

二、 梯形图仿真继电器控制电路

图 7-34 所示是一个电动机启、停控制的梯形图，它与继电器控制电路图 7-33 有着相呼应之处：电路结构形式大致相同，控制功能相同。

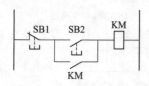

图 7-33 电动机启、停控制电路

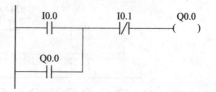

图 7-34 电动机启、停控制梯形图

图 7-35 所示为 S7-200 所接输入输出设备图形与 S7-200 梯形图关系的简单图形。在该图中，启动电动机的开关状态与其他输入的状态相结合。因此，这些状态决定启动电动机的装置的输出状态。

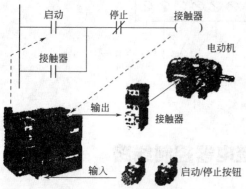

图 7-35　S7-200 所接输入输出设备
图形与 S7-200 梯形图关系

梯形图是 PLC 模拟继电器控制系统的编程方法。

它由触点、线圈或功能方框等构成，梯形图左、右的垂直线称为左、右母线（SIMATIC S7 系列 PLC 的右母线通常省略不画出）。画梯形图时，从左母线开始，经过触点和线圈（或功能方框），终止于右母线。在梯形图中，可以把左母线看作是提供能量的母线。触点闭合可以使能量流过，直到下一个元件；触点断开将阻止能量流过这种能量流，通常称为"能流"。实际上，梯形图是 CPU 仿真继电器控制电路图，使来自"电源"的"电流"通过一系列的逻辑控制条件，根据运算结果决定逻辑输出的模拟过程。梯形图中的基本编程元素有触点、线圈和方框。

触点：代表逻辑控制条件。触点闭合时表示能量可以流过。触点分常开触点和常闭触点两种形式。

线圈：通常代表逻辑"输出"的结果。能量流到，则该线圈被激励。

方框：代表某种特定功能的指令。能量流通过方框时，则执行方框所代表的功能。方框所代表的功能有多种，如定时器、计数器、数据运算等。

梯形图中，每个元素（线圈或方框）可以构成一个梯级。每个梯形图网络由一个或多个梯级组成。

梯形图与继电器控制电路图相呼应，但绝不是一一对应的。由于 PLC 的结构工作原理与继电器控制系统截然不同，因而梯形图与继电器控制电路图两者之间又存在着许多差异。

a. PLC 采用梯形图编程是模拟继电器控制系统的表示方法，因而梯形图内各种元件也沿用了继电器的叫法，称为"软继电器"。梯形图中的软继电器不是物理继电器，每个软继电器作为存储器中的 1 位。相应位为"1"态，表示该继电器线圈"通电"；相反，相应位为"0"态，表示该继电器线圈"断电"，故称为"软继电器"。用软继电器就可以按继电器控制系统的形式来设计梯形图。

b. 梯形图中流过的"电流"不是物理电流，而是"能流"。它只能从左到右、自上而下流动，不允许倒流。能流到，线圈则接通。能流是用户程序运算中满足输出执行条件的形象表示方式。能流流向的规定顺应了 PLC 的扫描是从左向右、从上而下顺序地进行的，而继电器控制系统中的电流是不受方向限制的，导线连接到哪里，电流就可流到哪里。

c. 梯形图中的常开、常闭触点不是现场物理开关的触点。它们对应输入、输出映像寄存器或数据寄存器中的相应位的状态，而不是现场物理开关的触点状态。在 PLC 中认为常开触点是取位状态操作，常闭触点应理解为位取反操作。因此在梯形图中同一元件的一对常开、常闭触点的切换没有时间的延迟，常开、常闭触点只是互为相反状态。而继电器控制系统大多数的电器是属于先断后合型的电器。

图 7-36 所示为按钮与接触器控制 Y-△降压启动控制线路。该线路使用了 3 个接触器、1个热继电器和 3 个按钮。接触器 KM 作引入电源用；接触器 KM_Y 和接触器 $KM_\triangle$ 分别作星形启动用和三角形运行用；SB1 是启动按钮；SB2 是 Y-△转换按钮；SB3 是停车按钮。图 7-36（b）为按钮与接触器控制 Y-△降压启动控制转换的梯形图。图中网络 2、网络 3 中的 Q0.0 常开是根据图 7-36（a）中 KM_Y 和 $KM_\triangle$ 受 KM 控制而得来的。

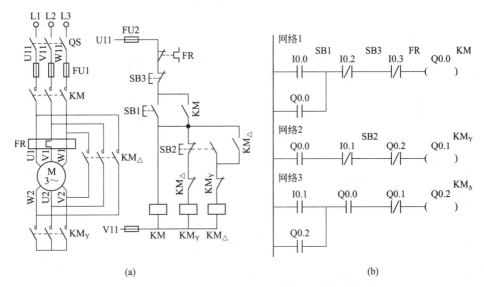

(a)   (b)

图 7-36   按钮与接触器控制 Y-△降压启动控制线路

三、 Z3050 型摇臂钻床的 PLC 改造

1. 控制要求

主轴电动机随时都可以启停，并保持。启动按钮是 SB2，停止按钮是 SB1，接触器是KM1，热继电器是 FR1。摇臂的升降控制：SB3 是摇臂上升按钮，SB4 是下降按钮，SQ1U是上升终端限位开关，SQ1D 是下降终端限位开关，KM2 是上升接触器，KM3 是下降接触器。假设想使摇臂上升，就要按 SB3 按钮，这时如果摇臂是处在抱住立柱的位置，那么 SQ2限位开关的常开触点是断开的，常闭触点就是闭合的，这样控制液压泵放松的接触器 KM4与电磁铁 YA 就先得电，使摇臂与立柱松开，当放松到位时，SQ2 动作，常开触点闭合，常闭触点断开，这样摇臂就可以上升了。下降也是同样的动作过程。当上升结束时，松开 SB3按钮，KT、KM2、KM3、KM4 全部失电，经过 KT 延时闭合的常闭触点的延时后，液压泵夹紧方向的接触器 KM5 得电吸合。同时 YA 继续得电吸合直到夹紧到位，SQ3 限位开关动作，KM5 与 YA 全部失电。立柱与主轴箱的夹紧与放松：SB5 是立柱放松按钮，SB6 是立柱夹紧按钮。

2. 程序设计

a. 根据控制要求，首先要确定 I/O 个数，进行 I/O 分配。机床改造的基本思想是遵循原有工作原理，只改造控制部分，动力线路不变，辅助的照明灯、指示灯不变。Z3050 型摇臂钻床的电气原理图如图 7-37 所示，PLC 对外接线 I/O 分配图如图 7-38 所示。

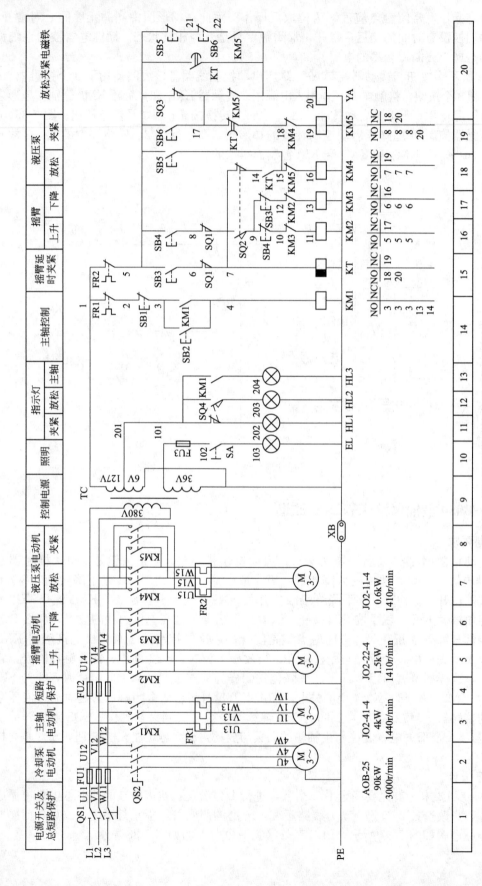

图 7-37 Z3050 型摇臂钻床的电气原理图

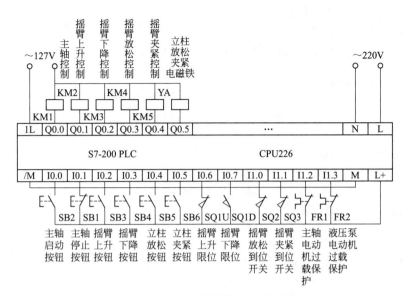

图 7-38　PLC 对外接线 I/O 分配图

b. 控制系统梯形图程序如图 7-39 所示。

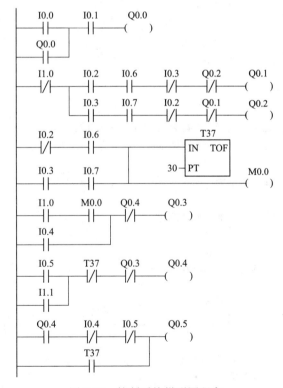

图 7-39　控制系统梯形图程序

c. 程序的语句表及注释如下：

主程序　　　　　　程序注释

```
Network 1

LD      I0.0      //主轴启动

O       Q0.0
```

```
    A        I0.1       //主轴停止
    A        I1.2       //主轴电动机过载保护
    =        Q0.0       //主轴电动机接触器线圈
Network 2
    LD       I1.3       //液压泵电动机过载保护
    LPS
    AN       I1.0       //摇臂放松到位此点闭合摇臂才可上升或下降
    LPS
    A        I0.2       //摇臂上升控制按钮
    A        I0.6       //摇臂上升到位此点断开
    AN       I0.3       //如按摇臂下降按钮上升就会停止
    AN       Q0.2       //如摇臂正在下降就不会有上升
    =        Q0.1       //摇臂电动机上升接触器线圈
    LPP
    A        I0.3       //摇臂下降控制按钮
    AN       I0.7       //摇臂下降到位此点断开
    AN       I0.2       //如按摇臂上升按钮下降就会停止
    AN       Q0.1       //如摇臂正在上升就不会有下降
    =        Q0.2       //摇臂电动机下降接触器线圈
    LRD
    LD       I0.2
    A        I0.6
    LD       I0.3
    AN       I0.7
    OLD
    ALD
    TOF      T37, 30    //无论上升或下降都要使断电延时继电器得电
    =        M0.0       //无论摇臂上升或下降都应使摇臂先放松
    LRD
    LD       I1.0       //摇臂放松到位此点断开
    A        M0.0
    O        I0.4       //立柱和主轴箱松开按钮
    ALD
    AN       Q0.4       //夹紧与松开的互锁
    =        Q0.3       //立柱和主轴箱松开接触器线圈
    LRD
    LD       I0.5       //立柱和主轴箱夹紧按钮
    O        I1.1       //摇臂夹紧到位此点断开
    ALD
    AN       T37        //摇臂上升或下降后要延时一段时间再夹紧
    AN       Q0.3       //松开与夹紧的互锁
    =        Q0.4       //立柱和主轴箱夹紧接触器线圈
    LPP
    LD       Q0.4       //在摇臂夹紧过程中电磁铁也随之动作
    AN       I0.4
    AN       I0.5
    O        T37
    LD       I0.5
```

```
   O      I1.1
AN        Q0.4
   OLD
   ALD
   =      Q0.5          //与摇臂升降同时动作的电磁铁的控制线圈
```

四、 T68 型镗床的 PLC 改造

1. 控制要求

主轴可以正反转，并分高低速运行，还可以实现反接制动。反接制动是靠速度继电器配合反向接触器来共同完成的，主轴正向启动时，按 SB2 按钮，然后 KM3 闭合，之后 KM1 闭合，再之后 KM4 闭合，主轴电动机此时以正转低速运行。要变高速时，只要扳动主轴变速手柄，将此手柄置于高速位置，这时限位开关 SQ7 被压，它接通了通电延时继电器 KT，经过延时后，KM4 断开，KM5 闭合，主轴电动机就变为高速了。无论何时主轴变高速，都要先经低速后再到高速，制动时，只要按 SB1 停止按钮，速度继电器 KS 的常开触点 KS 就会配合反向接触器 KM2，把速度立刻降下来，如果先启动了反向，整个过程与正向相同，只是起制动作用的是 KM1 了。

如果在主轴工作过程中需变速，这时不用按停止按钮 SB1。只要将主轴变速操作盘的操作手柄拉出，使行程开关 SQ3 不再受压，SQ5 也不再受压，使 KM3、KT 线圈断电释放，KM1（或 KM2）也随之断电，之后反接制动回路又能使 KM2（或 KM1）、KM4 线圈立即通电吸合。电动机 M1 在低速状态下串电阻反接制动，当制动结束后，便可转动变速操纵盘进行变速。变速后，将手柄推回原位，使 SQ3、SQ5 的触点恢复原来状态，使 KM3、KM1（或 KM2）、KM4 的线圈相继通电吸合。电动机按原来的转向启动，而以新选定的转速运转。变速时，若手柄出现卡住问题，这时 SQ5 配合 KS 的常闭触点，周期性地使 KM1、KM4 线圈相继通电吸合，直至齿轮啮合后，卡住问题消失，方可推回操纵手柄，变速冲动才算结束。

如果主轴在进给过程中希望变速，这时只要拉开进给变速操作手柄即可，不过这时与之相关联的行程开关是 SQ4 与 SQ6。动作过程与主轴转动是相同的。切记，这两个变速过程是靠两个操作手柄来完成的，各负其责。如果这两个操作手柄同时被扳动，那么这时与之相对应的 SQ1 与 SQ2 就都断开了，控制电路全部断电，换句话说，这两个手柄不能同时动作。

快速进给电动机 M2 的控制需用到快速进给操作手柄。将快速进给操作手柄向里推，压合行程开关 SQ9，使 KM6 线圈通电吸合，M2 正向启动。松开手柄，快速进给停止。SQ9 复位，使 KM6 失电，反之，向外拉手柄时压合 SQ8，使 KM7 线圈吸合，电动机反向启动。

总之，镗床上共有 2 台电动机，分别为 M1 和 M2。M1 负责主轴的旋转和进给，M2 是快速进给电动机。有 3 个操作手柄，分别是主轴变速操作手柄、主轴进给变速操作手柄和快速进给操作手柄，有 2 个与 M1 有关，1 个与 M2 有关。有 9 个行程开关，SQ1 与 SQ2 负责两个变速手柄的联锁，不可同时动作。SQ3、SQ4、SQ5、SQ6 都与变速手柄有关，SQ7 与主轴变高速时有关。SQ8、SQ9 负责快速进给的两个方向。有 7 个接触器，其中 KM1—主轴正转；KM2—主轴反转；KM3—启动时闭合，制动时断开用来串电阻；KM4—主轴低速；KM5—主轴高速，KM6—快速正向进给；KM7—快速反向进给；KT—时间继电器，低向高转换延时。T68 型镗床电气控制系统原理图如图 7-40 所示，其结构示意图如图 7-41 所示。

2. 程序设计

a. PLC 改造 T68 型镗床电气控制系统接线图如图 7-42 所示。

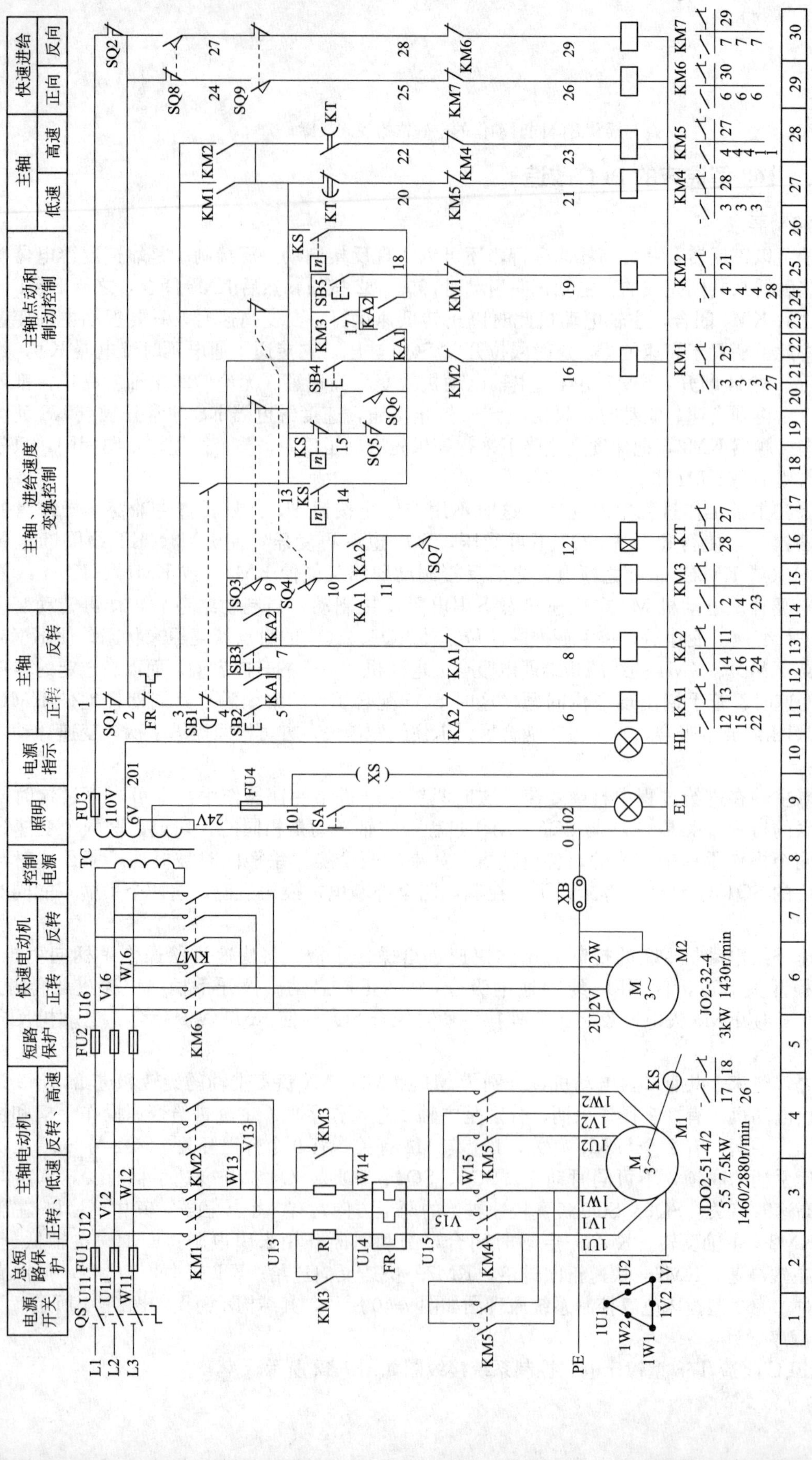

电源开关	总短路保护	主轴电动机			短路保护	快速电动机		控制电源	照明	电源指示	主轴		主轴、进给速度变换控制	主轴点动和制动控制	主轴		快速进给	
		正转、低速	反转、高速			正转	反转				正转	反转			低速	高速	正向	反向

图 7-40　T68 型镗床电气控制系统原理图

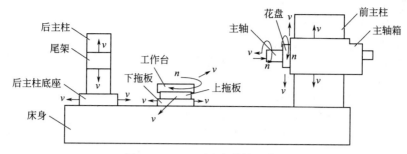

图 7-41　T68 型镗床结构示意图

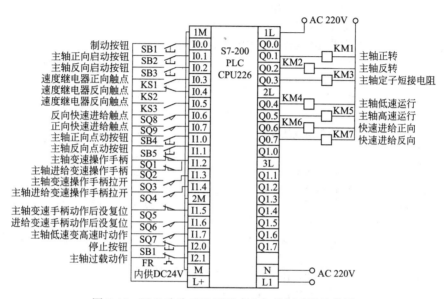

图 7-42　PLC 改造 T68 型镗床电气控制系统接线图

b. PLC 控制程序语句表及注释如下：

主程序　　　　　　　程序注解

Network 1

LD	I2.1	//主轴电动机过载时此点断开
A	I1.2	//主轴箱与主轴不能同时为快速
A	I2.0	//停止按钮
LPS		
LD	I0.1	//主轴正向启动按钮
O	M0.1	
ALD		
AN	M0.2	
=	M0.1	//主轴正向运行继电器
LRD		
LD	I0.2	//主轴反向启动按钮
O	M0.2	
ALD		
AN	M0.1	
=	M0.2	//主轴反向运行继电器
LPP		

```
LD      M0.1
O       M0.2
A       I0.3        //主轴变速操作中此点断开
A       I0.4        //主轴进给变速操作中此点断开
ALD
=       O0.3        //主轴不带电阻启动
A       I1.7        //主轴低速变高速时此点闭合
TON     T37，30     //主轴快慢速转换延时
Network2
LD      I1.5        //如主轴变速手柄动作后没复位时此点闭合
O       I1.6        //如主轴进给变速手柄动作后没复位时此点闭合
LDN     I1.3        //主轴变速手柄动作时此点闭合
ON      I1.4        //主轴进给变速手柄动作时此点闭合
ALD
A       I0.4        //主轴低速时此点闭合
LD      M0.1        //主轴正常正向运行时此点闭合
A       Q0.3
O       I1.0        //主轴正向点动按钮
OLD
AN      Q0.2        //主轴反向互锁
A       I2.0        //停止按钮
LD      I0.0        //制动按钮
O       Q0.1
A       I0.3        //速度继电器触点，此刻应闭合
OLD
A       I1.2        //两种变速操作手柄都没动作时此点闭合
A       I2.1        //主轴电动机没过载时此点闭合
=       Q0.1        //主轴电动机正向运行接触器
Network 3
LD      M0.2
A       Q0.3
O       I1.1        //主轴电动机反向运行点动
AN      Q0.1        //主轴正向互锁
A       I2.0        //停止按钮
LD      I0.0        //制动按钮
O       Q0.2
A       I0.5        //速度继电器触点，此刻应闭合
OLD
A       I1.2        //两种变速操作手柄都没动作时此点闭合
A       I2.1        //主轴电动机没过载时此点闭合
=       Q0.2        //主轴电动机反向运行接触器
Network4
LD      I1.2
LPS
LD      Q0.1
O       Q0.2
ALD
LPS
```

AN	T37	//主轴低速转高速延时
A	I2.1	
AN	Q0.5	
=	Q0.4	//主轴低速运行接触器
LPP		
A	T37	
A	I2.1	
AN	Q0.4	
=	Q0.5	//主轴高速运行接触器
LPP		
LPS		
A	I0.7	//正向快速进给触点
AN	I0.6	
AN	Q0.7	//正反向快速进给互锁
=	Q0.6	//正向快速进给接触器
LPP		
A	I0.6	//反向快速进给触点
AN	I0.7	
AN	Q0.6	//正反向快速进给互锁
=	Q0.7	//反向快速进给接触器

五、 X62W 型万能铣床的 PLC 改造

1. 控制要求

该型号铣床共有三台电动机，可以实现主轴电动机 M1 的正反转，由接触器 KM1 加换相开关 SA4 共同实现。主轴的制动由接触器 KM2 与速度继电器 KS 配合实现，主轴的变速冲动由接触器 KM2 与行程开关 SQ7 共同实现。工作台进给电动机 M2 可实现六个方向的移动，即上、下、前、后、左、右。进给电动机 M2 只有在 M1 通电动作后才能动作，虽然有六个方向可移动，但某一时刻只进行其中一个方向的移动，定向通过两个机械手柄进行控制，它们之间是联锁控制的，如果使用这个手柄，则那个手柄必须处在中间停止位置，否则这个手柄无法扳动。具体分为：向前、向下、向右由 KM3 实现，向后、向上、向左由 KM4 实现。此外，六个方向不进行铣切加工时，工作台能快速移动，方法是在主轴电动机启动后，将进给手柄扳到所需位置，工作台按照选定的速度和方向常速进给，再按下快速进给按钮 SB5 或 SB6 使接触器 KM5 得电吸合，接通牵引电磁铁 YA；不需要快速移动时，松开按钮 SB5 或 SB6 就可以了。进给变速瞬时冲动的实现是通过瞬时接通接触器 KM3 来实现的，这时两个手柄都必须处在中间位置上（也就是停止位置上），因为要使用 SQ1～SQ4 的常闭触点。

此外工作台还可以做圆周运动，这时两个手柄也是应处在中间（停止）位置上，是通过扳动组合开关 SA1 从而接通 KM3 来实现的。回转运动只能是单向的，没有反转，且在此时，如误操作扳动了操作手柄，则电动机立即停止。X62W 型万能铣床电气控制系统原理图如图 7-43 所示，X62W 型万能铣床的加工示意图如图 7-44 所示。

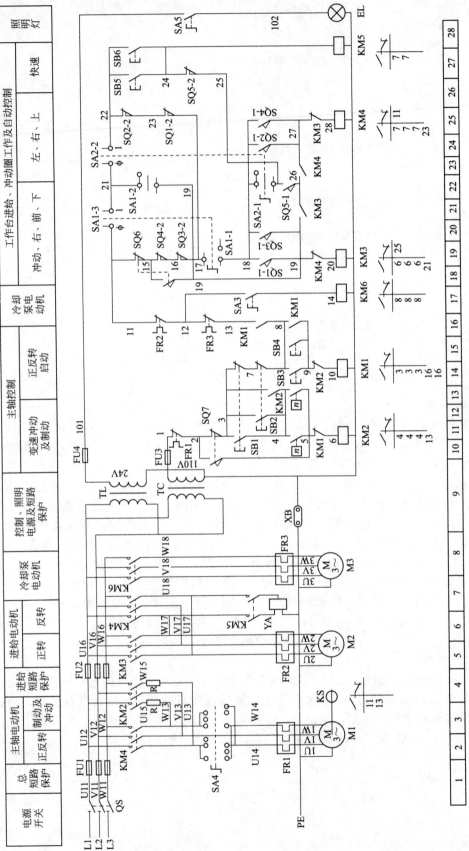

图 7-43 X62W 型万能铣床电气控制系统原理图

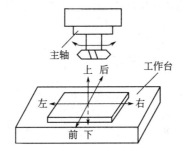

图 7-44 X62W 型万能铣床的加工示意图

2. 程序设计

a. PLC 改造 X62W 型万能铣床电气控制系统接线图如图 7-45 所示。

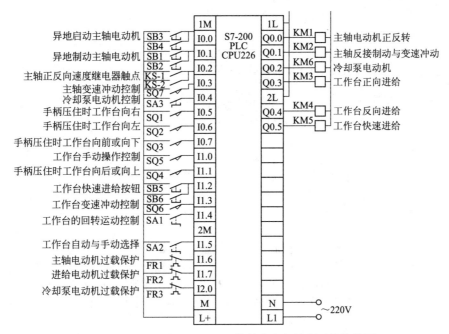

图 7-45 PLC 改造 X62W 型万能铣床电气控制系统接线图

b. PLC 控制程序语句表及注释如下：

主程序		程序注解
ALD		
AN	Q0.0	//断开运行状态才能进行制动
=	Q0.1	//控制主轴电动机制动运行的接触器
LD	I1.6	//主轴电动机如过载时此点断开
LPS		
LD	I0.0	//启动主轴电动机可以在两个地方
O	Q0.0	
ALD		
AN	I0.1	//如按下制动按钮此点断开，主轴电动机停转

AN	Q0.1	//制动过程中不能启动电动机
AN	I0.3	//如主轴电动机需变速，应先使主轴电动机停止
=	Q0.0	//控制主轴电动机运行的接触器
LRD		
LD	I0.1	//使主轴电动机制动运行的按钮
O	Q0.1	
A	I0.2	//速度继电器触点，当速度降下来后断开制动
AN	I0.3	//如需变速冲动，断开制动回路
O	I0.3	//需变速冲动时，相应的限位开关动作闭合
ALD		
AN	Q0.0	//断开运行状态才能进行制动
=	Q0.1	//控制主轴电动机制动运行的接触器
LPP		
A	Q0.0	//在主轴电动机启动运行后才能有下面的动作
LPS		
A	I0.4	//启动冷却泵电动机
AN	I0.3	//变速冲动时将使冷却泵停止
AN	I0.1	//制动时将使冷却泵停止
A	I2.0	//如冷却泵电动机过载时此点断开
=	Q0.2	//控制冷却泵电动机运行的接触器
LPP		
AN	I1.5	//自动与手动开关定在手动位置
A	I1.7	//如进给电动机过载时此点断开
LPS		
LD	I1.4	//工作台回转运动控制
A	I1.3	//工作台变速冲动时此点闭合
LDN	I1.4	//工作台回转运动控制
AN	I1.3	//工作台不进行变速冲动时此点闭合
OLD		
AN	I0.5	//工作台在进行回转运动或变速冲动时断开右行
AN	I0.6	//工作台在进行回转运动或变速冲动时断开左行
AN	I0.7	//工作台在进行回转运动或变速冲动时断开下行及前行
AN	I1.1	//工作台在进行回转运动或变速冲动时断开上行及后行
LD	I0.7	//工作台在前行及下行时此点闭合
AN	I0.5	//工作台在前行及下行时不能有右行
AN	I0.6	//工作台在前行及下行时不能有左行
AN	I1.1	//工作台在前行及下行时不能有后行及上行
LD	I0.5	//工作台在右行时此点闭合
AN	I0.6	//工作台在右行时不能有左行
AN	I0.7	//工作台在右行时不能有前行及下行
AN	I1.1	//工作台在右行时不能有后行及上行
OLD		
AN	I1.3	//工作台在进行进给时不能有变速及冲动
A	I1.4	//回转运动控制在闭合位置
OLD		
ALD		
AN	Q0.4	//在进行右、前、下进给时不能有左、后、上操作
=	Q0.3	//控制右、前、下方向进给的接触器

```
LPP
LPS
LD      I1.1      //工作台在后行及上行时此点闭合
AN      I0.5      //工作台在后行及上行时不能有右行
AN      I0.6      //工作台在后行及上行时不能有左行
AN      I0.7      //工作台在后行及上行时不能有前行及下行
LD      I0.6      //工作台在左行时此点闭合
AN      I0.5      //工作台在左行时不能有右行
AN      I0.7      //工作台在左行时不能有前行及下行
AN      I1.1      //工作台在左行时不能有后行及上行
OLD
ALD
A       I1.4      //回转运动控制在闭合位置
AN      Q0.3      //在进行左、后、上进给时不能有右、前、下操作
=       Q0.4      //控制左、后、上方向进给的接触器
LPP
LD      I0.5      //在各个方向进给时都可以进行快速进给
O       I0.6
O       I0.7
O       I1.1
ALD
A       I1.2      //快速进给控制按钮
=       Q0.5      //快速进给控制接触器
```

六、 西门子 222PLC 电路原理图

图 7-46 所示为西门子 222PLC 电源板、输入输出板。图 7-47 所示为西门子 222PLC 控制板。

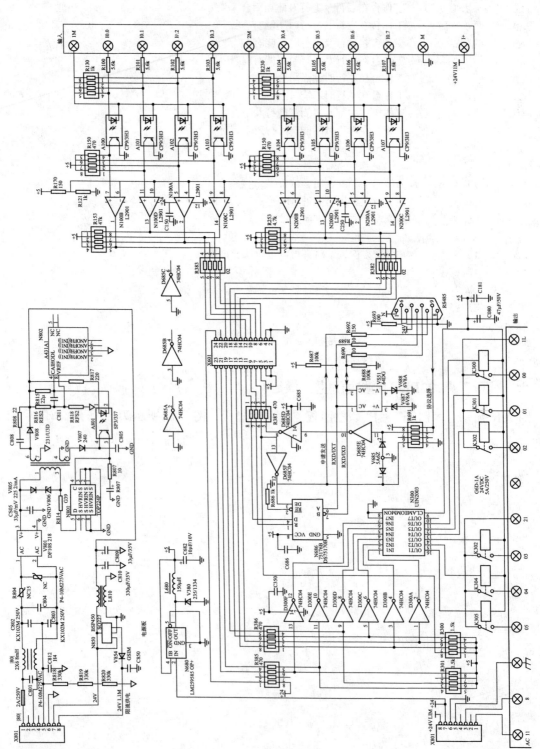

图 7-46 西门子 222PLC 电路图（电源板、输入输出板）

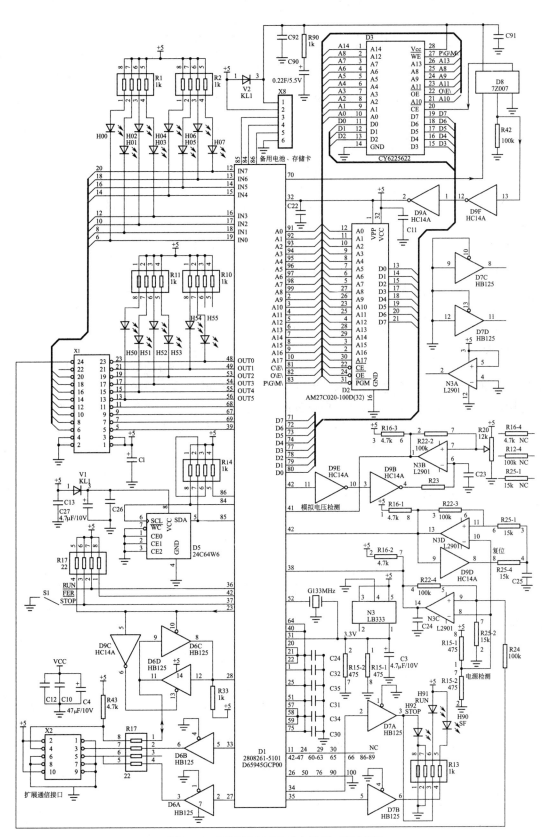

图7-47 西门子222PLC电路图（控制板）

参考文献 ‹‹‹—

［1］周希章. 实用电工手册. 北京：金盾出版社，2010.

［2］吴江. 维修电工笔记. 北京：中国电力出版社，2011.

［3］徐博文. 中国电力百科全书（输电与配电卷）. 北京：中国电力出版社，1995.

［4］刘光源. 实用维修电工手册. 上海：上海科学技术出版社，2004.

［5］朱德恒. 高压技术基础. 北京：中国电力出版社，1995.

［6］肖达川. 电工技术基础. 北京：中国电力出版社，1995.

［7］曹振华. 实用电工技术基础教程. 北京：国防工业出版社，2008.

［8］李显全等. 维修电工（初级、中级、高级）. 北京：中国劳动出版社，1998.

［9］金代中. 图解维修电工操作技能. 北京：中国标准出版社，2002.

［10］郑凤翼，杨洪升等. 怎样看电气控制电路图. 北京：人民邮电出版社，2003.

［11］王兰君，张景皓. 看图学电工技能. 北京：人民邮电出版社，2004.